智能交通与运载工程前沿技术丛书

吸气式高超声速飞行器预测控制理论与方法

唐伟强　高海燕　著

机械工业出版社

本书是关于吸气式高超声速飞行器预测控制理论与方法的一本著作，是作者多年从事高超声速飞行器控制研究的总结。书中详细介绍了高超声速飞行器的研究进展；高超声速飞行器的运动模型及其特性分析；预测控制理论；基于线性化模型的高超声速飞行器预测控制；高超声速飞行器鲁棒预测控制；高超声速飞行器滑模预测控制；基于干扰观测器的高超声速飞行器预测控制；高超声速飞行器输出反馈预测控制；高超声速飞行器高效预测控制。

本书可作为飞行器设计、导航制导与控制等专业高年级本科生和研究生教材，也可供从事高超声速飞行器研究的工程技术人员参考。

图书在版编目（CIP）数据

吸气式高超声速飞行器预测控制理论与方法/唐伟强，高海燕著．—北京：机械工业出版社，2022.8（2023.8重印）

（智能交通与运载工程前沿技术丛书）

ISBN 978-7-111-71256-5

Ⅰ.①吸…　Ⅱ.①唐…②高…　Ⅲ.①高超音速飞行器-飞行控制-研究　Ⅳ.①V47

中国版本图书馆CIP数据核字（2022）第132319号

机械工业出版社（北京市百万庄大街22号　邮政编码100037）
策划编辑：罗　莉　　　责任编辑：罗　莉
责任校对：郑　婕　张　薇　封面设计：鞠　杨
责任印制：张　博
北京雁林吉兆印刷有限公司印刷
2023年8月第1版第2次印刷
169mm×239mm · 14印张 · 292千字
标准书号：ISBN 978-7-111-71256-5
定价：99.00元

电话服务　　　　　　　　网络服务
客服电话：010-88361066　机　工　官　网：www.cmpbook.com
　　　　　010-88379833　机　工　官　博：weibo.com/cmp1952
　　　　　010-68326294　金　　书　　网：www.golden-book.com
封底无防伪标均为盗版　　机工教育服务网：www.cmpedu.com

智能交通与运载工程前沿技术丛书

编辑委员会

智能交通与运载工程前沿技术丛书

序 言

21 世纪是智能交通系统与运载工程发生深刻变革的时代，伴随先进检测、计算、通讯、控制、数据等技术的集成和应用，人、车、路与环境等要素正在逐步耦合为以智慧道路、网联车辆、交通大数据、人工智能等为基础的新一代智能交通系统。智能交通系统涵盖了当前多种尖端科技与理念，直接关乎国计民生，是交通行业创新驱动战略实施的必然选择。运载工程领域涉及机械、微机电系统、智能控制、装备制造、机器人、航空、航天、航海、汽车、轨道交通、综合交通等多个子领域的技术，是各国重点发展的战略方向。

如何促进交通行业有效解决道路拥堵、环境污染、巨额运营成本等实际问题，提升运载工程领域的科学研究水平、技术开发能力和装备研发制造能力，方便工程技术人员和科技工作者交流相关领域前沿学术成果和最新技术，助力交通系统与运载工程学科领域的科学技术发展进步，推动相关理念、理论、算法和技术的传播、革新和转化，为科研人员提供良好的出版服务与交流平台，是本丛书的责任和使命。

“智能交通与运载工程前沿技术丛书”是机械工业出版社在广泛征求专家意见的基础上，经过长期考察、反复论证之后组织出版的。丛书旨在全面科学地阐述智能交通系统及运载工程的前沿技术、理论和应用，以科学性、系统性与导向性为目标，涵盖车辆调度、车-路控制、交通大数据分析、通信及计算等智能交通所涉及的所有领域。丛书力争“高层次、高质量、高水平”，并将长期组织专家撰写、编辑和出版。

希望这套丛书的出版能为交通技术的发展和变革带来一定的启发。同时，希望各位读者能开卷有益，并诚挚地希望大家提出好的意见和建议，促进和支持本丛书的完善和出版。

智能交通与运载工程前沿技术丛书
编辑委员会

前　　言

高超声速飞行器是指飞行速度大于 5 倍声速、运行在距离地面 20～100km 临近空间的飞行器，包括高超声速巡航导弹、高超声速助推滑翔飞行器和空天飞机等。该类飞行器是航空与航天紧密联系的产物，在全球打击、侦查监视和远程运输等方面应用潜力巨大，现已成为航空航天领域的研究热点之一。高超声速技术是航空航天界的战略制高点，其发展需要气动、推进和控制等学科的高度交叉和深度融合。控制系统作为高超声速飞行器的神经中枢，是保证其安全飞行、完成任务的关键。

高超声速飞行器采用机身/发动机一体化设计，使得其动力学呈现气动/推进耦合新特性。特殊的气动布局，使得其数学模型为高阶的非线性微分方程。大空域飞行时大气压力和密度变化范围大，使得其模型参数变化异常显著。此外，高超声速飞行时由于受到复杂的气动热和力作用，这些作用部分机理尚未明确，使得其模型存在诸多的不确定性。总之，高超声速飞行器有比常规飞行器更为复杂的耦合、非线性、快时变、不确定等动力学特性，这给控制系统设计带来了许多新的挑战，急需开展控制新理论、新方法的研究。

预测控制是一种新型计算机控制算法，是从实践中发展起来的控制策略，包括了预测模型、滚动优化和反馈校正三要素，广泛用于化工、机电、航空航天领域。从信息利用来看，预测控制综合了过去、现在和将来的信息，这对提高系统的控制性能具有很好的作用。预测控制一大特点就是约束处理能力，在得到最优解的同时满足系统约束要求。

本书从预测控制原理出发，讨论了高超声速飞行器的预测控制器设计问题，涉及了状态反馈预测控制、输出反馈预测控制、快速预测控制等内容。这些内容为作者的多年研究成果整理而成，对于研究高超声速飞行器控制具有较好的参考价值。本书第 1～5 章和 8、9 章由唐伟强执笔；第 6 章由高海燕、唐伟强共同执笔；第 7 章由高海燕执笔；全书由唐伟强统筹定稿。

本书写作过程中，参阅了许多相关文章和著作，在此向各位作者致以诚挚的感谢。本书的部分研究成果得到了国家自然科学基金项目（编号：62063018）资助，在此表示感谢。

由于作者水平有限，书中难免有不足之处，恳请读者批评指正。

作　者

2022 年 5 月

目　录

第1章 绪论

高超声速飞行器一般是指飞行速度超过5倍声速的飞机、导弹之类的有翼或无翼飞行器，具有飞行高度高、速度快、突防能力强等优点，能在很短的时间内抵达地球上的任何地方，迅速打击数千或上万千米外的各类军事目标。由于高超声速飞行器具有巨大的军事和民事应用前景，美、俄、英、法、德、日等国均把探索与发展高超声速技术作为航空航天领域的一个重要目标，在世界上掀起了研究和发展高超声速飞行器的热潮。高超声速飞行器技术的发展，将促使高超声速巡航导弹、高超声速飞机和空天飞机等新型飞行器的出现，成为人类继发明飞机、突破音障、进入太空之后又一个划时代的里程碑。

1.1 高超声速飞行器概况

火药是中国古代四大发明之一，火箭也是由中国发明的，导弹就是在火箭基础上发展起来的。20世纪30年代，随着电子、材料及火箭推进技术的发展，为火箭武器的发展注入了新的活力。到20世纪30年代末，德国在火箭、导弹技术方面取得突破，发射了A-1、A-2、A-3火箭，在此基础之上，很快研制了V-1和V-2导弹，并将其应用到第二次世界大战中。二战后，世界各国，特别是欧美国家，都意识到导弹在未来战争中具有重要的作用，均投入大量的人力物力，纷纷继续和启动导弹理论研究与试验活动。从此以后，导弹得到了大规模迅速的发展，相继出现了一大批弹道导弹、空空导弹、反舰导弹等。总的来说，美俄两国在导弹技术方面，始终处于领先地位。如在防空导弹方面，两国已经发展了攻击超低空、低空、中低空、高空、超高空目标的各种型号导弹以及反洲际导弹。

各国在发展常规导弹的同时，也在积极研究一种新型导弹——高超声速飞行器。高超声速飞行器是一种新型的飞行器，是指以吸气式及其组合式发动机为动力，在大气层内或跨大气层以5Ma（马赫数，流场中某点的速度与该点处的声速之比，符号为Ma）以上的速度远程巡航飞行的飞行器[1]。由于装备了高性能的动力推进系统，高超声速飞行器最显著的特点是飞行速度快，具有突防能力强和杀伤力大等优点。在军事领域，飞行器以高超声速飞行，可以有效缩短目标反应时间，提高突防概率；飞行器高超声速飞行可以获取巨大的动能，从而大大提升飞行器的杀伤力。高超声速飞行器速度快、射程远，可以对目标进行快速、精确、有效的打击，被认为是继隐形技术之后军事技术领域最重要的进展，各国军方均投入巨资予以开发、研制[2]。在民用领域，高超声速飞行器由于飞行速度快，可以迅速到达世界各地，极大地节省了时间运输成本。目前高超声速飞行器已成为未来国防装备发展和民用空天技术的重要方向，特别是临近空间高超声速飞行器，由于具备传统航空、航天飞行器所不具备的战略、战术以及效费比方面的优势，更是受到普遍关注，是目前各国争相发展的重点，已经成为21世纪世界航空航天领域的一个极其重要的发展方向。

1.2 高超声速飞行器研究概况

高超声速飞行器技术是21世纪航空航天技术的制高点，也是重要的军民两用技术，它的发展不但对航空航天领域有重大意义，也对整个科学技术的进步产生重大影响。高超声速技术的发展将导致高超声速巡航导弹、高超声速飞机和空天飞机等一系列新型飞行器的出现，成为人类继发明飞机、突破音障、进入太空之后又一个划时代的里程碑[2]。

1.2.1 国外研究概况

在众多国家中，美国在高超声速飞行器技术方面研究起步很早，已经超过50年。近年来，美国加快了研究步伐，希望能尽早形成战斗力。2001年，美国重申了发展高超声速飞行器的战略目标：近期重点发展高超声速巡航导弹，中期集中发展全球到达的高超声速飞机，远期发展廉价、快速、可重复使用的航天飞行器。为了实现其战略目标，美国在高超声速飞行器方面实施了一系列计划，主要包括[3]：

1. HyFly 计划

该计划主要发展可在3.3Ma~6Ma之间运行的轴对称高超声速导弹。2005年首次实现了超燃冲压发动机试验；2007年验证弹进行了首次飞行试验，由于技术故障，速度值未能达到期望值；2008年验证弹再次进行飞行试验，同样由于技术原因，最后坠入太平洋[4]；最新的试验安排在2010年，是验证弹进行的第五次演示试验，由于软件故障，验证弹最终还是落入太平洋。

2. X-43A 计划

该计划主要发展一体化、小型、氢燃料超燃冲压发动机的高超声速飞行器。经历2001年的飞行试验失败后，在2004年成功地进行了两次试验。X-43A成功试飞，证明美国已全面掌握了吸气式高超声速飞行器飞行试验的各项关键技术，为以后的高超声速飞行器的发展积累了大量的工程经验。

3. X-51计划

主要发展可在4.5Ma~7Ma之间运行的碳氢燃料主动冷却超燃冲压发动机技术、气动/推进一体化的乘波体气动布局技术、可承受600s以上高超声速飞行的热防护技术。在2001年5月，验证弹成功地进行了试验。X-51A成功首飞，意味着超燃冲压发动机能提供一种全新的全球打击动力，是继X-43A飞行12s后，在人类航天史上又一个里程碑。

4. HTV-2计划

该计划主要用来验证全球快速打击飞行器的各项关键技术，目的是让美军拥有在1h内攻击全球任意地点的能力。2010年4月，由火箭将HTV-2飞行器成功送入预定高度，但由于故障原因，未能达到预期试验目的。最新的试验安排在2011年8月，同样遭遇了失败的命运。

5. CSM计划

该计划主要发展高超声速助推滑翔导弹技术、大气层内高超声速滑翔飞行精确制导和导引技术、高超声速热防护技术和常规战斗部技术等。在近期的试验中，CSM试验已取得了成功。

此外，美国还有Arclight计划、X-37B计划、NHFRP计划等。除了美国之外，其他国家也在积极发展高超声速飞行器技术[4]。

俄罗斯作为苏联科技与军事实力的继承者，在高超声速飞行器技术领域一直处于世界领先地位。俄罗斯对超燃冲压发动机的研究可以分为两个阶段。1957~1972年为第一阶段，重点探索超燃冲压发动机从原理上是否可能的问题；第二阶段是1972~1996年，研究超燃冲压发动机工作过程中的技术问题。俄罗斯在超声速巡航飞行器方面占有绝对优势，巡航飞行器从亚声速、超声速向高超声速发展，具有循序渐进和系列化特点。成熟的冲压发动机技术对高超声速技术的研究，尤其是为超燃冲压发动机的开发奠定了基础，提供了宝贵经验。在超燃冲压发动机的飞行试验研究方面，首次实现了超声速燃烧，已进入高超声速技术飞行验证阶段。

法国是高超声速飞行技术研究比较先进的国家，制定了许多计划。1992年，在国防部等单位领导下，制定了国家高超声速研究与技术（PREPHA）计划。PREPHA历时6年，研制了Chamois超燃冲压发动机，并在6Ma下进行了反复试验。此外，法国还实行了高超声速应用研究组合吸气式发动机计划、先进高超声速发动机研究计划和马特拉高超声速隐身导弹计划等一系列计划。

德国正重点发展高超声速导弹，影响较大的高超声速项目是EADS/德国导弹系统公司、Diehi/博登湖仪器技术公司等联合进行的高超声速导弹计划（HFK），2002年初德国进行了一次低空飞行试验，导弹速度达到了6.5Ma以上。2003年该计划进行了第二阶段飞行试验，速度达到了7Ma以上。

日本在高超声速领域的研究工作起步早、投资大。日本的航天器/航天飞机的复合材料、系统构造、热防护以及制导控制等技术都通过试验得到了验证，特别是超燃冲压发动机的研究取得了很大的进展。2006 年，日本制定了高超声速吸气式飞行器技术发展路线图，提出发展马赫数大于 5 的高超声速巡航飞行器和空间进入二级入轨（TSTO）技术的双用途计划。具体目标是：在 20 年内对马赫数等于 5 的高超声速飞行器技术进行飞行试验，并期望在 2020~2030 年研制出高超声速运输机。

1998 年，印度国防部启动了名为 AVATAR 的小型可重复使用空天飞机计划，AVATAR 空天飞机采用涡轮冲压/超燃冲压/火箭组合循环发动机，当它不携带火箭发动机时可作为一种高超声速飞机，用于对地攻击或侦查，然后返回基地。印度也在积极研究高超声速巡航导弹，目前印度正在研制一种效费比高的可重复使用的高超声速巡航导弹系统，其飞行高度为 30 ~ 40km，巡航速度为 7Ma。此外，印度有多个实验室正在发展超燃冲压发动机技术，目前已取得了很大进展。

澳大利亚正在积极推进多个高超声速国际合作项目，影响较大的有 Hyshot 计划、HyCAUSE 计划和 HIFiRE 计划。其中，HIFiRE 计划是美澳在高超声速领域最大的合作项目，主要研究高超声速技术及其在空间发射飞行器上的应用，于 2009 年成功完成首次试飞，2010 年 3 月又成功进行了第二次飞行试验。

1.2.2 国内研究概况

国内的高超声速飞行器技术研究起步较晚，在 2000 年以前主要集中在基础层面。关于超燃冲压发动机、热防护、气动布局、飞行控制、一体化设计等方面均有广泛深入的基础研究[5]。2002 年，国家自然基金委员会专门设立“空天飞行器的若干重大基础问题”重大研究计划，围绕空天飞行器研究中的重要科学问题，通过多学科交叉研究，为空天飞行器的发展奠定技术创新基础。2007 年，国家自然基金委员会又设立“近空间飞行器的关键基础科学问题”重大研究计划，旨在研究高超声速飞行器远程机动飞行器的关键基础科学问题，为国家相关技术的形成与发展提供理论与方法的基础源泉，在技术方法创新上有所突破，提升在相关领域的自主创新能力，支撑相关技术的跨越式发展。2012 年，中国首次实现了轴对称式高超声速飞行器成功试飞，飞行高度超过 20km，飞行速度大于 5Ma，初步验证了吸气式超燃冲压发动机及飞行器的制导与控制技术。高超声速飞行器是中国高技术研究发展计划的重要内容之一，近年来在地面试验设备、超燃冲压发动机技术和飞行控制技术等方面取得了重要的进展，大量研究和试验结果说明，中国的高超声速飞行器技术与世界水平接近，甚至于同步发展。

1.3 高超声速飞行器控制概况

1.3.1 高超声速飞行器运动特点

近空间高超声速飞行器跨越平流层、中间层和部分热层，这一区域大气密度和空气压力变化范围大，环境温度变化复杂，使得飞行器的特性随飞行高度、速度变化呈现出强烈的非线性特性。由于高超声速飞行器自身复杂的气动特性以及采用机体/发动机一体化设计技术，使得其与一般的飞行器相比，弹性机体、推进系统、结构动态和控制操纵面之间的耦合更强，模型的非线性程度更高。

高超声速飞行器在大气层内飞行时，高超声速气流引起局部流场中激波与边界层的干扰，会导致飞行器表面的热流率及局部压力的变化而直接影响飞行器的气动力特性。在高超声速条件下，飞行器表面不可避免地引起机体气动外形变化而造成控制系统的基础结构失真[6]。高超声速飞行器大的飞行包络使得控制模型参数容易受到高低空的气动力特性差异的影响，而大气特性的测量和气动特性的估算都比较困难。因此，高超声速飞行器模型具有不确定性，模型参数也是高动态变化的。此外，对典型的高超声速飞行器布局而言，长周期模态是欠阻尼的，短周期模态是不稳定的，静态稳定边界随着马赫数的增加而降低，并且呈现非最小相位特征，使得高超声速飞行器在飞行时容易受到许多随机干扰的影响[7]。

高超声速飞行大攻角的舵效耦合使得飞行器在高速巡航过程中存在攻角、额定角速度、飞行器姿态等方面的约束。此外，高超声速飞行器具有明显的时变特性，包括燃料消耗引起的质量变化、时变的非线性气动特性和气热特性等。

概括起来，高超声速飞行器的特点主要体现在模型结构非线性、模型参数非线性、约束条件非线性等引起的强非线性特性；机体发动机一体化设计、流固耦合、弹性体与刚体间的耦合、通道耦合等引起的强耦合特性；大空域飞行、高超声速流、质量变化等引起的快时变特性；未建模动态、数据稀缺、弹性变形、随机干扰等引起的不确定特性四个方面[8]。因此，为确保高超声速飞行器在复杂飞行条件下拥有稳定的飞行特性，良好的轨迹跟踪性能及强鲁棒性，必须在其飞行控制系统设计中引入新的控制方法和控制手段。虽然航空航天工作者对高超声速飞行器的控制系统研究取得了一些成果，但仍有一些问题尚未完全解决。因此，约束处理、强非线性、强耦合、快时变问题仍是高超声速飞行器控制系统设计中亟待解决的问题。

1.3.2 高超声速飞行器控制研究概况

面对飞行器这样一个复杂多变的不确定系统，国内外学者开展了大量的研究工作，取得了丰富的成果，下面对这些成果进行整理概述。

1. 鲁棒控制方法

鲁棒控制是一种关于不确定性系统的分析与设计方法，就是设计这样的一个控制器，当系统存在一定程度的参数不确定性及一定限度的未建模动态时，在控制的作用下，闭环系统不仅能保持稳定，并且保持一定的控制品质[9]。近些年来，人们展开了对不确定系统鲁棒控制问题的研究，并取得了一系列研究成果。H_∞鲁棒控制理论和μ分析理论则是当前控制工程中最活跃的研究领域之一，多年来一直受控制研究工作者的青睐。

Gregory 等人[10] 较早地开展了其鲁棒控制器的设计，控制目的是使飞行器稳定以及跟踪速度和高度参考信号，同时保证攻角精度。在状态可测的情况下，利用 H_∞ 回路整形和 μ 分析综合方法设计了 H_∞ 控制器和 μ 最优控制器。基于不确定性模型，Buschek 等人[11] 设计了固定低阶鲁棒控制器，从而避免了由于高阶控制所带来的执行问题。在文中，对全阶控制器、截断控制器和固定阶控制器的性能进行了全面分析比较，结果表明，固定低阶控制器的性能优于截断控制器，其性能与全阶控制器异常接近，充分显示了固定阶控制器的优越性。但是，该设计方法要求一个初始镇定器，因此在实际中难以推广实施。Marrison 等人[12] 针对非线性高超声速飞行器模型，采用非线性随机鲁棒控制方法设计控制器。Lohsoonthorn 等人[13] 讨论了基于 H_∞ 发展的 Shapiro 特征结构配置方法，并将该方法应用到飞行器控制设计中，但是文中忽略了模型不确定性和外部干扰。针对高超声速飞行器飞行高度和马赫数变化范围大，飞行环境多变，模型不确定性的特点，尉建利等人[14] 采用 L 分析方法设计了高超声速飞行器鲁棒控制系统。仿真结果表明，该分析方法可以克服高超声速飞行器在多种不确定因素情况下的建模误差难题。孟中杰等人[15] 研究了 H_∞ 鲁棒控制中的混合灵敏度设计问题，通过合理选择加权阵，构造广义被控对象，控制器最终通过黎卡提（Riccati）方程进行求解。结果表明所设计的控制器能够有效地抵抗飞行过程中存在的多种干扰和参数的摄动，能够满足飞行控制性能要求。

2. 滑模控制方法

对于不确定性问题，滑模控制方法能够提供一套完整的方法保证闭环系统的稳定性和控制性能。滑模控制的主要优势是滑动模态对匹配的模型不确定性和外部干扰保持不变性。对于高超声速飞行器这样的不确定系统，应用滑模控制方法来设计控制器是自然的。Shtessel 等人[16] 对 X-33 飞行器采用双环结构分别设计滑模控制器，实现了内环角速度间的解耦和外环姿态角间的解耦，但是作者并没有考虑姿态运动学方程中存在的不确定性。Xu 等人[17] 引入了自适应滑模控制设计方法，在一定程度上减少线性系统鲁棒控制的保守性。在该文献中，应用输入输出精确线性化理论进行解耦，并发展了一套新的自适应滑模控制方法，利用非线性滑模观测器对不可量测状态进行估计。所设计控制器能够有效处理参数不确定性。尉建利等人[18] 采用模型参考变结构控制对飞行器俯仰通道自动驾驶仪控制系统进行设计。结果表明，和 PID 控制相比，模型参考自适应变结构控制能够更好地抵抗参数扰动影响，控制效果更好。Yang 等人[19] 对高超声速飞行器再入过程，针对存在模型不确定性和外部干扰的情形下，利用积分滑模的方法设计了鲁棒解耦跟踪控制器。仿真结果表明，所设计的控制器能够满足性能要求。黄国勇等人[20] 对空天飞行器再入过程的姿态控制系统，基于快速模糊干扰观测器，为其设计了自适应 Terminal 滑模控制方案。李惠峰等人[21] 用非线性的高超声速飞行器纵向模型，首先进行输入/输出线性化，然后以指数趋近律作为到达条件设计滑模变控制器。仿真结果表明，控制器能够较好地处理不确定性问题，而且对外部干扰不敏感。

3. 智能控制方法

智能控制是近20年来发展起来的一门新兴学科，是研究与模拟人类智能活动及其控制与信息传递过程的规律，研制具有仿人智能的工程控制与信息处理系统的一个新兴交叉边缘学科。由于智能控制强大的学习能力，近年来逐渐被应用到高超声速飞行器控制中。高道祥等人[22] 提出了高超声速飞行器的模糊自适应控制方法，针对飞行器纵向模型的特点，基于动态逆和 Backstepping 方法，分别设计了高度控制器和速度控制器。由气动参数变化而引起的不确定性通过模糊自适应系统来辨识，而自适应律采用 Lyapunov 理论来推导，这样保证了系统的稳定性。闫斌斌等人[23] 针对高超声速飞行器建模不准确的特点，设计了一种模糊 CMAC 神经网络控制器，在 CMAC 神经网络控制器中结合模糊逻辑理论，使得 CMAC 控制器具有自学习能力。朱亮等人[24] 研究了一种新的空天飞行器鲁棒自适应轨迹线性化飞行控制系统。系统中的不确定性通过单隐层神经网络在线辨识，以抵消不确定性对控制性能的影响。仿真结果表明，即使在很恶劣的条件下，所提出的方法仍然确保控制性能。Chen 等人[25] 基于多层神经网络、反馈线性化技术和 Backstepping 设计方法，对高超声速飞行器设计了一种新的鲁棒自适应控制系统。最后六自由度仿真验证了算法的有效性。Butt 等人[26] 联合神经网络自适应结构，利用动态面控制对一般非线性吸气式高超声速模型设计了鲁棒动态控制器，并在巡航平衡条件下，对系统进行了仿真验证。

4. 预测控制方法

预测控制，起源于20世纪70年代，是一种新型的计算机控制算法，它利用过程的模型来预测对象的将来响应。预测控制基本原理包括模型预测、滚动优化和反馈校正三大要素，这三个要素是预测控制区别于其他控制方法的基本特征，也是其在实际工程应用中取得成功的关键。预测控制并不是某一种统一理论的产物，而是在工业实践过程中发展起来的，并在实际中取得了十分成功的应用[27]。预测控制最重要的特点就是能有效处理约束问题，这是因为在实际系统中，运行状态常会使操控变量饱和，使被控变量超出既定的约束，使得系统不能安全地运行。因此能够处理多目标、具有约束控制能力就成为使控制系统稳定、可靠地运行的关键技术。

方炜等人[28] 对高超声速飞行器的姿态系统提出了基于自适应模糊系统的非线性预测控制方法。所设计的控制器包括基于模糊系统的非线性预测控制器和鲁棒自适应控制器两部分。非线性预测控制律是通过模糊系统泰勒展开来设计，从而避免了在线优化带来的计算负担。而鲁棒自适应控制器则用于减少不确定性的影响。所设计的控制器保证了闭环系统的最终一致有界稳定，同时给出了理论证明和分析。姜长生等人[29] 基于状态相关黎卡提方程方法，对空天飞行器再入过程的姿态系统设计了预测控制律。根据状态相关黎卡提方程方法局部渐进稳定的特点，联合有限时间预测控制，确保了系统的稳定性。程路等人[30] 对高超声速飞行器姿态控制系统，首先基于标称系统设计了广义预测控制律，为了消除不确定性和外干扰的影响，同时设计了滑模干扰补偿器对干扰进行估计。仿真结果表明所提出的方法具有很好的鲁棒性。Vaddi 等人[31] 针对高超声速飞行器的刚性和弹性模型，在巡航飞行条件下，分别讨论了调节问题和跟踪问题，而且在求取控制律时考虑了状态和控制的约束。

5. 其他控制方法

齐乃明等人[32] 针对高超声速飞行器系统非线性、气动参数变化剧烈的特点，应用跟踪微分器，设计了自抗扰 PID 控制器，实现了对高超声速飞行器俯仰通道的姿态控制。仿真结果表明，所设计的控制器对于高超声速飞行器这样复杂的系统有很好的控制能力。吴森堂等人[33] 基于 Gauss-Hermite 积分规则，提出了二次型高斯非线性随机控制新方法，并将其应用于高超声速飞行器的纵向运动控制中，取得了良好的控制效果。鲁波等人[34] 针对通用的高超声速飞行器的纵向运动，提出了神经网络动态逆补偿控制方法。采用神经网络补偿逆误差，放宽了对数学模型的要求，同时还可以简化动态逆控制律的设计。孟斌等人[35] 基于特征模型来研究 X-34 的爬升控制问题。因为不需要选取多个工作点，从而大大简化了设计过程。仿真结果表明，提出的方法不仅实现了控制目标，而且还能满足俯仰角和过载的约束。Georgie 等人[36] 利用动态逆方法研究了 X-38 的再入控制问题，分别设计了俯仰角速率和攻角的动态逆控制器，不仅满足了时域和频域指标，而且也满足了评价指标。Kuipers 等人[37] 针对吸气式高超声速飞行器的速度和高度跟踪问题，采用新的多模型自适应控制方法设计控制器，仿真结果验证了算法的有效性。Chuang 等人[38] 针对高超声速飞行器周期最优巡航问题，在考虑加热速率约束情况下，应用非线性规划对问题进行求解。另外，Austin 等人[39] 应用遗传算法来设计高超声速飞行器的纵向控制器。

1.4 本书的特色与内容安排

针对高超声速飞行器强非线性、不确定性、多约束等特点，介绍了预测控制理论与方法在其控制系统设计中的应用，内容包括了状态反馈预测控制、输出反馈预测控制和基于干扰观测器的预测控制等。具体的内容和章节安排如下：

第 1 章为绪论，首先介绍了高超声速飞行器发展、研究和控制概况。

第 2 章简单回顾了一般飞行器的六自由度建模过程和高超声速飞行器数学模

型，并对其模型进行了分析，为后面控制器设计提供基础。

第 3 章介绍预测控制基本理论，并对广义预测控制算法进行了陈述。

第 4 章介绍了基于线性化模型的高超声速飞行器预测控制，线性化模型包括了小扰动线性和完全线性化模型两种，预测控制包括了一般预测控制和预测函数控制两种。

第 5 章介绍了高超声速飞行器鲁棒预测控制，用于设计的模型包括多胞型模型和线性分式模型两种。

第 6 章讨论了预测控制与滑模控制相结合，介绍了高超声速飞行器滑模预测控制。

第 7 章介绍了基于干扰观测器的高超声速飞行器预测控制，通过观测器对模型不确定性进行估计，并在控制器设计进行补偿以达到高性能控制。

第 8 章论述了高超声速飞行器输出反馈预测控制，使用了观测器对系统状态和干扰进行估计。

第 9 章阐述了高超声速飞行器高效预测控制，以提高预测控制在实际中的适用性。

第2章 高超声速飞行器运动模型及其特性分析

系统建模是进行分析和控制设计的基础。吸气式高超声速飞行器由于发动机/集体一体化设计，加之飞行在临近空间，使得其与常规飞行器建模相比更加复杂。一是高超声速飞行器在飞行过程中经历发动机进气道关闭、进气道打开、超燃冲压发动机点火工作状态，进气道的打开与发动机点火对飞行器自身的气动特性影响较大；二是高超声速飞行器的热力学环境、弹性模态的影响更加突出，另外，地球曲率和自转的影响也不容忽视。

高超声速飞行器动力学模型包括两类，一是用于控制系统设计的模型，该类模型描述质心动力学和旋转动力学；二是用于飞行器仿真的模型，主要用于飞行方案验证、飞行轨迹跟踪及飞行控制系统的性能全面评估等。高超声速飞行器的控制研究主要以两种构型的动力学模型为基础：锥体加速器构型[40] 和一体化耦合模型[41]。本章参考文献[42]，以 NASA Langley 研究中心公开的通用高超声速飞行器为对象，介绍其几何结构及运动方程，对高超声速飞行器三通道进行解耦，并分析高超声速飞行器纵向模型的飞行特性，为后续章节的控制器设计奠定基础。

2.1 常用坐标系及其转换

为了描述飞行器的运动方程，需要定义一些坐标系。在飞行力学中，常用到地面坐标系 $Axyz$、弹体坐标系 $Ox_1y_1z_1$、弹道坐标系 $Ox_2y_2z_2$ 和速度坐标系 $Ox_3y_3z_3$。以上坐标系都是右手直角坐标系。

1. 地面坐标系

地面坐标系 $Axyz$ 与地球表面固联，原点 A 通常取飞行器在地面（水平面）的发射点；Ax 轴在水平面内，指向目标（或目标在地面的投影）为正；Ay 轴与地面垂直，向上为正；Az 轴按右手定则确定。为了便于坐标之间变换，常常将地面坐标系平移，即原点 A 移至飞行器质心 O 处，各坐标轴平行移动。

对于近程战术导弹来说，地面坐标系就是惯性坐标系，主要是用来确定导弹质心位置和空间姿态的基准。

2. 弹体坐标系

原点 O 取在导弹的质心上；Ox_1 轴与弹体纵轴重合，指向头部为正；Oy_1 轴在弹体纵向对称面内与 Ox_1 轴垂直，向上为正；Oz_1 轴垂直于 x_1Oy_1 平面，方向按右手定则确定。此坐标系与弹体固联，是动坐标系。

弹体坐标系与地面坐标系配合，可以确定弹体的姿态。另外，利用该坐标系比较方便研究导弹上的推力、推力偏心形成的力矩以及气动力矩。

3. 弹道坐标系

弹道坐标系 $Ox_2y_2z_2$ 的原点 O 取在导弹的质心上；Ox_2 轴同导弹质心的速度矢量 $\boldsymbol{V}$ 重合（即与速度坐标系 $Ox_3y_3z_3$ 的 Ox_3 轴完全一致）；Oy_2 轴位于包含速度矢量 $\boldsymbol{V}$ 的铅垂平面内，且垂直于 Ox_2 轴，向上为正；Oz_2 轴按照右手定则确定。显然，弹道坐标系与导弹的速度矢量 $\boldsymbol{V}$ 固联，也是一个动坐标系。

弹道坐标系主要用来研究导弹质心的运动，用该坐标系建立质心运动的动力学方程，便于分析和研究弹道特性。

4. 速度坐标系

原点 O 取在导弹的质心上；Ox_3 轴与导弹速度矢量 $\boldsymbol{V}$ 重合；Oy_3 轴位于弹体纵向对称面内与 Ox_3 轴垂直，向上为正；Oz_3 轴垂直于 x_3Oy_3 平面，其方向按右手定则确定。此坐标系与导弹速度矢量固联，也是一个动坐标系。

飞行器在飞行过程中，所受的力包括空气动力、推力和重力。而这些力通常定义在不同的坐标系，在建立运动方程时，需将这些力变换到同一坐标系中，从而涉及坐标系之间的转换。

借助三个弹体姿态角，即俯仰角 ϑ、偏航角 ψ 和滚转角 γ 可以确定地面坐标系和弹体坐标系之间的转换关系。通过弹道倾角 θ 和弹道偏角 ψ_V，可以求得地面坐标系和弹道坐标系之间的转换矩阵。借助攻角 α 和侧滑角 β，可建立速度坐标系和弹体坐标系之间的变换关系。而弹道坐标系与速度坐标系之间变换关系可通过速度滚转角 γ_V 来确定。另外，通过以上基本坐标系之间的转换关系，进一步可以求得地面坐标系和速度坐标系、弹道坐标系与弹体坐标系之间的变换矩阵。具体的坐标之间的变换矩阵可以查阅相关的飞行力学与控制书籍[5]。

2.2　一般飞行器运动方程组

在飞行器设计中，根据不同的研究目的，往往采取不同的数学模型。一般在研究飞行器运动规律时，为使问题简单化，通常采用所谓的“刚化原理”：在任一瞬间，将变质量的飞行器视为虚拟刚体，把该瞬时飞行器包含的所有物质固化在虚拟的刚体上。在采用“刚化原理”后，在某一时刻，可以将变质量飞行器当作常质量刚体。由理论力学可知，任何自由刚体在空间的任意运动，都可以把它视为刚体质心的平移运动和绕质心旋转运动的合成，即决定刚体质心瞬时位置的三个自由度和决定刚体瞬时姿态的三个自由度。对于刚体，可以应用牛顿定律来研究质心的移动，用动量矩定理研究刚体绕质心的转动，这样飞行器运动方程的矢量形式为[43]

$$m\frac{\mathrm{d}\boldsymbol{V}}{\mathrm{d}t}=\boldsymbol{F} \tag{2-1}$$

$$\frac{\mathrm{d}\boldsymbol{H}}{\mathrm{d}t}=\boldsymbol{M} \tag{2-2}$$

式中，m 表示飞行器的质量；$\boldsymbol{V}$ 表示飞行器质心速度；$\boldsymbol{H}$ 表示刚体相对于质心的动量矩；$\boldsymbol{F}$ 为作用于刚体上的合外力；$\boldsymbol{M}$ 为外力对刚体质心的合力矩。

实践表明，基于以上简化的模型设计控制器，具有较高的精度，在大多数情况下能满工程实际的需要。

2.2.1 动力学方程

飞行器的空间运动可以看成变质量物体的六自由度运动，由两个矢量方程来描述。为方便起见，通常将矢量方程投影到坐标系上，写成三个描述质心运动的动力学标量方程和三个描述绕质心转动的动力学标量方程。下面首先讨论飞行器质心运动的动力学方程，大量实践表明，将矢量方程投影到弹道坐标系 $Ox_2y_2z_2$ 得到的方程形式最简单。由于弹道坐标系 $Ox_2y_2z_2$ 是动坐标系，在动坐标系中建立动力学方程，需要引用矢量的绝对导数和相对导数之间的关系，即

$$\frac{\mathrm{d}\boldsymbol{V}}{\mathrm{d}t}=\frac{\partial\boldsymbol{V}}{\partial t}+\boldsymbol{\Omega}\times\boldsymbol{V}=\boldsymbol{F} \tag{2-3}$$

式中，$\boldsymbol{\Omega}$ 为弹道坐标系相对于地面坐标系的转动角速度。则飞行器的质心运动方程可写成

$$m\left(\frac{\partial\boldsymbol{V}}{\partial t}+\boldsymbol{\Omega}\times\boldsymbol{V}\right)=\boldsymbol{F} \tag{2-4}$$

然后将其投影到弹道坐标系 $Ox_2y_2z_2$，把空气动力、推力和重力也投影到弹道坐标系，整理可得到质心运动的标量方程为

$$\begin{bmatrix} m\dfrac{\mathrm{d}V}{\mathrm{d}t} \\ mV\dfrac{\mathrm{d}\theta}{\mathrm{d}t} \\ -mV\cos\theta\dfrac{\mathrm{d}\psi_V}{\mathrm{d}t} \end{bmatrix}=\begin{bmatrix} -X-mg\sin\theta+P\cos\alpha\cos\beta \\ Y\cos\gamma_V-Z\sin\gamma_V-mg\cos\theta+P(\sin\alpha\cos\gamma_V+\cos\alpha\sin\beta\sin\gamma_V) \\ Y\sin\gamma_V+Z\cos\gamma_V+P(\sin\alpha\sin\gamma_V-\cos\alpha\sin\beta\cos\gamma_V) \end{bmatrix} \tag{2-5}$$

式中，X 为阻力；P 为推力；Z 为侧向力。

下面讨论飞行器绕质心转动的动力学方程，实践表明，将矢量方程投影到弹体坐标系 $Ox_1y_1z_1$ 上的标量方程形式上最简单。由于弹体坐标系 $Ox_1y_1z_1$ 也是动坐标系，因此也需要引用矢量的绝对导数和相对导数之间的关系，即

$$\frac{\mathrm{d}\boldsymbol{H}}{\mathrm{d}t} = \frac{\delta \boldsymbol{H}}{\delta t} + \boldsymbol{\omega} \times \boldsymbol{H} = \boldsymbol{M} \tag{2-6}$$

式中，$\boldsymbol{\omega}$ 表示弹体坐标系的转动角速度。将矢量方程投影到弹体坐标系 $Ox_1y_1z_1$，同时考虑轴对称型飞行器，那么得到绕质心转动的动力学标量方程为（省略下标“1”）

$$J_x \frac{\mathrm{d}\omega_x}{\mathrm{d}t} + (J_z - J_y)\omega_z\omega_y = M_x \tag{2-7}$$

$$J_y \frac{\mathrm{d}\omega_y}{\mathrm{d}t} + (J_x - J_z)\omega_x\omega_z = M_y \tag{2-8}$$

$$J_z \frac{\mathrm{d}\omega_z}{\mathrm{d}t} + (J_y - J_x)\omega_y\omega_x = M_z \tag{2-9}$$

式中，J_x 表示飞行器对弹体坐标系 Ox_1 轴的转动惯量；J_y 表示飞行器对弹体坐标系 Oy_1 轴的转动惯量；J_z 表示飞行器对弹体坐标系 Oz_1 轴的转动惯量；ω_x 表示弹体坐标系 $Ox_1y_1z_1$ 转动角速度 $\boldsymbol{\omega}$ 沿 Ox_1 轴的分量；ω_y 表示弹体坐标系 $Ox_1y_1z_1$ 转动角速度 $\boldsymbol{\omega}$ 沿 Oy_1 轴的分量；ω_z 表示弹体坐标系 $Ox_1y_1z_1$ 转动角速度 $\boldsymbol{\omega}$ 沿 Oz_1 轴的分量；M_x 表示作用在飞行器上的力矩在弹体坐标系 $Ox_1y_1z_1$ 上 Ox_1 轴的分量；M_y 表示作用在飞行器上的力矩在弹体坐标系 $Ox_1y_1z_1$ 上 Oy_1 轴的分量；M_z 表示作用在飞行器上的力矩在弹体坐标系 $Ox_1y_1z_1$ 上 Oz_1 轴的分量。

2.2.2　运动学方程

研究飞行器质心的运动学方程和绕质心转动的运动学方程，就是要确定质心的坐标位置和飞行器相对地面坐标系 $Ox_1y_1z_1$ 的姿态。首先研究飞行器质心运动的运动学方程，通过弹道坐标系和地面坐标系之间的关系就可以得到质心的运动方程，即

$$\begin{bmatrix} \dfrac{\mathrm{d}x}{\mathrm{d}t} \\ \dfrac{\mathrm{d}y}{\mathrm{d}t} \\ \dfrac{\mathrm{d}z}{\mathrm{d}t} \end{bmatrix} = \begin{bmatrix} V\cos\theta\cos\psi_V \\ V\sin\theta \\ -V\cos\theta\sin\psi_V \end{bmatrix} \tag{2-10}$$

其次，要确定飞行器在空间的姿态，就要建立飞行器相对于地面坐标系的姿态运动学变化过程，也就是建立飞行器姿态角 ϑ、ψ 和 γ 对时间的导数与转动角速度分量 ω_x、ω_y 和 ω_z 之间的关系。根据地面坐标系 $Axyz$ 与弹体坐标系 $Ox_1y_1z_1$ 之间

的变换关系，可以求得飞行器绕质心转动的运动学方程，即

$$\begin{cases}\dfrac{\mathrm{d}\vartheta}{\mathrm{d}t}=\omega_y\sin\gamma+\omega_z\cos\gamma\\ \dfrac{\mathrm{d}\psi}{\mathrm{d}t}=\dfrac{1}{\cos\vartheta}(\omega_y\cos\gamma-\omega_z\sin\gamma)\\ \dfrac{\mathrm{d}\gamma}{\mathrm{d}t}=\omega_x-(\omega_y\cos\gamma-\omega_z\sin\gamma)\tan\vartheta\end{cases}\tag{2-11}$$

2.2.3 辅助方程

1. 质量方程

由于发动机在不断消耗燃料，所以飞行器的质量不断减小，因此需要描述飞行器质量变化的微分方程，即

$$\frac{\mathrm{d}m}{\mathrm{d}t}=-m_s(t)\tag{2-12}$$

式中，$m_s(t)$表示单位时间内质量消耗量（燃料秒流量）。

2. 角度几何关系方程

对于前面定义的四个坐标系：地面坐标系 $Axyz$、弹体坐标系 $Ox_1y_1z_1$、弹道坐标系 $Ox_2y_2z_2$ 和速度坐标系 $Ox_3y_3z_3$，是由 8 个角度：ϑ、ψ、γ、α、β、θ、ψ_V 和 γ_V 来联系的，但这 8 个角度只有 5 个是完全独立的，其他的 3 个角度可以由 5 个独立的角度来表示，因此需要 3 个角度几何关系方程。利用方向余弦和向量的有关知识可建立如下的几何方程：

$$\sin\beta=\cos\theta[\cos\gamma\sin(\psi-\psi_V)+\sin\vartheta\sin\gamma\cos(\psi-\psi_V)]-\sin\theta\cos\vartheta\sin\gamma\tag{2-13}$$

$$\cos\alpha=\frac{1}{\cos\beta}[\cos\vartheta\cos\theta\cos(\psi-\psi_V)+\sin\vartheta\sin\theta]\tag{2-14}$$

$$\cos\gamma_V=\frac{1}{\cos\beta}[\cos\gamma\cos(\psi-\psi_V)-\sin\vartheta\sin\gamma\sin(\psi-\psi_V)]\tag{2-15}$$

也可以通过推导得到角度变化率方程，即

$$\frac{\mathrm{d}\beta}{\mathrm{d}t}=\omega_x\alpha+\omega_y-\dot{\Psi}_V\cos\theta\cos\gamma_V-\dot{\theta}\sin\gamma_V\tag{2-16}$$

$$\frac{\mathrm{d}\alpha}{\mathrm{d}t}=\omega_z-\omega_x\beta+\dot{\Psi}_V\cos\theta\sin\gamma_V-\dot{\theta}\cos\gamma_V\tag{2-17}$$

$$\frac{\mathrm{d}\gamma_v}{\mathrm{d}t}=\omega_x\cos\alpha\cos\beta-\omega_y\sin\alpha\cos\beta-\dot{\Psi}_V\sin\theta+(\omega_z-\dot{\alpha})\sin\beta\tag{2-18}$$

3. 操纵关系方程

飞行器制导系统和其他控制系统一样，是根据误差进行控制。当飞行器的实

际参数和制导关系要求的参数不一致时，就会产生控制信号。理想的操纵关系方程为

$$\begin{cases}\varepsilon_1 = 0 \\ \varepsilon_2 = 0 \\ \varepsilon_3 = 0 \\ \varepsilon_4 = 0\end{cases} \tag{2-19}$$

2.2.4　飞行器运动方程组的简化与分解

上一节用一组方程来描述飞行器在空间的运动，但在实际中，用于弹道计算的方程则不止这些。从理论上讲，运动方程组的方程数目越多，飞行器的运动描述就越完整、越精确，但随之而来的就是研究和计算的难度增大。因此，在设计的初始阶段，在允许的范围之内，可以使用一些近似的方法对方程组进行简化求解。大量的实践证明，在一定的假设下，将飞行器的运动方程组分解为纵向运动和侧向运动方程组，具有一定的实用价值。

1. 纵向运动方程组

纵向运动是指飞行器运动参数 ψ、ω_x、ω_y、γ、z、β、ψ_V 和 γ_V 为零的运动，是由飞行器质心在对称平面 x_1Oy_1 内的平移运动和绕 Oz_1 轴的旋转运动组成。在纵向运动中，飞行器运动参数 V、θ、ω_z、α、x、y 是随时间变化的。另外，要满足以下假设：

1）侧向运动参数及舵偏角 δ_x、δ_y 都是小量，那么有 $\cos\beta$、$\cos\gamma$ 和 $\cos\gamma_V$ 约等于 1，并略去二阶小量，如 $\sin\beta\sin\gamma$、$\omega_y\sin\gamma$ 和 $z\sin\gamma_V$ 等，以及 β、δ_x 和 δ_y 对空气阻力的影响。

2）飞行器基本在铅垂面内飞行，或说飞行弹道与铅垂面内的弹道相差不大。

3）俯仰操纵机构的偏转由纵向运动参数来确定，而偏航和滚转操纵机构的偏转由侧向运动参数来确定。

基于以上假设，纵向运动的方程组为

$$\begin{cases}m\dfrac{\mathrm{d}V}{\mathrm{d}t} = P\cos\alpha - X - mg\sin\theta \\ mV\dfrac{\mathrm{d}\theta}{\mathrm{d}t} = P\sin\alpha + Y - mg\cos\theta \\ J_z\dfrac{\mathrm{d}\omega_z}{\mathrm{d}t} = M_z \\ \dfrac{\mathrm{d}x}{\mathrm{d}t} = V\cos\theta\end{cases}$$

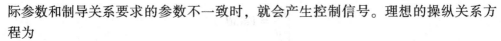

$$
\begin{cases}
\dfrac{\mathrm{d}y}{\mathrm{d}t} = V\sin\theta \\
\dfrac{\mathrm{d}\vartheta}{\mathrm{d}t} = \omega_z \\
\dfrac{\mathrm{d}m}{\mathrm{d}t} = -m_s(t) \\
\alpha = \vartheta - \theta \\
\varepsilon_1 = 0 \\
\varepsilon_4 = 0
\end{cases}
\tag{2-20}
$$

2. 侧向运动方程组

将飞行器运动方程组中去除纵向运动方程组就可以得到侧向运动方程组，即

$$
\begin{cases}
-mV\cos\theta\dfrac{\mathrm{d}\psi_V}{\mathrm{d}t} = Y\sin\gamma_V + Z\cos\gamma_V + P(\sin\alpha\sin\gamma_V - \cos\alpha\sin\beta\cos\gamma_V) \\
J_x\dfrac{\mathrm{d}\omega_x}{\mathrm{d}t} + (J_z - J_y)\omega_z\omega_y = M_x \\
J_y\dfrac{\mathrm{d}\omega_y}{\mathrm{d}t} + (J_x - J_z)\omega_x\omega_z = M_y \\
\dfrac{\mathrm{d}z}{\mathrm{d}t} = -V\cos\theta\sin\psi_V \\
\dfrac{\mathrm{d}\psi}{\mathrm{d}t} = \dfrac{1}{\cos\vartheta}(\omega_y\cos\gamma - \omega_z\sin\gamma) \\
\dfrac{\mathrm{d}\gamma}{\mathrm{d}t} = \omega_x - (\omega_y\cos\gamma - \omega_z\sin\gamma)\tan\vartheta \\
\sin\beta = \cos\theta[\cos\gamma\sin(\psi - \psi_V) + \sin\vartheta\sin\gamma\cos(\psi - \psi_V)] - \sin\theta\cos\vartheta\sin\gamma \\
\cos\gamma_V = \dfrac{1}{\cos\beta}[\cos\gamma\cos(\psi - \psi_V) - \sin\vartheta\sin\gamma\sin(\psi - \psi_V)] \\
\varepsilon_2 = 0 \\
\varepsilon_3 = 0
\end{cases}
\tag{2-21}
$$

2.3 高超声速飞行器纵向运动模型及其特性分析

高超声速飞行器是一个复杂的动力学系统，在飞行过程中质量是时变的，结构具有弹性形变，此外，地球是一个旋转的椭球体，存在离心加速度和科氏加速度。作用于高超声速飞行器上的空气动力与飞行器几何形状、飞行状态参数等呈现非常复杂的函数关系，要建立其准确的数学模型十分困难。为了简化其建模过程，同时又兼顾其准确性，在建模过程中需要忽略一些次要因素，通常作如下

假设：

1）把地球当作一个惯性系统，即认为它是静止的。

2）视高超声速飞行器为理想刚体，其质心位置、转动惯量均为机体质量的函数，且质心位置沿着机体纵轴变动。

3）高超声速飞行器不仅几何外形对称，而且内部质量分布也对称，即惯性积 $I_{xy}=I_{zy}=0$。

4）认为外力均作用于高超声速飞行器的质心上。

5）忽略气流的不对称性及压缩性、阵风等因素的影响。

6）忽略高超声速飞行器绕流和发动机喷流的相互作用。

基于上述假设，可建立高超声速飞行器的运动方程为[44]：

$$\begin{cases}\dfrac{\mathrm{d}V}{\mathrm{d}t}=\dfrac{T\cos\alpha-D}{m}-\dfrac{\mu\sin\gamma}{r^2}\\ \dfrac{\mathrm{d}\gamma}{\mathrm{d}t}=\dfrac{L+T\sin\alpha}{mV}-\dfrac{(\mu-V^2r)\cos\gamma}{Vr^2}\\ \dfrac{\mathrm{d}h}{\mathrm{d}t}=V\sin\gamma\\ \dfrac{\mathrm{d}\alpha}{\mathrm{d}t}=\omega_z-\dot{\gamma}\\ \dfrac{\mathrm{d}\omega_z}{\mathrm{d}t}=\dfrac{M_z}{J_z}\end{cases} \tag{2-22}$$

式中，V 表示速率，单位为 ft/s；γ 表示弹道倾角，单位为 rad；h 表示高度，单位为 ft；α 表示攻角，单位为 rad；ω_z 表示俯仰角速率，单位为 rad/s；T 表示推力，单位为 lbf；D 表示阻力，单位为 lbf；L 表示升力，单位为 lbf；m 表示质量，单位为 slug；μ 表示重力常数，单位为 $\mathrm{ft^3/s^2}$；r 表示地心距离，单位为 ft；M_z 表示俯仰力矩，单位为 lbf · ft；J_z 表示转动惯量，单位为 slug · $\mathrm{ft^2}$。本书主要针对模型式（2-22）展开控制讨论，而模型式（2-22）部分变量采用了英制单位。因此，为了便于与国际单位进行转换，附录给出了部分英制单位与国际单位的转换。

气动力、推力及俯仰力矩表达式如下：

$$\begin{cases}L=\dfrac{1}{2}\rho V^2SC_L\\ D=\dfrac{1}{2}\rho V^2SC_D\\ T=\dfrac{1}{2}\rho V^2SC_T\\ M_z=\dfrac{1}{2}\rho V^2S\bar{c}[C_M(\alpha)+C_M(\delta_z)+C_M(\omega_z)]\end{cases} \tag{2-23}$$

式中，ρ 表示空气密度，单位为 slugs/ft^3，S 表示参考面积，单位为 ft^2；C_L 表示升力系数；C_D 表示阻力系数；C_T 表示推力系数；$\bar{c}$ 表示参考长度，单位为 ft；$C_M(\alpha)$ 表示由攻角产生的俯仰力矩系数；$C_M(\delta_z)$ 表示由舵偏角产生的俯仰力矩系数；$C_M(\omega_z)$ 表示由俯仰角速率产生的俯仰力矩系数。在某一巡航条件下，其有关系数表达式如式（2-24）所示。

$$\begin{cases} C_L = 0.6203\alpha \\ C_D = 0.6450\alpha^2 + 0.0043378\alpha + 0.003772 \\ C_T = \begin{cases} 0.02576\eta, & \eta < 1 \\ 0.0224 + 0.00336\eta, & \eta \geqslant 1 \end{cases} \\ C_M(\alpha) = -0.035\alpha^2 + 0.036617\alpha + 5.3261 \times 10^{-6} \\ C_M(\delta_z) = c_e(\delta_z - \alpha) \\ C_M(\omega_z) = \dfrac{\bar{c}}{2V}\omega_z(-6.796\alpha^2 + 0.3015\alpha - 0.2289) \end{cases} \tag{2-24}$$

式中，η 表示阀门开度；δ_z 表示升降舵偏角，单位为 rad；c_e 表示比例系数，单位为 rad。此外，地心距离为

$$r = h + R_E \tag{2-25}$$

式中，R_E 表示地球半径，单位为 ft。用一个二阶系统来对发动机进行建模，即

$$\ddot{\eta} = -2\zeta\omega_n\dot{\eta} - \omega_n^2\eta + \omega_n^2\eta_c \tag{2-26}$$

式中，ζ 表示阻尼；ω_n 表示角频率，单位为 rad/s；η_c 表示阀门开度指令。

高超声速飞行器参数及某巡航条件下大气参数取值见表 2-1。

表 2-1　参数列表

参　数	数　值	参　数	数　值
$\bar{c}$	80ft	J_z	7×10^6slug · ft^2
m	9375slug	S	3603ft^2
R_E	20903500ft	μ	1.39×10^{16}ft^3/s^2
c_e	0.0292rad^{-1}		

将高超声速飞行器的模型在巡航平衡条件下线性化（这里忽略发动机动态），这里考虑平衡巡航条件为 $V^* = 15060$ft，$\theta^* = 0$rad，$h^* = 110000$ft，$\alpha^* = 0.0312$rad，$q^* = 0$rad/s，$\eta^* = 0.1762$，$\delta_z^* = -0.0069$rad，则线性化结果为

$$
\begin{bmatrix} \Delta\dot{V} \\ \Delta\dot{\gamma} \\ \Delta\dot{h} \\ \Delta\dot{\alpha} \\ \Delta\dot{\omega}_z \end{bmatrix} =
\begin{bmatrix}
-4.82\times10^{-18} & -3.1478\times10 & 4.6353\times10^{-28} & -4.7455\times10 & 0.0000 \\
2.7759\times10^{-7} & 2.1251\times10^{-25} & 1.6484\times10^{-10} & 4.3985\times10^{-2} & 0.0000 \\
1.5471\times10^{-22} & 1.5060\times10^{4} & 0.0000 & 0.0000 & 0.0000 \\
-2.7759\times10^{-7} & -2.1251\times10^{-25} & -1.6484\times10^{-10} & -4.3985\times10^{-2} & 1.0000 \\
-1.0564\times10^{-20} & 0.0000 & 0.0000 & 5.9418\times10^{-1} & -6.8216\times10^{-2}
\end{bmatrix} \cdot
\begin{bmatrix} \Delta V \\ \Delta\gamma \\ \Delta h \\ \Delta\alpha \\ \Delta\omega_z \end{bmatrix} +
\begin{bmatrix}
2.7296\times10 & 0.0000 \\
5.6617\times10^{-5} & 0.0000 \\
0.0000 & 0.0000 \\
-5.6617\times10^{-5} & 0.0000 \\
0.0000 & 3.3167
\end{bmatrix}
\begin{bmatrix} \Delta\eta \\ \Delta\delta_z \end{bmatrix} \tag{2-27}
$$

经计算，系统的特征值为：-0.8270，0.7148，$-0.000001\pm0.0025i$，8.4975×10^{-16}，显然这是一个不稳定的系统，而且两个稳定的模态距离虚轴很近，接近临界稳定。取飞行速度和高度作为系统的输出，则可证明系统是可控且可观的。

2.4　本章小结

本章讨论了飞行器运动方程组的建立及其特性分析。首先介绍了用于建模过程中使用的坐标系及其转换关系。然后通过力学相关知识分别建立了飞行器运动的动力学方程和运动学方程等。在一定的假设条件下，把飞行器运动方程组分解为纵向和侧向两个方程组。最后介绍了本书主要研究对象的数学模型，并且进行了系统特性分析。

第 3 章　预测控制理论

20 世纪 70 年代后期，在欧美一些国家的工业过程领域内出现了一类新型计算机控制算法，如动态矩阵控制（Dynamic Matrix Control，DMC）、模型算法控制（Model Algorithm Control，MAC）。这类算法以对象的阶跃或脉冲响应为模型，采用滚动推移的方式在线地对过程实现优化控制，在复杂的工业过程中显现出良好的控制性能。1978 年，理查勒特（Richalet）等在参考文献［45］中，首次详细阐述了这类算法产生的动因、机理及其在工业过程中的应用效果。从此，预测控制（Predictive Control，PC）作为这类新型控制算法的统一名称，便开始出现在控制领域中。

预测控制的产生，并不是理论发展的结果，而是工业实践向控制提出的挑战。由于 20 世纪 60 年代初形成的现代控制理论，在航天、航空等领域都取得了辉煌的成就。而状态空间法为系统的分析和设计提供了极大的方便，提高了人们对被控对象的洞察能力。而同时，立足于性能指标的最优设计理论和方法日益成熟，这对于追求更高控制质量和经济效益的过程控制工程师来说，具有极大的诱惑力。但是，人们不久就发现，在理论与实践之间还存在着巨大的鸿沟，这主要表现在以下几个方面[46]：

1）难于获得对象的精确建模。现代控制理论的基点是对象精确的数学模型，而在工业过程中所涉及的对象往往是多输入、多输出的高维复杂系统，其数学模型很难精确建立，即使建立了模型，从工程实用的角度来说，往往需要简化，从而很难保证得到对象精确的模型。

2）系统存在很大的不确定性。工业对象的结构、参数和环境都具有很大的不确定性。由于这些不确定性的存在，按照理想模型得到的最优控制在实际上往往不能保持最优，有时甚至会引起控制品质的严重下降。在工业环境中，人们更关注的是控制系统在不确定性影响下保持良好性能的能力，即所谓鲁棒性，而不能只是追求理想的最优性。

3）对硬件要求高。工业控制中必须考虑到控制手段的经济性，对工业控制计算机的要求不能太高。因此，控制算法必须简易以满足实时性的要求。而现代控制理论的许多算法往往过于复杂，难以用低性能的计算机实现。

为了克服理论与应用之间的不协调，除了加强对系统辨识、自适应控制、鲁棒控制等的研究外，人们开始打破传统方法的禁锢，试图面对工业过程的特点，寻找各种对模型要求低、控制综合质量好、在线计算方便的优化控制新算法。在此期间，数字计算机技术的飞速发展，也为新算法的产生提供了物质基础。预测控制就是在这种背景下发展起来的一类新型计算机优化控制算法。

3.1 预测控制基本原理

预测控制属于一种基于模型的多变量控制算法，其基本原理包括模型预测、滚动优化和反馈校正三大要素，这三个要素是预测控制区别于其他控制方法的基本特征，同时，也是预测控制在实际工程应用中取得成功的关键。

3.1.1 预测模型

预测控制采用的模型称为预测模型。预测控制对模型的要求不同于其他控制方法，其强调的是模型的功能而不是模型的结构，只要模型能利用过去信息预测系统未来的输出行为，就可以作为预测控制的模型。所以，不仅状态方程、传递函数可作为预测模型，而且在过程控制中容易获得的脉冲响应或阶跃响应模型，以及易于在线辨识自回归滑动平均（Controlled Auto Regressive Moving Average，CARMA）模型和自回归积分滑动平均（Controlled Auto Regressive Integral Moving Average，CARIMA）模型都可以作为预测模型。此外，非线性系统、分布参数系统的模型，只要具备预测功能也可以作为预测模型。预测控制打破了传统控制中对模型结构的严格要求，着眼于在信息的基础上，根据功能的需求按最方便的途径建立模型。这是它优于其他控制算法的原因之一，也是它在工业过程中能广泛应用的前提。

3.1.2 滚动优化

预测控制是一种优化算法，它是通过性能指标的最优化来确定未来的控制作用。性能指标中涉及到系统未来的行为，如对象输出在未来的采样点上与某一期望输出的方差最小，同时也可以取更加广泛的形式，例如不但要求跟踪的方差最小而且要求控制能量为最小等。值得注意的是，预测控制中的优化与传统意义下的离散最优控制不同，这主要表现在它的优化是一种有限时段的优化，可通过图 3-1、图 3-2 来体现其中的含义。在 k 时刻，优化时间涉及 $k+P$ 时刻，得到一系列的控制作用；在 $k+1$ 时刻，优化时间涉及到 $k+P+1$ 时刻，也得到一系列的控制作用。在预测控制中滚动优化，不是一次离线进行，而是在线反复进行的，这是预测控制与传统最优控制的根本区别。

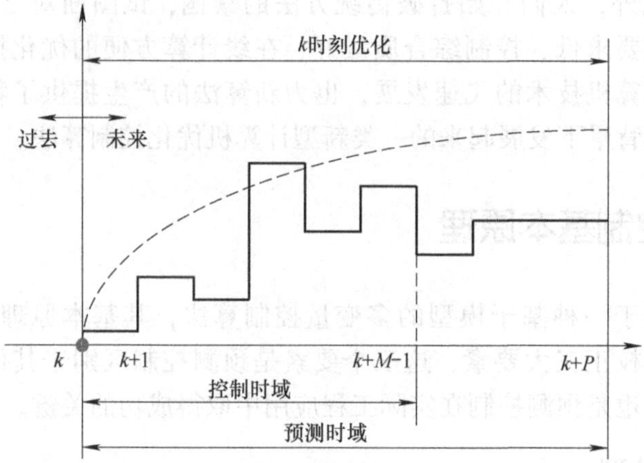

图 3-1　预测控制滚动优化示意图一

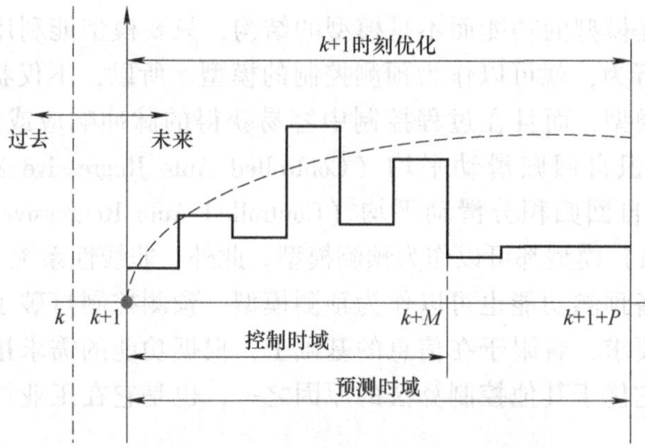

图 3-2　预测控制滚动优化示意图二

3.1.3　反馈校正

预测控制是一种闭环算法。在得到一系列未来控制作用后，为了防止模型失配或环境干扰等引起控制对理想状态的偏离，预测控制只实施本时刻的控制作用。到下一采样时刻，首先检测过程的实际输出，并利用这一实时信息对模型的预测进行修正，然后再对性能指标进行新的优化。反馈校正的形式通常有两种，一种是保持模型不变的基础上，对未来的预测进行补偿，另一种是根据在线辨识的原理对预测模型进行修改。因此，预测控制中的优化不仅基于模型预测，而且利用了实时反馈信息，所以构成了闭环优化。

预测控制的三大基本要素，使得它具有其他控制方法所没有的优点：

1）预测控制算法综合利用过去、现在和未来模型预测的信息，而不像传统算法如 PID 等只利用过去和现在的信息。

2）对模型要求低，现代控制理论之所以没有在过程工业中大规模应用，对模型精度要求太高是重要的原因之一，而预测控制成功地克服了这一点。

3）预测控制用滚动优化代替全局一次优化，突破了传统全局一次优化的局限，把稳态优化和动态优化相结合。

4）预测控制最重要的特点就是能有效处理约束问题。这是因为在实际系统中，运行状态常会使操控变量饱和，使被控变量超出既定范围。因此预测控制算法能够处理多目标、具有约束控制能力，确定系统稳定、可靠地运行。

3.2　预测控制问题的描述

考虑如下一般形式的非线性系统[47]：

$$\boldsymbol{x}(k+1)=\boldsymbol{f}(\boldsymbol{x}(k),\boldsymbol{u}(k)) \tag{3-1}$$

式中，$\boldsymbol{x}(k)$为状态变量；$\boldsymbol{u}(k)$为控制变量；$\boldsymbol{f}$ 为关于状态和控制的非线性函数。假定$\boldsymbol{x}(0)$已知，$\boldsymbol{f}(0,0)=0$（原点为一个平衡点）且在原点连续。状态和输入变量满足如下约束：

$$\boldsymbol{x}(k)\in\boldsymbol{\Omega}_x\subseteq\boldsymbol{R}^n,\ \boldsymbol{u}(k)\in\boldsymbol{\Omega}_u\subseteq\boldsymbol{R}^m \tag{3-2}$$

式中，$\boldsymbol{\Omega}_x$ 和 $\boldsymbol{\Omega}_u$ 分别为 $\boldsymbol{R}^n$ 和 $\boldsymbol{R}^m$ 上的紧集，且均包括原点为内点。预测控制在每一时刻模型预测的基础上，需求解一个未来有限时域上的开环优化问题，k 时刻的约束优化问题可描述为

$$\begin{gathered}\min_{\boldsymbol{u}(k),\boldsymbol{u}(k+1),\cdots,\boldsymbol{u}(k+N-1)}\sum_{i=1}^{N}\left[l_x(\boldsymbol{x}(k+i|k))+l_u(\boldsymbol{u}(k+i-1|k))\right]\\ \text{s.t.}\begin{cases}\boldsymbol{x}(k+i|k)=\boldsymbol{f}(x(k+i-1|k),\ \boldsymbol{u}(k+i-1|k))\\ \boldsymbol{x}(k+i|k)\in\boldsymbol{\Omega}_x\\ \boldsymbol{u}(k+i-1|k)\in\boldsymbol{\Omega}_u\\ i=1,2,\cdots,N\\ \boldsymbol{x}(k|k)=\boldsymbol{x}(k)\end{cases}\end{gathered} \tag{3-3}$$

式中，$\boldsymbol{x}(k+i|k)$表示系统的预测状态向量；N 表示滚动预测时域；$l_x(\cdot)$、$l_u(\cdot)$表示正半定函数，且满足 $l_x(0)=0,l_u(0)=0$。求解上述问题得到最优控制序列$\{\boldsymbol{u}^*(k|k),\boldsymbol{u}^*(k+1|k),\cdots,\boldsymbol{u}^*(k+N-1|k)\}$，取 k 时刻控制律为 $\boldsymbol{u}(k)=\boldsymbol{u}^*(k|k)$并作用于系统。到下一采样时刻，重复上述优化过程，得到 $\boldsymbol{u}(k+1)$，依次进行，即形成滚动优化。记优化变量

$$\boldsymbol{U}(k)=[\boldsymbol{u}^{\mathrm{T}}(k|k)\cdots\boldsymbol{u}^{\mathrm{T}}(k+N-1|k)]^{\mathrm{T}} \tag{3-4}$$

显然，式（3-3）的求解取决于 $\boldsymbol{U}(k)$的维数，这通常是一个高维优化问题。

3.3 广义预测控制算法

广义预测控制（Generalized Predictive Control，GPC）是基于自适应控制方法发展起来的一类预测控制算法[48]。它能够根据被控对象预测模型的历史信息和当前输入信息对系统未来动态行为进行预测，并以系统预测值与参考值误差的二范数为目标函数，采用有限时域滚动优化的方法，允许控制系统性能最大化的同时，求解出使目标函数最小的控制律，使系统能够精确跟踪目标参考值。在求解控制律的过程中，模型预测加入了控制点和状态约束的条件，将控制律求解过程转化为一个求解二次规划的问题。它具有经典模型预测控制算法的三要素结构：预测模型、滚动优化和反馈校正，但区别在于反馈校正策略采用自适应在线辨识校正法，广义预测的控制结构如图 3-3 所示。

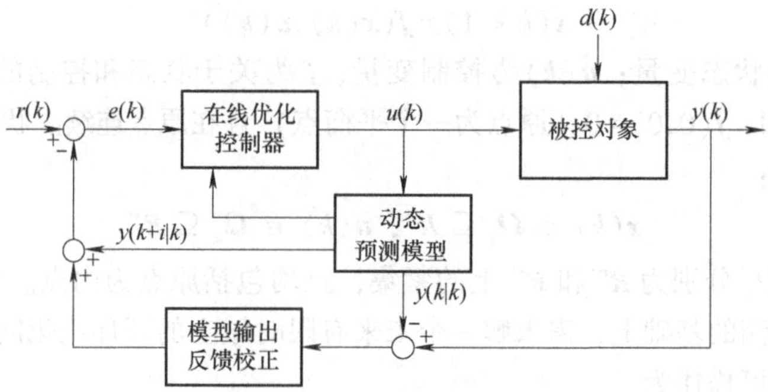

图 3-3 广义预测控制结构图

GPC 是预测控制中具有代表性的算法之一，它一出现就受到了国内外控制理论界和工业控制界的重视，成为研究领域较为活跃的一种预测控制算法，具有如下的特点：

1）基于传统的参数模型，因而模型参数少，而其他类型的预测控制算法如模型算法控制和动态矩阵控制则都基于非参数化模型，即脉冲响应模型和阶跃响应模型。

2）是在自适应控制研究中发展起来的，它保留了自适应控制方法的优点，但比自适应控制方法更具有鲁棒性。

3）由于它采用多步预测、动态优化和反馈校正等策略，因而控制效果好，更适合于工业生产过程的控制。

3.3.1 对象模型

广义预测控制采用了最小方差控制中所用的受控自回归积分滑动平均（Controlled Auto-Regressive Integrated Moving Average，CARIMA）模型：

$$A(q^{-1})y(t)=B(q^{-1})u(t-1)+\frac{C(q^{-1})\xi(t)}{\Delta} \tag{3-5}$$

式中，$A(q^{-1})=1+a_1q^{-1}+\cdots+a_nq^{-n_a}$，$B(q^{-1})=b_0+b_1q^{-1}+\cdots+b_{n_b}q^{-n_b}$，$C(q^{-1})=c_0+c_1q^{-1}+\cdots+c_{n_c}q^{-n_c}$；$q^{-1}$ 是后移算子，表示后退一个采样周期的相应的量，$\Delta=1-q^{-1}$ 为差分算子；$\xi(t)$是一个不相关的随机序列，表示一类随机噪声的影响。A、B、C 都是 q^{-1} 的多项式，其中多项式 $B(q^{-1})$的若干首项元素 b_0，b_1，…可以是零，以表示对象相应的时滞数。为了突出方法原理，这里假设 $C(q^{-1})=1$。

为了利用模型式（3-5）导出 j 步后输出 $y(t+j)$的预测值，首先考虑下述丢番图（Diophantine）方程：

$$I=E_j(q^{-1})A\Delta+q^{-j}F_j(q^{-1}) \tag{3-6}$$

式中，E_j、F_j 是由 $A(q^{-1})$和预测长度 j 唯一确定的多项式：

$$E_j(q^{-1})=e_{j,0}+e_{j,1}q^{-1}+\cdots+e_{j,j-1}q^{-(j-1)} \tag{3-7}$$

$$F_j(q^{-1})=f_{j,0}+f_{j,1}q^{-1}+\cdots+f_{j,n}q^{-n} \tag{3-8}$$

这样，在式（3-5）两端乘以 $E_j\Delta q^j$ 后可得

$$E_jA\Delta y(t+j)=E_jB\Delta u(t+j-1)+E_j\xi(t+j) \tag{3-9}$$

利用式（3-6），可以写出 $i+j$ 时刻的输出量

$$y(t+j)=E_jB\Delta u(t+j-1)+F_jy(t)+E_j\xi(t+j) \tag{3-10}$$

注意到 E_j、F_j 的形式，可以知道 $E_jB\Delta u(t+j-1)$与 $u(t+j-1)$、$u(t+j-2)$，…有关，$F_jy(t)$只与 $y(t)$、$y(t-1)$…有关，而 $E_j\xi(t+j)$与 $\xi(t+j)$、…、$\xi(t+1)$有关。由于在 t 时刻未来的噪声 $\xi(t+j)$，$i=1,\cdots,j$ 都是未知的，所以对 $y(t+j)$最合适的预测值可由下式得到

$$\hat{y}(t+j|t)=E_jB\Delta u(t+j-1)+F_jy(t) \tag{3-11}$$

这样，根据已知的输入输出信息及未来的输入值，就可以预测对象未来的输出，式（3-11）就是 GPC 的预测模型。在式（3-11）中，记 $G_j=E_jB$，结合式（3-10）可得

$$G_j=\frac{B[1-q^{-j}F_j]}{A\Delta} \tag{3-12}$$

因此，多项式 $G_j(q^{-1})$中前 j 项的系数正是对象阶跃响应前 j 项的采样值，记作 $g_1,\cdots,g_j$。若把 G_j 展开写做

$$G_j(q^{-1})=g_{j,0}+g_{j,1}q^{-1}+\cdots \tag{3-13}$$

则有 $g_{j+i}=g_{i+1}$（$i<j$）。

为了由式（3-11）计算预测值 $\hat{y}(t+j|i)$，必须首先知道 E_j、F_j，对于不同的 $j=1,2,\cdots$，这相当于并行地求解一组丢番图方程式（3-6），其计算量是很大的。为此，克拉克给出了一个 E_j、F_j 的递推算法。首先，根据式（3-6）可得到

$$I = E_j A\Delta + q^{-j}F_j \tag{3-14}$$

$$I = E_{j+1}A\Delta + q^{-(j+1)}F_{j+1} \tag{3-15}$$

将式（3-15）减去式（3-14）可得

$$A\Delta(E_{j+1} - E_j) + q^{-j}(q^{-1}F_{j+1} - F_j) = 0 \tag{3-16}$$

记 $\tilde{A} = A\Delta = 1+\tilde{a}_1 q^{-1}+\cdots+\tilde{a}_{n+1}q^{-(n+1)} = 1+(a_1-1)q^{-1}+\cdots+(a_n-a_{n-1})q^{-n}-a_n q^{-(n+1)}$，$E_{j+1}-E_j=\tilde{E}+e_{j+1,j}q^{-j}$，则可得

$$\tilde{A}\tilde{E} + q^{-j}(q^{-1}F_{j+1} - F_j + \tilde{A}e_{j+1,j}) = 0 \tag{3-17}$$

显然必有

$$\tilde{E} = 0 \tag{3-18}$$

$$F_{j+1} = q(F_j - \tilde{A}e_{j+1,j}) \tag{3-19}$$

并且由于 $\tilde{A}$ 的首项系数为 1，因此有

$$\begin{aligned} e_{j+1,j} &= f_{j,0} \\ f_{j+1,i} &= f_{j,i+1} - \tilde{a}_{i+1}e_{j+1,j} = f_{j,i+1} - \tilde{a}_{i+1}f_{j,0}, i = 0,\cdots,n-1 \\ f_{j+1,n} &= -\tilde{a}_{n+1}e_{j+1,j} = -\tilde{a}_{n+1}f_{j,0} \end{aligned} \tag{3-20}$$

这一 F_j 系数的递推关系亦可用向量形式记为

$$f_{j+1} = \tilde{A}f_j \tag{3-21}$$

式中，$f_{j+1} = [f_{j+1,0}\cdots f_{j+1,n}]^{\mathrm{T}}$，$f_j = [f_{j,0}\cdots f_{j,n}]^{\mathrm{T}}$，$\tilde{A} = \begin{bmatrix} 1-a_1 & 1 & & 0 \\ a_1-a_2 & & \ddots & \\ \vdots & & & \ddots \\ a_{n-1}-a_n & & & 1 \\ a_n & & 0 & 0 \end{bmatrix}$。

此外，还可得 E_j 的递推公式为

$$E_{j+1} = E_j + e_{j+1,j}q^{-j} = E_j + f_{j,0}q^{-j} \tag{3-22}$$

当 $j=1$ 时，方程式（3-6）为

$$I = E_1\tilde{A} + q^{-1}F_1 \tag{3-23}$$

故可取 $E_1=1$，$F_1=q(1-\tilde{A})$ 为 E_j、F_j 的初值。这样，E_{j+1}、F_{j+1} 便可按下式递推计算。

$$\left.\begin{aligned} f_{j+1} &= \tilde{A}f_j, f_0 = [1 \quad 0 \quad \cdots \quad 0]^{\mathrm{T}} \\ E_{j+1} &= E_j + f_{j,0}q^{-j}, E_0 = 0 \end{aligned}\right\} \tag{3-24}$$

3.3.2 滚动优化

在广义预测控制中，t 时刻的优化性能指标具有以下形式：

$$\min J(t)=E\left\{\sum_{j=N_1}^{N_2}[y(t+j)-\omega(t+j)]^2+\sum_{j=1}^{NU}\lambda(j)[\Delta u(t+j-1)]^2\right\} \tag{3-25}$$

式中，E 表示数学期望；ω 表示对象输出的期望值；N_1、N_2 表示优化时域的始值与终值；NU 表示控制时域；$\lambda(j)$ 表示控制加权系数，为简化计一般常可假设其为常数 λ。

在式（3-25）中，对象输出的期望值 ω 可采用 MAC 中参考轨迹的形式，即

$$\begin{aligned}&\omega(t)=y(t)\\&\omega(t+j)=\alpha\omega(t+j-1)+(1-\alpha)c\\&0<\alpha<1, j=1,2,\cdots,N\end{aligned} \tag{3-26}$$

利用预测模型式（3-11），可以写出预测的未来输出取代性能指标式（3-25）中的 $y(t+j)$

$$\begin{aligned}\hat{y}(t+1|t)&=G_1\Delta u(t)+F_1y(t)=g_{1,0}\Delta u(t)+f_1(t)\\\hat{y}(t+2|t)&=G_2\Delta u(t+1)+F_2y(t)=g_{2,0}\Delta u(t+1)+g_{2,1}\Delta u(t)+f_2(t)\\&\vdots\\\hat{y}(t+N|t)&=G_N\Delta u(t+N-1)+F_Ny(t)=g_{N,0}\Delta u(t+N-1)+\\&\quad\cdots+g_{N,N-NU}\Delta u(t+NU-1)+\cdots+g_{N,N-1}\Delta u(t)+f_N(t)\\&=g_{N,N-NU}\Delta u(t+NU-1)+\cdots+g_{N,N-1}\Delta u(t)+f_N(t)\end{aligned} \tag{3-27}$$

式中，$f_1(t)=[G_1(q^{-1})-g_{1,0}]\Delta u(t)+F_1y(t)$；

$f_2(t)=q[G_2(q^{-1})-q^{-1}g_{2,1}-g_{2,0}]\Delta u(t)+F_2y(t)$；

$\vdots$

$f_N(t)=q^{N-1}[G_N(q^{-1})-q^{-(N-1)}g_{N,N-1}-\cdots-g_{N,0}]\times\Delta u(t)+F_Ny(t)$。

均可由 t 时刻已知的信息 $\{y(\tau),\tau\leqslant t\}$ 以及 $\{u(\tau),\tau<t\}$ 计算。如果记

$$\begin{aligned}&\hat{y}=[\hat{y}(t+1|t)\cdots\hat{y}(t+N|t)]^{\mathrm{T}}\\&\tilde{u}=[\Delta u(t)\cdots\Delta u(t+NU-1)]^{\mathrm{T}}\\&f=[f_1(t)\cdots f_N(t)]^{\mathrm{T}}\end{aligned} \tag{3-28}$$

并且注意到 $g_{j+i}=g_{i+1}(i<j)$ 是阶跃响应系数，则可得

$$\hat{y}=G\tilde{u}+f \tag{3-29}$$

式中，$G=\begin{bmatrix} g_1 & & & 0 \\ & \ddots & & \\ \vdots & & g_1 & \\ & & \vdots & \\ g_N & \cdots & g_{N-NU+1} & \end{bmatrix}$ $(N<NU)$。

因此，使性能指标式（3-25）最优的解为

$$\tilde{u} = (G^{\mathrm{T}}G + \lambda I)^{-1}G^{\mathrm{T}}(\omega - f) \tag{3-30}$$

式中，$\omega=[\omega(t+1)\cdots\omega(t+N)]^{\mathrm{T}}$，那么最优控制量则可由下式给出

$$u(t) = u(t-1) + g^{\mathrm{T}}(\omega - f) \tag{3-31}$$

式中，g^{T} 是矩阵 $(G^{\mathrm{T}}G+\lambda I)^{-1}G^{\mathrm{T}}$ 的第 1 行。

3.3.3 在线辨识与校正

广义预测控制是从自校正控制发展起来的，因此保持了自校正的方法原理，即在控制过程中，不断通过实际输入输出信息在线估计模型参数，并以此修正控制律，这是一种广义的反馈校正。与 DMC 相比，GPC 则只用一个模型，通过对其在线修正来给出较准确的预测，而 DMC 相当于用一个不变的预测模型，并附加一个误差预测模型共同保证对未来输出作出较准确的预测。

考虑将对象模型式（3-5）改写为

$$A(q^{-1})\Delta y(t) = B(q^{-1})\Delta u(t-1) + \xi(t) \tag{3-32}$$

那么有

$$\Delta y(t) = -A_1(q^{-1})\Delta y(t) + B(q^{-1})\Delta u(t-1) + \xi(t) \tag{3-33}$$

式中，$A_1(q^{-1})=A(q^{-1})-1$。把模型参数与数据参数分别用向量形式记为

$$\theta = [a_1 \ \cdots \ a_n \ b_0 \ \cdots \ b_{nb}]^{\mathrm{T}} \tag{3-34}$$

$$\varphi(t) = [-\Delta y(t-1)\cdots -\Delta y(t-n) \ \Delta u(t-1)\cdots\Delta u(t-n_b-1)]^{\mathrm{T}} \tag{3-35}$$

则可将上式写为

$$\Delta y(t) = \varphi^{\mathrm{T}}(t)\cdot\theta + \xi(t) \tag{3-36}$$

那么，可用渐消记忆的递推最小二乘法估计参数向量

$$\begin{aligned} \hat{\theta}(t) &= \hat{\theta}(t-1) + K(t)[\Delta y(t) - \varphi^{\mathrm{T}}(t)\hat{\theta}(t-1)] \\ K(t) &= P(t-1)\varphi(t)[\varphi^{\mathrm{T}}(t)P(t-1)\varphi(t) + \mu]^{-1} \\ P(t) &= \frac{1}{\mu}[I - K(t)\varphi^{\mathrm{T}}(t)]P(t-1) \end{aligned} \tag{3-37}$$

式中，$0<\mu<1$ 为遗忘因子，常可选 $0.95<\mu<1$；$K(t)$ 为权因子；$P(t)$ 为正定的协方差阵。在控制起动时，需要设置参数向量 θ 和协方差阵 P 的初值，通常可令 $\hat{\theta}(0)=0$、$P(0)=\alpha^2I$、α 是一个足够大的正数。在控制的每一步，首先要组成

数据向量，然后就可由式（3-37）先后求出 $K(t)$、$\hat{\theta}(t)$ 和 $P(t)$。在通过辨识得到多项式 $A(q^{-1})$、$B(q^{-1})$ 的参数后，就可重新计算控制律式（3-31）中的 g^{T} 和 f，并求出最优控制量。

3.4　广义预测控制在液位系统中的应用

3.4.1　二容液位系统及其建模

考虑如图 3-4 所示的液位系统，包括了两个容器，容器 1 和容器 2 通过阀门 R_1 连通。

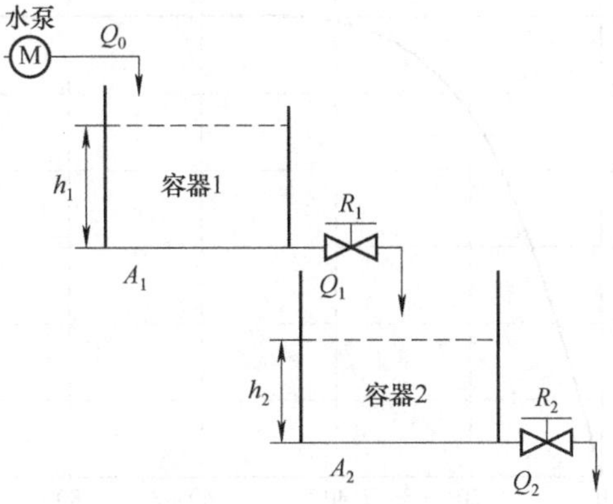

图 3-4　二容液位系统

从图 3-4 可知，容器 1 的水流输入量 Q_0 是由水泵 M 决定的，水泵的正常工作区间为 0~3m³/h，即水泵能够提供的最大水流为 1/1200m³/s。容器 1 的水流输出量 Q_1 与容器 1 的液位高度的开方成正比，即 $Q_1=k_1\sqrt{h_1}$。同理，容器 2 的水流输出量 Q_2 与容器 2 的液位高度的开方成正比，即 $Q_2=k_2\sqrt{h_2}$，则根据物料平衡方程原理：容器内的储液的变化率=单位时间内液体流入量-单位时间内液体流出量。可以得到容器 1 的液位

$$A_1\frac{\mathrm{d}h_1}{\mathrm{d}t}=Q_0-k_1\sqrt{h_1} \tag{3-38}$$

容器 2 的液位

$$A_2\frac{\mathrm{d}h_2}{\mathrm{d}t}=Q_1-k_2\sqrt{h_2} \tag{3-39}$$

式中，A_1、A_2分别为容器 1、容器 2 的横截面积。

3.4.2 仿真结果

在二容液位系统的控制中，以容器 1 的水流输入量作为输入量，以容器 2 的液位高度作为输出量，系统用 CARMA 表示，即

$$A(z^{-1})y(k) = B(z^{-1})u(k-1) \tag{3-40}$$

容器截面积为 $A_1 = A_2 = 0.48\text{m}^2$，仿真中预测时域取 8，控制时域取 6。初始液位为 0，期望液位为 0.6cm，仿真结果如图 3-5 所示。由图可以看出，采用广义预测控制的液位系统，能实现液位无超调快速稳定在期望值上，体现了预测控制算法的优越性。

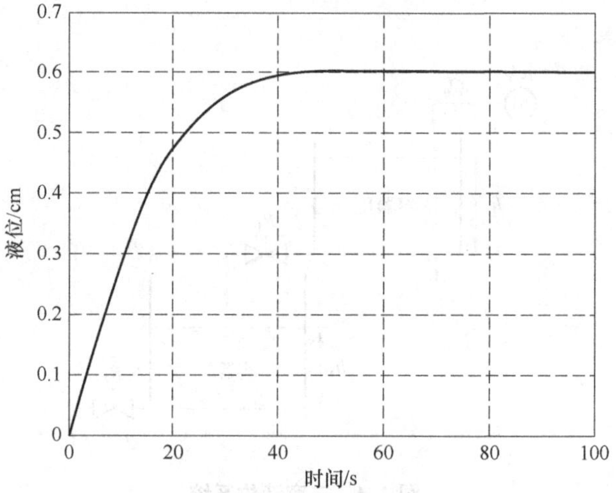

图 3-5　液位响应曲线

3.5　本章小结

为了便于后续章节的学习，首先对预测控制基本原理进行介绍，在此基础上对预测控制算法的问题进行描述，最后对典型的预测控制算法中的广义预测控制进行详细陈述，以突出预测控制的基本原理。

第4章 基于线性化模型的高超声速飞行器预测控制

对于高超声速飞行器高度非线性动力学模型，直接进行非线性控制设计存在一定的困难。而在初步控制设计中往往先将非线性模型线性化，然后采用线性控制理论进行系统综合。本章利用小扰动线性化和完全线性化方法对高超声速飞行器模型进行线性化处理，为后续线性控制综合做准备。另外，对于高超声速飞行器来说，存在执行机构饱和现象，如舵机的最大偏转角度、最大偏转速度、节流阀最大开度以及最大开阀速度。另外，由于高超声速飞行器的特殊结构，在飞行过程中要求攻角、侧滑角限制在一个小角度范围内。因此在控制系统设计时必须考虑对象的物理约束，否则在控制律的作用下，系统的控制性能下降甚至导致系统不稳定。

针对约束控制问题，抗饱和设计是一个常用的方法。Kothare 等人[49]针对抗饱和设计提出了统一的框架，将设计分两部分完成：首先忽略约束设计一个标称控制器，然后设计一个补偿控制器来减少饱和对系统的影响。然而，设计补偿控制器通常不是一件容易的事情。预测控制一个显著的优点是，在求解控制律时考虑约束，同时实现目标函数优化和约束处理，特别适合约束系统的控制设计。

一般预测控制求解时，涉及在线求解二次规划问题，在线优化时间较长。而预测函数控制在处理约束问题时，采用的是启发方式处理，不需要在线优化，因而能大大减少系统的计算负担，对提高系统的实时性大有帮助。因此，针对高超声速飞行器约束控制问题，本章采用两种不同的预测控制算法进行处理[50]。不同于 MAC、DMC 和 GPC，本章首先讨论基于状态空间方程的预测控制算法，然后讨论基于线性化模型的预测控制器设计及其仿真。

4.1 基于状态空间方程的预测控制算法

1. 预测模型及模型输出预测

考虑线性离散时不变状态空间系统

$$\begin{cases} \boldsymbol{x}(k+1)=\boldsymbol{A}_k\boldsymbol{x}(k)+\boldsymbol{B}_k\boldsymbol{u}(k) \\ \boldsymbol{y}(k)=\boldsymbol{C}_k\boldsymbol{x}(k) \end{cases} \tag{4-1}$$

式中，$\boldsymbol{x}$ 为系统状态，而且 $\boldsymbol{x}\in\boldsymbol{R}^n$；$\boldsymbol{u}$ 为系统控制量，而且 $\boldsymbol{u}\in\boldsymbol{R}^m$；$\boldsymbol{y}$ 为系统输出量，而且 $\boldsymbol{y}\in\boldsymbol{R}^l$。

根据式（4-1），可得状态预测方程为

$$
\begin{aligned}
&\boldsymbol{x}(k+1|k)=\boldsymbol{A}_k\boldsymbol{x}(k)+\boldsymbol{B}_k\boldsymbol{u}(k|k)\\
&\boldsymbol{x}(k+2|k)=\boldsymbol{A}_k^2\boldsymbol{x}(k)+\boldsymbol{A}_k\boldsymbol{B}_k\boldsymbol{u}(k|k)+\boldsymbol{B}_k\boldsymbol{u}(k+1|k)\\
&\boldsymbol{x}(k+3|k)=\boldsymbol{A}_k^3\boldsymbol{x}(k)+\boldsymbol{A}_k^2\boldsymbol{B}_k\boldsymbol{u}(k|k)+\boldsymbol{A}_k\boldsymbol{B}_k\boldsymbol{u}(k+1|k)+\boldsymbol{B}_k\boldsymbol{u}(k+2|k)\\
&\quad\vdots\\
&\boldsymbol{x}(k+H_u|k)=\boldsymbol{A}_k^{H_u}\boldsymbol{x}(k)+\boldsymbol{A}_k^{H_u-1}\boldsymbol{B}_k\boldsymbol{u}(k|k)+\cdots+\boldsymbol{A}_k\boldsymbol{B}_k\boldsymbol{u}(k+H_u-2|k)+\\
&\qquad\boldsymbol{B}_k\boldsymbol{u}(k+H_u-1|k)\\
&\boldsymbol{x}(k+H_u+1|k)=\boldsymbol{A}_k^{H_u+1}\boldsymbol{x}(k)+\boldsymbol{A}_k^{H_u}\boldsymbol{B}_k\boldsymbol{u}(k|k)+\cdots+\boldsymbol{A}_k\boldsymbol{B}_k\boldsymbol{u}(k+H_u-1|k)+\\
&\qquad\boldsymbol{B}_k\boldsymbol{u}(k+H_u-1|k)\\
&\quad\vdots\\
&\boldsymbol{x}(k+H_p|k)=\boldsymbol{A}_k^{H_p}\boldsymbol{x}(k)+\boldsymbol{A}_k^{H_p-1}\boldsymbol{B}_k\boldsymbol{u}(k|k)+\cdots+\boldsymbol{A}_k^{H_p-H_u}\boldsymbol{B}_k\boldsymbol{u}(k+H_u-1|k)+\\
&\qquad\cdots+\boldsymbol{A}_k\boldsymbol{B}_k\boldsymbol{u}(k+H_u-1|k)+\boldsymbol{B}_k\boldsymbol{u}(k+H_u-1|k)
\end{aligned}
$$

即

$$
\begin{bmatrix}\boldsymbol{x}(k+1|k)\\ \vdots\\ \boldsymbol{x}(k+H_u|k)\\ \boldsymbol{x}(k+H_u+1|k)\\ \vdots\\ \boldsymbol{x}(k+H_p|k)\end{bmatrix}=\begin{bmatrix}\boldsymbol{A}_k\\ \vdots\\ \boldsymbol{A}_k^{H_u}\\ \boldsymbol{A}_k^{H_u+1}\\ \vdots\\ \boldsymbol{A}_k^{H_p}\end{bmatrix}x(k)+\begin{bmatrix}\boldsymbol{B}_k & \cdots & 0\\ \vdots & \cdots & \vdots\\ \boldsymbol{A}_k^{H_u-1}\boldsymbol{B}_k & \cdots & \boldsymbol{B}_k\\ \boldsymbol{A}_k^{H_u}\boldsymbol{B}_k & \cdots & \boldsymbol{A}_k\boldsymbol{B}_k+\boldsymbol{B}_k\\ \vdots & \cdots & \vdots\\ \boldsymbol{A}_k^{H_p-1}\boldsymbol{B}_k & \cdots & \sum\limits_{i=0}^{H_p-H_u}\boldsymbol{A}_k^i\boldsymbol{B}_k\end{bmatrix}\begin{bmatrix}\boldsymbol{u}(k|k)\\ \vdots\\ \boldsymbol{u}(k+H_u-1|k)\end{bmatrix}
\tag{4-2}
$$

式中，H_p 为预测时域；H_u 为控制时域，而且 $H_u\leqslant H_p$。

因此输出预测方程为

$$
\begin{bmatrix}\boldsymbol{y}(k+1|k)\\ \vdots\\ \boldsymbol{y}(k+H_p|k)\end{bmatrix}=\begin{bmatrix}\boldsymbol{C}_k & \cdots & 0\\ \vdots & \ddots & \vdots\\ 0 & \cdots & \boldsymbol{C}_k\end{bmatrix}\begin{bmatrix}\boldsymbol{x}(k+1|k)\\ \vdots\\ \boldsymbol{x}(k+H_p|k)\end{bmatrix}
\tag{4-3}
$$

也就是

$$
\boldsymbol{Y}(k)=\boldsymbol{\Phi}\boldsymbol{x}(k)+\boldsymbol{\Theta}\boldsymbol{U}(k)
\tag{4-4}
$$

式中，$\boldsymbol{Y}(k)$ 为输出预测向量，而且 $\boldsymbol{Y}(k)=[\boldsymbol{y}^{\mathrm{T}}(k+1|k)\ \ \cdots\ \ \boldsymbol{y}^{\mathrm{T}}(k+H_p|k)]^{\mathrm{T}}$；$\boldsymbol{U}(k)$ 为控制向量，而且 $\boldsymbol{U}(k)=[\boldsymbol{u}^{\mathrm{T}}(k|k)\ \ \cdots\ \ \boldsymbol{u}^{\mathrm{T}}(k+H_u-1|k)]^{\mathrm{T}}$；$\boldsymbol{\Phi}$、$\boldsymbol{\Theta}$ 为相对应矩阵乘积。

2. 误差预测

将 k 时刻的实际过程输出与模型输出之差作为 $k+i$ 时刻的误差预测值，即

$$e(k+i\mid k)=y_p(k)-y(k) \tag{4-5}$$

式中，$y_p(k)$ 为实际过程的输出。也就是有

$$E(k)=[e^{\mathrm{T}}(k+1\mid k)\quad\cdots\quad e^{\mathrm{T}}(k+H_p\mid k)]^{\mathrm{T}} \tag{4-6}$$

3. 性能函数

像线性二次型（Linear Quadratic，LQ）问题的性能函数一样，这里对跟踪误差和控制进行惩罚，而不是像一般预测控制那样对跟踪误差和控制增量进行惩罚，采用这样的性能函数使得对约束处理更方便。性能函数如下：

$$J=\sum_{i=1}^{H_p}\|y(k+i\mid k)+e(k+i\mid k)-r(k+i\mid k)\|_{Q(i)}^2+\sum_{i=0}^{H_u-1}\|u(k+i\mid k)\|_{R(i)}^2 \tag{4-7}$$

式中，$r(k+i|k)$ 为参考轨迹；$Q(i)$ 为误差加权系数；$R(i)$ 为控制加权系数，$\|\cdot\|$ 为欧氏范数。

进一步，式（4-7）可以表示为

$$J=\|Y(k)+E(k)-T(k)\|_Q^2+\|U(k)\|_R^2 \tag{4-8}$$

式中，$T(k)$ 为参考轨迹向量，而且 $T(k)=[r^{\mathrm{T}}(k+1|k)\quad\cdots\quad r^{\mathrm{T}}(k+H_p|k)]^{\mathrm{T}}$；$Q$ 为误差预测向量加权矩阵，而且 $Q=\mathrm{diag}[Q(1)\quad\cdots\quad Q(H_p)]$；$R$ 为控制向量加权矩阵，而且 $R=\mathrm{diag}[R(0)\quad\cdots\quad R(H_u-1)]$。

定义

$$\xi(k)=T(k)-\Phi x(k)-E(k) \tag{4-9}$$

表示已知的信息。

则性能函数式（4-8）可表示为

$$J=\|\Theta U(k)-\xi(k)\|_Q^2+\|U(k)\|_R^2 \tag{4-10}$$

进一步整理可得

$$J=\xi^{\mathrm{T}}(k)Q\xi(k)-U^{\mathrm{T}}(k)G+U^{\mathrm{T}}(k)HU(k) \tag{4-11}$$

式中，$G=2\Theta^{\mathrm{T}}Q\xi(k)$；$H=\Theta^{\mathrm{T}}Q\Theta+R$。

4. 无约束解

在这种情形下，将性能函数 J 对控制 $U(k)$ 求导并令其等于0，即

$$\frac{\partial J}{\partial U(k)}=0 \tag{4-12}$$

所以有

$$U(k)=\frac{1}{2}H^{-1}G \tag{4-13}$$

5. 约束解

在预测控制中，通常考虑控制增量、控制和输出三种约束，经过整理，可把这三种约束表示为

$$\boldsymbol{Z}[\Delta\boldsymbol{u}^{\mathrm{T}}(k\mid k) \quad \cdots \quad \Delta\boldsymbol{u}^{\mathrm{T}}(k+H_u-1\mid k) \quad 1]^{\mathrm{T}} \leqslant 0 \tag{4-14}$$

$$\boldsymbol{M}[\boldsymbol{u}^{\mathrm{T}}(k\mid k) \quad \cdots \quad \boldsymbol{u}^{\mathrm{T}}(k+H_u-1\mid k) \quad 1]^{\mathrm{T}} \leqslant 0 \tag{4-15}$$

$$\boldsymbol{N}[y^{\mathrm{T}}(k+1\mid k) \quad \cdots \quad y^{\mathrm{T}}(k+H_p\mid k) \quad 1]^{\mathrm{T}} \leqslant 0 \tag{4-16}$$

式中，$\boldsymbol{Z}$、$\boldsymbol{M}$、$\boldsymbol{N}$为相应的约束矩阵。

为了求得控制序列$\boldsymbol{U}(k)$，要将上面的约束条件转化为控制$\boldsymbol{U}(k)$的约束。首先，考虑控制增量约束，将控制增量表示为控制的形式，即

$$\begin{cases}\Delta\boldsymbol{u}(k\mid k)=\boldsymbol{u}(k\mid k)-\boldsymbol{u}(k-1)\\ \Delta\boldsymbol{u}(k+1\mid k)=\boldsymbol{u}(k+1\mid k)-\boldsymbol{u}(k\mid k)\\ \quad\vdots\\ \Delta\boldsymbol{u}(k+H_u-1\mid k)=\boldsymbol{u}(k+H_u-1\mid k)-\boldsymbol{u}(k+H_u-2\mid k)\end{cases} \tag{4-17}$$

然后将$\boldsymbol{Z}$表示为

$$\boldsymbol{Z}=[\boldsymbol{Z}_1 \quad \cdots \quad \boldsymbol{Z}_{H_u} \quad \boldsymbol{z}] \tag{4-18}$$

所以式（4-14）可以表示为

$$\sum_{i=0}^{H_u-1}\boldsymbol{Z}_i[\boldsymbol{u}(k+i\mid k)-\boldsymbol{u}(k+i-1\mid k)]+\boldsymbol{z}\leqslant 0 \tag{4-19}$$

整理得

$$\tilde{\boldsymbol{Z}}\boldsymbol{U}(k)\leqslant\tilde{\boldsymbol{z}} \tag{4-20}$$

式中，$\tilde{\boldsymbol{Z}}=[\boldsymbol{Z}_1-\boldsymbol{Z}_2 \quad \cdots \quad \boldsymbol{Z}_{H_u-1}-\boldsymbol{Z}_{H_u} \quad \boldsymbol{Z}_{H_u}]$；$\tilde{\boldsymbol{z}}=-\boldsymbol{z}+\boldsymbol{Z}_1\boldsymbol{u}(k-1)$。

类似地，将$\boldsymbol{M}$表示为

$$\boldsymbol{M}=[\boldsymbol{M}_1 \quad \cdots \quad \boldsymbol{M}_{H_u} \quad \boldsymbol{m}] \tag{4-21}$$

所以式（4-15）可以表示为

$$\tilde{\boldsymbol{M}}\boldsymbol{U}(k)\leqslant\tilde{\boldsymbol{m}} \tag{4-22}$$

式中，$\tilde{\boldsymbol{M}}=[\boldsymbol{M}_1 \quad \cdots \quad \boldsymbol{M}_{H_u}]$；$\tilde{m}=-m$。

最后，看输出约束，将$\boldsymbol{N}$表示为

$$\boldsymbol{N}=[\boldsymbol{N}_1 \quad \boldsymbol{n}_1] \tag{4-23}$$

式中，$\boldsymbol{n}_1$为$\boldsymbol{N}$矩阵的最后一列。

所以式（4-16）可以表示为

$$\boldsymbol{N}_1\boldsymbol{\Phi x}(k)+\boldsymbol{N}_1\boldsymbol{\Theta U}(k)+\boldsymbol{n}_1\leqslant 0 \tag{4-24}$$

整理可得

$$\tilde{\boldsymbol{N}}\boldsymbol{U}(k)\leqslant\tilde{\boldsymbol{n}} \tag{4-25}$$

式中，$\tilde{\boldsymbol{N}}=\boldsymbol{N}_1\boldsymbol{\Theta}$；$\tilde{\boldsymbol{n}}=-\boldsymbol{N}_1\boldsymbol{\Phi x}(k)-\boldsymbol{n}_1$。

从式（4-11）可看出，约束解等价于如下性能函数：

$$J' = \boldsymbol{U}^{\mathrm{T}}(k)\boldsymbol{H}\boldsymbol{U}(k) + (-\boldsymbol{G}^{\mathrm{T}})\boldsymbol{U}(k) \tag{4-26}$$

最小化，且满足

$$\begin{bmatrix} \tilde{\boldsymbol{Z}} \\ \tilde{\boldsymbol{M}} \\ \tilde{\boldsymbol{N}} \end{bmatrix} \boldsymbol{U}(k) \leqslant \begin{bmatrix} \tilde{\boldsymbol{z}} \\ \tilde{\boldsymbol{m}} \\ \tilde{\boldsymbol{n}} \end{bmatrix} \tag{4-27}$$

这是一个标准的二次规划问题，有成熟的解法，如主动集法[51]、内点法[52]。

6. 控制实施

当得到控制序列 $\boldsymbol{U}(k)$ 后，将第一个分量进行控制，即

$$\boldsymbol{u}(k \mid k) = [\boldsymbol{I}_m \quad \boldsymbol{0}_m \quad \cdots \quad \boldsymbol{0}_m]\boldsymbol{U}(k) \tag{4-28}$$

式中，$\boldsymbol{I}_m$ 为 $m\times m$ 的单位矩阵；$\boldsymbol{0}_m$ 为 $m\times m$ 的零矩阵。

4.2　基于状态空间方程的预测函数控制算法

分单输入单输出和多输入多输出两种，首先讨论单输入单输出预测函数控制算法。

1. 预测模型

考虑单输入单输出线性离散时间系统

$$\begin{cases} \boldsymbol{x}_m(k+1) = \boldsymbol{A}_m\boldsymbol{x}_m(k) + \boldsymbol{B}_m\boldsymbol{u}(k) \\ \boldsymbol{y}_m(k) = \boldsymbol{C}_m\boldsymbol{x}_m(k) \end{cases} \tag{4-29}$$

式中，$\boldsymbol{x}_m$ 为系统状态向量，$\boldsymbol{x}_m \in \boldsymbol{R}^n$；$\boldsymbol{u}$ 为系统控制输入，$\boldsymbol{u} \in \boldsymbol{R}$；$\boldsymbol{y}_m$ 为系统输出，$\boldsymbol{y}_m \in \boldsymbol{R}$；$\boldsymbol{C}_m$ 为系统输出矩阵，$\boldsymbol{C}_m \in \boldsymbol{R}^{1\times n}$。

2. 控制描述

控制为基函数的加权和，即

$$u(k+i) = \sum_{j=1}^{N_b} \mu_j f_j(i) \quad (i = 0,1,2,\cdots,P-1) \tag{4-30}$$

式中，N_b 为基函数的个数；$f_j(i)$ 为基函数；μ_j 为基函数的加权系数；P 为预测时域。

理论上，基函数是根据过程和参考轨迹的特性来选择的，可以是一切合适的函数。实际中，基函数通常选择为阶跃函数、斜坡函数和加速度函数，因为这三个函数的组合能够表达大多数的参考信号。

3. 模型输出预测

由式（4-29），可得到状态的预测为

$$\boldsymbol{x}_m(k+i)=\boldsymbol{A}_m^i\boldsymbol{x}_m(k)+\boldsymbol{A}_m^{i-1}\boldsymbol{B}_m\boldsymbol{u}(k)+\cdots+\boldsymbol{A}_m\boldsymbol{B}_m\boldsymbol{u}(k+i-2)+\boldsymbol{B}_m\boldsymbol{u}(k+i-1) \tag{4-31}$$

由此可得到输出预测为

$$\boldsymbol{y}_m(k+i)=\boldsymbol{C}_m\boldsymbol{A}_m^i\boldsymbol{x}_m(k)+\sum_{j=0}^{i-1}\boldsymbol{C}_m\boldsymbol{A}_m^{i-1-j}\boldsymbol{B}_m\boldsymbol{u}(k+j) \tag{4-32}$$

由式（4-32）可以看出，模型输出包括两部分，一部分是 $\boldsymbol{C}_m\boldsymbol{A}_m^i\boldsymbol{x}_m(k)$，是系统的自由输出，另一部分是 $\sum_{j=0}^{i-1}\boldsymbol{C}_m\boldsymbol{A}_m^{i-1-j}\boldsymbol{B}_m\boldsymbol{u}(k+j)$，是系统的受迫输出。

将控制（4-30）代入式（4-32），可得

$$\boldsymbol{y}_m(k+i)=\boldsymbol{C}_m\boldsymbol{A}_m^i\boldsymbol{x}_m(k)+\sum_{j=1}^{N_b}\mu_j\sum_{l=0}^{i-1}\boldsymbol{C}_m\boldsymbol{A}_m^{i-1-l}\boldsymbol{B}_m f_j(l) \tag{4-33}$$

进一步整理，得到

$$\boldsymbol{y}_m(k+i)=\boldsymbol{C}_m\boldsymbol{A}_m^i\boldsymbol{x}_m(k)+\boldsymbol{\mu}^{\mathrm{T}}\boldsymbol{g}(i) \tag{4-34}$$

式中，$\boldsymbol{\mu}=[\mu_1 \ \cdots \ \mu_{N_b}]^{\mathrm{T}}$；$\boldsymbol{g}(i)=[g_1(i) \ \cdots \ g_{N_b}(i)]^{\mathrm{T}}$；$g_j(i)=\boldsymbol{C}_m\boldsymbol{A}_m^{i-1}\boldsymbol{B}_m f_j(0)+\boldsymbol{C}_m\boldsymbol{A}_m^{i-2}\boldsymbol{B}_m f_j(1)+\cdots+\boldsymbol{C}_m\boldsymbol{A}_m\boldsymbol{B}_m f_j(i-2)+\boldsymbol{C}_m\boldsymbol{B}_m f_j(i-1)$。

评注 4-1：从式（4-34）可看出，输出是由基函数引起响应的线性组合。对线性时不变系统，由于 $\boldsymbol{g}(i)$ 可以离线计算，在线只需要计算加权系数 $\boldsymbol{\mu}^{\mathrm{T}}$，所以预测函数控制能大大减少在线优化时间，适合快速控制系统。

4. 误差预测

因为存在不确定性，模型的输出和实际过程的输出总会存在着差异，因此要对误差进行预测，对输出预测进行修正，目的是进一步减少它们之间的差异。类似于一般预测控制那样，误差预测可表达为

$$e(k+i)=y_p(k)-y_m(k) \tag{4-35}$$

5. 参考轨迹

在预测控制中，定义参考轨迹，使得系统的输出按照既定的方式收敛到期望值，目的是使得输出更加平稳地趋于期望值，同时有助于减少控制量的大小。由于指数函数具有良好的特性而常被用来构造参考轨迹[53]。对于渐近稳定系统，参考轨迹可选择为

$$y_r(k+i)=c(k+i)-\beta^i(c(k)-y_p(k)) \tag{4-36}$$

式中，$c(\cdot)$ 为设定值；β 为柔化因子，而且 $\beta=\mathrm{e}^{-\frac{T_s}{T_r}}$；$T_s$ 为采样时间，T_r 为参考轨迹时间常数。在参考轨迹设计中，β 是一个非常重要的设计参数，β 越大系统鲁棒性越好，但调节时间越长，反之系统鲁棒性差，但调节时间快。

6. 性能函数及控制求解

在预测函数控制中，性能函数为误差的二次方和的叠加，而不涉及控制项，即

$$J=\sum_{h_i\in H_{N_c}}[y_r(k+h_i)-y_m(k+h_i)-e(k+i)]^2 \tag{4-37}$$

式中，N_c 为拟合点个数；$\boldsymbol{H}_{N_c}$ 为拟合点集合，而且 $\boldsymbol{H}_{N_c}=\{h_1 \quad \cdots \quad h_{N_c}\}$。将式（4-34）~式（4-36）代入式（4-37），可得

$$J=\sum_{h_i\in H_{N_c}}[c(k+h_i)-\beta^{h_i}c(k)+\beta^{h_i}y_p(k)-\boldsymbol{C}_m\boldsymbol{A}_m^{h_i}\boldsymbol{x}_m(k)-\boldsymbol{\mu}^{\mathrm{T}}\boldsymbol{g}(h_i)-y_p(k)+y_m(k)]^2 \tag{4-38}$$

在无约束情况下，为了极小化 J，可求 J 对 $\boldsymbol{\mu}$ 的导数并令其等于 0，即

$$\frac{\partial J}{\partial \boldsymbol{\mu}}=0 \tag{4-39}$$

整理，得到

$$\sum_{h_i\in H_{N_c}}[c(k+h_i)-\beta^{h_i}c(k)+\beta^{h_i}y_p(k)-\boldsymbol{C}_m\boldsymbol{A}_m^{h_i}\boldsymbol{x}_m(k)-\boldsymbol{\mu}^{\mathrm{T}}\boldsymbol{g}(h_i)-y_p(k)+y_m(k)]\boldsymbol{g}(h_i)=0 \tag{4-40}$$

令 $\boldsymbol{M}$ 和 $\boldsymbol{G}$ 分别为

$$\boldsymbol{M}=[M(h_1) \quad \cdots \quad M(h_{N_c})]^{\mathrm{T}} \tag{4-41}$$

$$\boldsymbol{G}=[g(h_1) \quad \cdots \quad g(h_{N_c})] \tag{4-42}$$

式中，$M(h_i)=c(k+h_i)-\beta^{h_i}c(k)+\beta^{h_i}y_p(k)-\boldsymbol{C}_m\boldsymbol{A}_m^{h_i}\boldsymbol{x}_m(k)-y_p(k)+y_m(k)$。

所以式（4-40）可表示为

$$\boldsymbol{GM}=\boldsymbol{\mu}^{\mathrm{T}}\boldsymbol{GG}^{\mathrm{T}} \tag{4-43}$$

因此加权系数为

$$\boldsymbol{\mu}^{\mathrm{T}}=\boldsymbol{GM}(\boldsymbol{GG}^{\mathrm{T}})^{-1} \tag{4-44}$$

由此可得

$$u(k)=\boldsymbol{\mu}^{\mathrm{T}}\boldsymbol{F} \tag{4-45}$$

式中，$\boldsymbol{\mu}=[\mu_1 \quad \cdots \quad \mu_{N_b}]^{\mathrm{T}}$；$\boldsymbol{F}=[f_1 \quad \cdots \quad f_{N_b}]^{\mathrm{T}}$。

7. 约束处理

在预测函数控制中，采用启发方式对控制及控制增量约束进行处理，而不考虑状态和输出约束[54]。假定控制和控制增量的约束分别为

$$u_{\min}\leqslant u(k)\leqslant u_{\max} \tag{4-46}$$

$$\Delta u_{\min}\leqslant \Delta u(k)\leqslant \Delta u_{\max} \tag{4-47}$$

以控制增量的形式对约束进行处理，即

$$\Delta u(k)=\begin{cases}\min[\Delta u(k)^*,\ \Delta u_{\max},u_{\max}-u(k-1)], & \Delta u(k)^*>0\\ \max[\Delta u(k)^*,\ \Delta u_{\min},u_{\min}-u(k-1)], & \Delta u(k)^*<0\end{cases} \tag{4-48}$$

式中，$\Delta u(k)^*$ 为无约束控制增量，根据式（4-45）的结果，由 $u(k)-u(k-1)$ 计算

得到。

评注 4-2：采用启发方式处理约束问题，相对于其他预测控制方法约束求解，能大大减少在线计算时间。

当对象是多输入多输出系统时，预测函数控制原理与单输入单输出情形稍微不同，为了方便应用，下面给出完整的算法步骤。

1. 预测模型

考虑多输入多输出线性离散时间系统

$$\begin{cases} \boldsymbol{x}_m(k+1) = \boldsymbol{A}_m \boldsymbol{x}_m(k) + \boldsymbol{B}_m \boldsymbol{u}(k) \\ \boldsymbol{y}_m(k) = \boldsymbol{C}_m \boldsymbol{x}_m(k) \end{cases} \tag{4-49}$$

式中，$\boldsymbol{x}_m$ 为系统状态向量，且 $\boldsymbol{x}_m \in \boldsymbol{R}^n$；$\boldsymbol{u}$ 为控制量，且 $\boldsymbol{u} \in \boldsymbol{R}^q$；$\boldsymbol{y}_m$ 为系统输出量，且 $\boldsymbol{y}_m \in \boldsymbol{R}^m$。

2. 控制描述

控制为基函数的加权和，对控制变量中的任一分量，令

$$u_j(k+i) = [\mu_{j1} \quad \cdots \quad \mu_{jN_b}] \begin{bmatrix} f_{j1}(i) \\ \vdots \\ f_{jN_b}(i) \end{bmatrix} = \boldsymbol{f}_j^{\mathrm{T}}(i) \boldsymbol{\mu}_j^{\mathrm{T}} \tag{4-50}$$

式中，$f_{jl}(\cdot)$ 为基函数（$j=1,\cdots,q,l=1,\cdots,N_b$）；$N_b$ 为基函数的个数；$i=0,1,\cdots,P-1$，P 为预测时域。则整个控制量可以表示为

$$\boldsymbol{u}(k+i) = \begin{bmatrix} u_1(k+i) \\ \vdots \\ u_q(k+i) \end{bmatrix} = \begin{bmatrix} \boldsymbol{f}_1^{\mathrm{T}}(i) \boldsymbol{\mu}_1^{\mathrm{T}} \\ \vdots \\ \boldsymbol{f}_q^{\mathrm{T}}(i) \boldsymbol{\mu}_q^{\mathrm{T}} \end{bmatrix} = \boldsymbol{f}(i) \boldsymbol{\mu} \tag{4-51}$$

式中，$\boldsymbol{\mu} = [\mu_{11} \quad \cdots \quad \mu_{1N_b} \quad \mu_{21} \quad \cdots \quad \mu_{2N_b} \quad \cdots \quad \mu_{q1} \quad \cdots \quad \mu_{qN_b}]^{\mathrm{T}}$，而

$$\boldsymbol{f}(i) = \begin{bmatrix} \boldsymbol{f}_1^{\mathrm{T}}(i) & 0 & \cdots & 0 \\ 0 & \boldsymbol{f}_2^{\mathrm{T}}(i) & \cdots & 0 \\ \vdots & \vdots & \cdots & \vdots \\ 0 & \cdots & \cdots & \boldsymbol{f}_q^{\mathrm{T}}(i) \end{bmatrix}。$$

3. 参考轨迹

和单输入情形类似，采用指数型参考轨迹，即

$$\boldsymbol{y}_r(k+i) = \boldsymbol{c}(k+i) - \begin{bmatrix} \beta_1^i & \cdots & \mathbf{O} \\ \vdots & \ddots & \vdots \\ \mathbf{O} & \cdots & \beta_m^i \end{bmatrix} [\boldsymbol{c}(k) - \boldsymbol{y}(k)] \tag{4-52}$$

式中，$\beta_k^i = \mathrm{e}^{-T_s/T_{ri}}$ 为柔化因子；T_r 为参考轨迹时间常数；$\boldsymbol{c}(\cdot)$ 和 $\boldsymbol{y}(\cdot)$ 分别代表设定值和实际输出值。

4. 模型输出预测

根据状态方程，可以得到状态的预测为

$$\boldsymbol{x}_m(k+i)=\boldsymbol{A}_m^i\boldsymbol{x}_m(k)+\sum_{l=0}^{i-1}\boldsymbol{A}_m^l\boldsymbol{B}_m\boldsymbol{u}(k+i-1-l) \tag{4-53}$$

从而模型输出预测为

$$\begin{aligned}\boldsymbol{y}_m(k+i)&=\boldsymbol{C}_m\boldsymbol{A}_m^i\boldsymbol{x}_m(k)+\sum_{l=0}^{i-1}\boldsymbol{C}_m\boldsymbol{A}_m^{i-1-l}\boldsymbol{B}_m\boldsymbol{f}(l)\cdot\boldsymbol{\mu}\\&=\boldsymbol{h}(i)\boldsymbol{x}_m(k)+\boldsymbol{g}(i)\boldsymbol{\mu}\end{aligned} \tag{4-54}$$

式中，$\boldsymbol{h}(i)=\boldsymbol{C}_m\boldsymbol{A}_m^i$；$\boldsymbol{g}(i)=\sum_{l=0}^{i-1}\boldsymbol{C}_m\boldsymbol{A}_m^{i-1-l}\boldsymbol{B}_m\boldsymbol{f}(l)$。

5. 误差预测

和单输入单输出情形一样，采用最简单的误差预测方法，即

$$\boldsymbol{e}(k+i)=\boldsymbol{y}(k)-\boldsymbol{y}_m(k) \tag{4-55}$$

6. 过程输出预测

和单输入单输出情形一样，过程的输出预测等于模型输出预测与误差预测之和，即

$$\boldsymbol{y}_p(k+i)=\boldsymbol{y}_m(k+i)+\boldsymbol{e}(k+i) \tag{4-56}$$

7. 性能函数及控制求解

定义如下性能函数：

$$J=\sum_{h_i\in H_C}[\boldsymbol{y}_p(k+h_i)-\boldsymbol{y}_r(k+h_i)]^{\mathrm{T}}\boldsymbol{q}(h_i)[\boldsymbol{y}_p(k+h_i)-\boldsymbol{y}_r(k+h_i)] \tag{4-57}$$

式中，$H_C=\{h_1,h_2,\cdots,h_c\}$为拟合点集合；$\boldsymbol{y}_r(\cdot)$为参考轨迹；$\boldsymbol{q}(\cdot)$为加权系数。令

$$\boldsymbol{Y}_r=\begin{bmatrix}\boldsymbol{y}_r(k+h_1)\\\boldsymbol{y}_r(k+h_2)\\\vdots\\\boldsymbol{y}_r(k+h_c)\end{bmatrix},\ \boldsymbol{Y}_p=\begin{bmatrix}\boldsymbol{y}_p(k+h_1)\\\boldsymbol{y}_p(k+h_2)\\\vdots\\\boldsymbol{y}_p(k+h_c)\end{bmatrix},\ \boldsymbol{Q}=\begin{bmatrix}\boldsymbol{q}(h_1)&0&\cdots&0\\0&\boldsymbol{q}(h_2)&\cdots&0\\\vdots&\vdots&\ddots&\vdots\\0&0&\cdots&\boldsymbol{q}(h_c)\end{bmatrix},\ \boldsymbol{H}=$$

$$\begin{bmatrix}\boldsymbol{h}(h_1)\\\boldsymbol{h}(h_2)\\\vdots\\\boldsymbol{h}(h_c)\end{bmatrix},\ \boldsymbol{E}=\begin{bmatrix}\boldsymbol{e}(k+h_1)\\\boldsymbol{e}(k+h_2)\\\vdots\\\boldsymbol{e}(k+h_c)\end{bmatrix},\ \boldsymbol{G}=\begin{bmatrix}\boldsymbol{g}(h_1)\\\boldsymbol{g}(h_2)\\\vdots\\\boldsymbol{g}(h_c)\end{bmatrix}$$，则性能函数可以表示为

$$J=\|\boldsymbol{H}\boldsymbol{x}_m(k)+\boldsymbol{G}\boldsymbol{\mu}+\boldsymbol{E}-\boldsymbol{Y}_r\|_Q^2 \tag{4-58}$$

再令$\boldsymbol{\xi}=\boldsymbol{Y}_r-\boldsymbol{H}\boldsymbol{x}_m(k)-\boldsymbol{E}$，则上式变为

$$\begin{aligned}J&=\|\boldsymbol{G}\boldsymbol{\mu}-\boldsymbol{\xi}\|_Q^2\\&=(\boldsymbol{G}\boldsymbol{\mu}-\boldsymbol{\xi})^{\mathrm{T}}\boldsymbol{Q}(\boldsymbol{G}\boldsymbol{\mu}-\boldsymbol{\xi})\\&=\boldsymbol{\mu}^{\mathrm{T}}\boldsymbol{G}^{\mathrm{T}}\boldsymbol{Q}\boldsymbol{G}\boldsymbol{\mu}-\boldsymbol{\mu}^{\mathrm{T}}\boldsymbol{G}^{\mathrm{T}}\boldsymbol{Q}\boldsymbol{\xi}-\boldsymbol{\xi}^{\mathrm{T}}\boldsymbol{Q}\boldsymbol{G}\boldsymbol{\mu}+\boldsymbol{\xi}^{\mathrm{T}}\boldsymbol{Q}\boldsymbol{\xi}\end{aligned}$$

$$=\boldsymbol{\mu}^{\mathrm{T}}\boldsymbol{M}\boldsymbol{\mu}-2\boldsymbol{\mu}^{\mathrm{T}}\boldsymbol{N}+\boldsymbol{\xi}^{\mathrm{T}}\boldsymbol{Q}\boldsymbol{\xi} \tag{4-59}$$

式中，$\boldsymbol{M}=\boldsymbol{G}^{\mathrm{T}}\boldsymbol{Q}\boldsymbol{G}$；$\boldsymbol{N}=\boldsymbol{G}^{\mathrm{T}}\boldsymbol{Q}\boldsymbol{\xi}$。

为求得加权系数向量$\boldsymbol{\mu}$，最小化J，即

$$\frac{\mathrm{d}J}{\mathrm{d}\boldsymbol{\mu}}=0 \tag{4-60}$$

因此有

$$\boldsymbol{\mu}=\boldsymbol{M}^{-1}\boldsymbol{N} \tag{4-61}$$

所以控制为

$$\boldsymbol{u}(k)=\boldsymbol{f}(0)\boldsymbol{\mu}=\boldsymbol{f}(0)\boldsymbol{M}^{-1}\boldsymbol{N} \tag{4-62}$$

另外，关于控制约束问题，采用与单输入单输出情形相同的处理办法。

4.3 基于小扰动线性模型的高超声速飞行器预测控制

4.3.1 一般预测控制结果与分析

考虑高超声速飞行器巡航飞行，为了得到预测模型，首先将其非线性方程在巡航平衡状态下进行小扰动线性化，如方程式（2-27）所示，然后将线性化方程进行离散化，采样时间为0.001s。仿真参数选择如下：$H_p=100$，$H_u=10$，$\boldsymbol{Q}=\mathrm{diag}(100,100)$，$\boldsymbol{R}=\mathrm{diag}(50,10)$，$0\leqslant\eta\leqslant3$，$-0.1\leqslant\Delta\eta\leqslant0.1$，$-15°\leqslant\delta_z\leqslant15°$，$-3°\leqslant\Delta\delta_z\leqslant3°$。

为了全面考查预测控制算法的性能，进行了调节、跟踪和鲁棒分析三方面问题仿真。从调节问题可以看出，当系统的状态偏离平衡点时，在控制的作用下，状态迅速回到平衡状态，同时控制在约束的范围内变化，如图4-1所示。从跟踪问题仿真可以看出，系统的输出速率和高度能够迅速收敛到期望值，如图4-2~图4-4所示。当跟踪的设定值越大时，系统的调节时间相应增加。为了使输出能快速跟踪期望信号，控制在一开始就迅速达到最大值，甚至饱和状态。但随着输出和期望值越来越接近，控制量逐步减小最终达到稳定状态。而从鲁棒分析仿真结果图4-5~图4-8可以看出，在参数摄动时，系统的输出速度和高度能够迅速收敛到期望值。当参数摄动和外部干扰同时存在时，系统的输出同样能快速收敛到期望值。总之，系统表现出很好的鲁棒性。从以上分析可知，一般预测控制在高超声速飞行器控制中取得很好的控制效果，同时，系统的约束也能满足，确保了实际飞行性能。

1）调节问题，系统的速度和高度初值偏离平衡点分别为50ft/s和20ft，系统响应如图4-1所示。

2）跟踪问题一，偏量系统的速度和高度设定值分别为20ft/s和10ft，系统响应如图4-2所示。

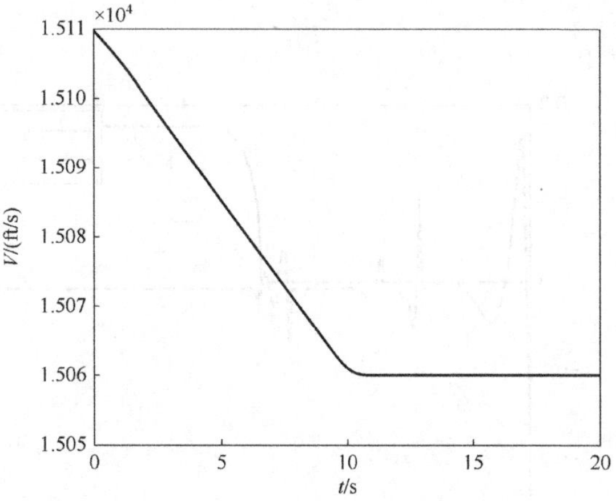

a)

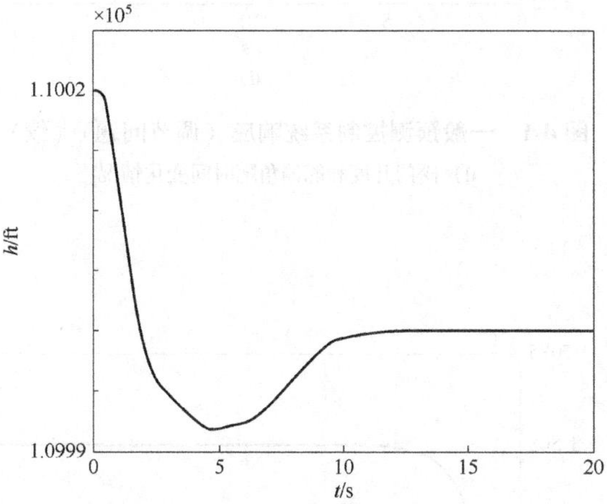

b)

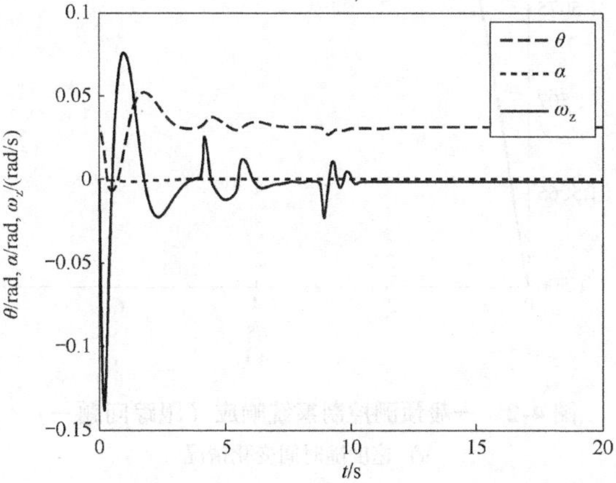

c)

图 4-1　一般预测控制系统响应（调节问题）

a）速度随时间变化情况　b）高度随时间变化情况　c）弹道倾角、攻角和俯仰角速度随时间变化情况

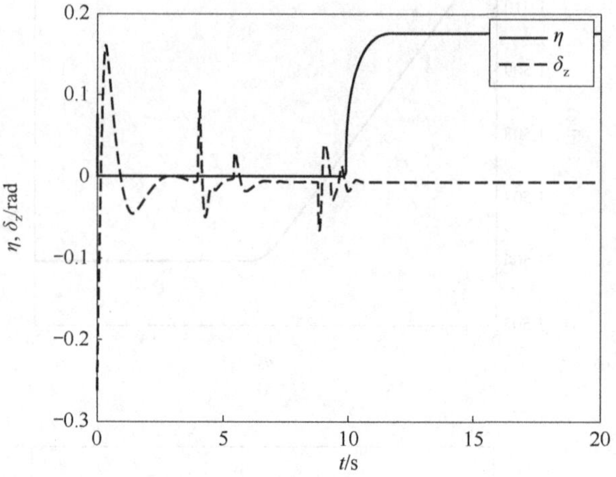

d)

图 4-1　一般预测控制系统响应（调节问题）（续）

d）阀门开度和舵偏角随时间变化情况

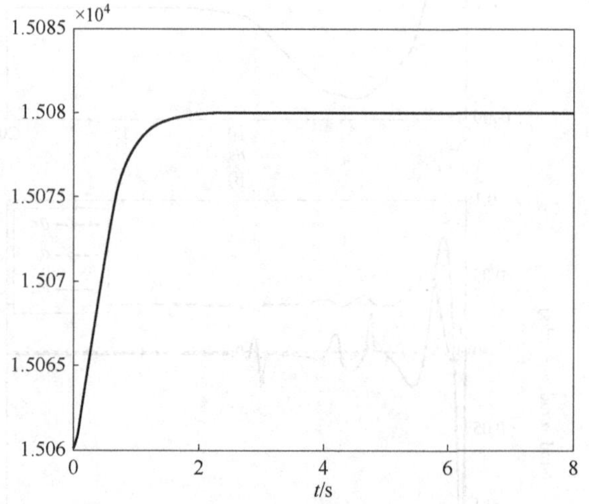

a)

图 4-2　一般预测控制系统响应（跟踪问题一）

a）速度随时间变化情况

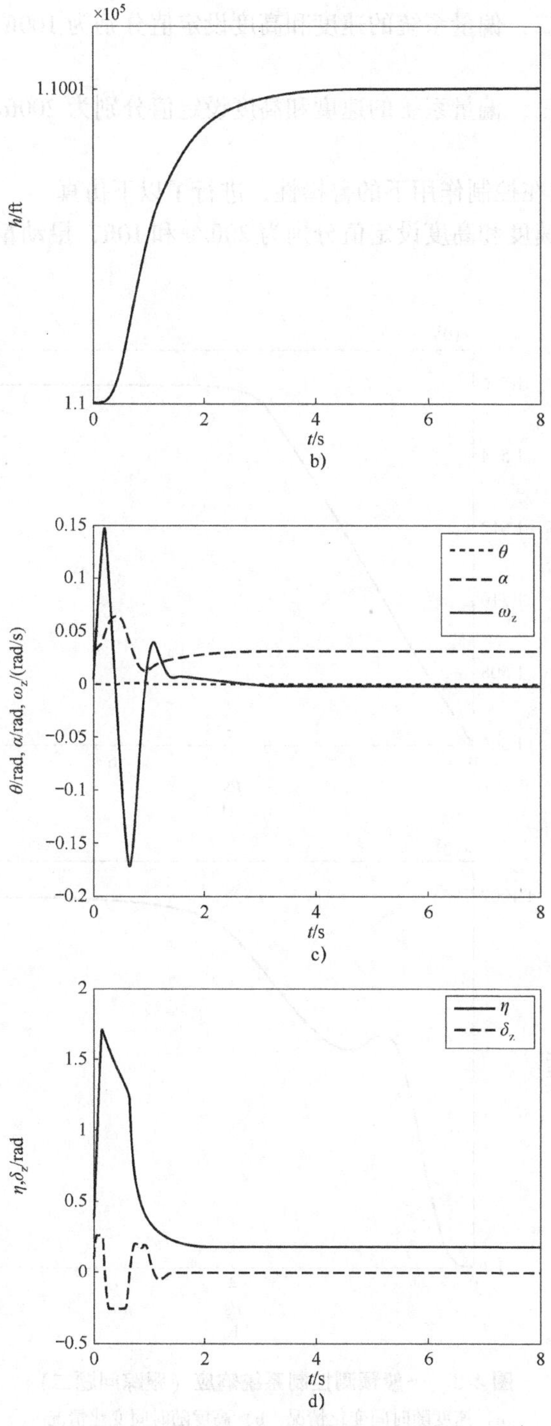

图 4-2　一般预测控制系统响应（跟踪问题一）（续）

b）高度随时间变化情况　c）弹道倾角、攻角和俯仰角速率随时间变化情况　d）阀门开度和舵偏角随时间变化情况

3）跟踪问题二，偏量系统的速度和高度设定值分别为 100ft/s 和 20ft，系统响应如图 4-3 所示。

4）跟踪问题三，偏量系统的速度和高度设定值分别为 200ft/s 和 80ft，系统响应如图 4-4 所示。

为了检验系统在控制作用下的鲁棒性，进行了以下仿真。

1）偏量系统速度和高度设定值分别为 20ft/s 和 10ft，摄动量为-50%，系统响应如图 4-5 所示。

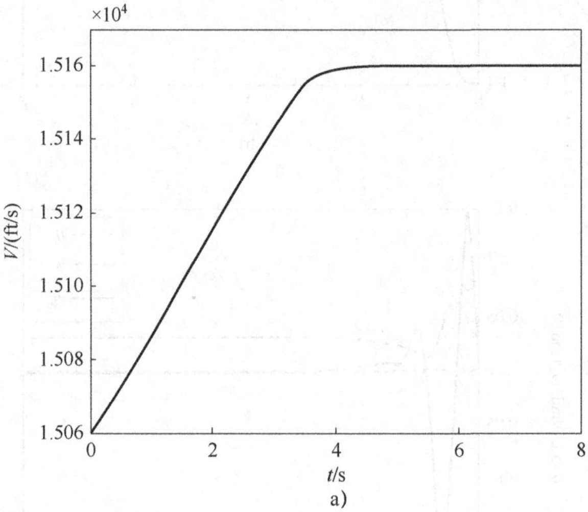

a)

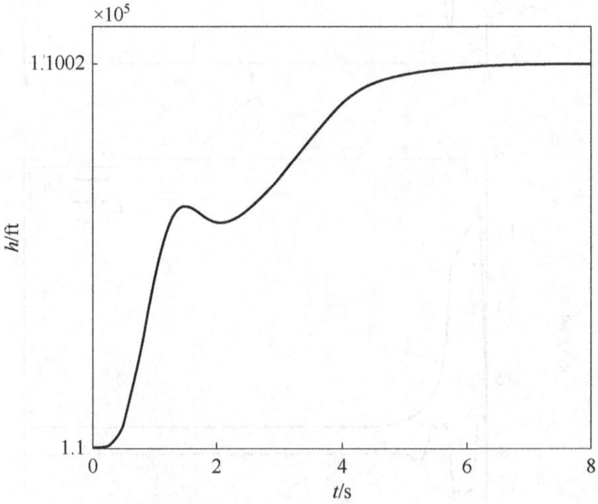

b)

图 4-3　一般预测控制系统响应（跟踪问题二）

a）速度随时间变化情况　b）高度随时间变化情况

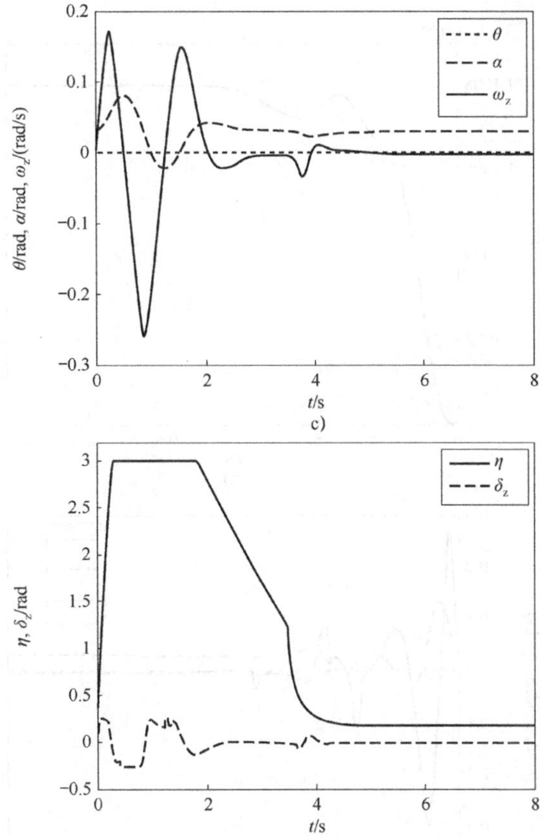

图 4-3　一般预测控制系统响应（跟踪问题二）（续）

c）弹道倾角、攻角和俯仰角速度随时间变化情况　d）阀门开度和舵偏角随时间变化情况

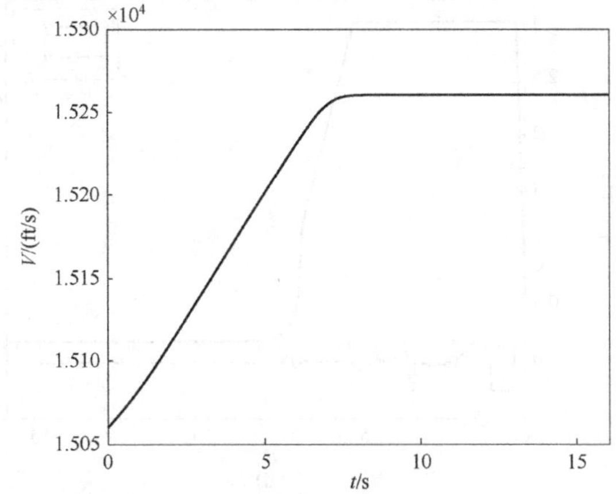

a）

图 4-4　一般预测控制系统响应（跟踪问题三）

a）速度随时间变化情况

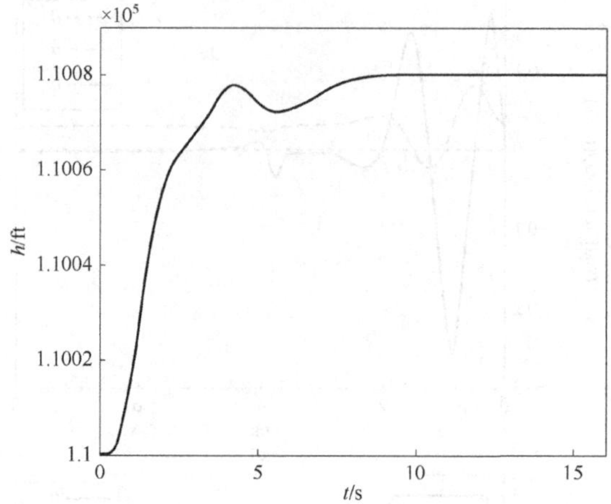

b)

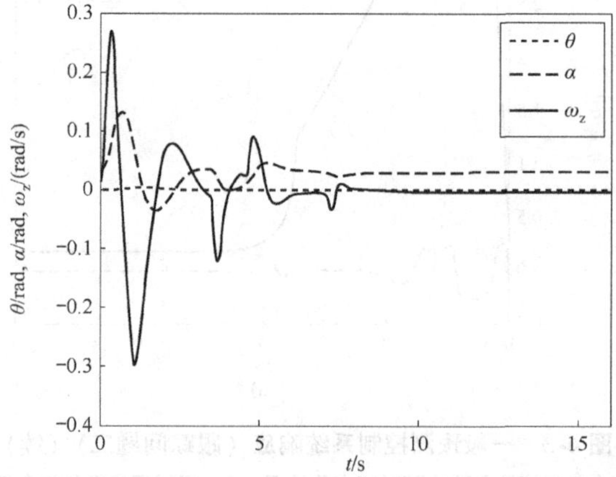

c)

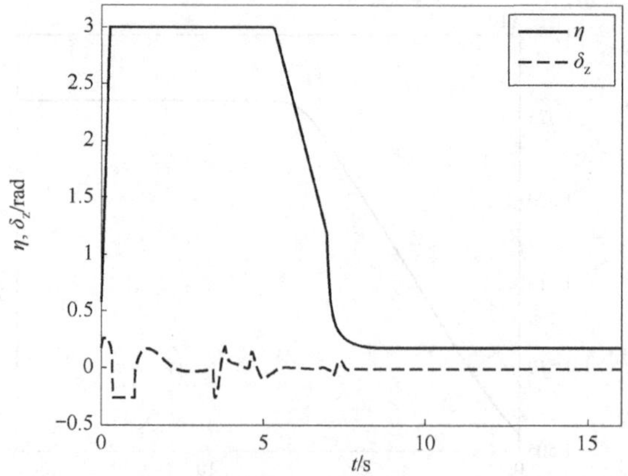

d)

图 4-4　一般预测控制系统响应（跟踪问题三）（续）

b）高度随时间变化情况　c）弹道倾角、攻角和俯仰角速度随时间变化情况　d）阀门开度和舵偏角随时间变化情况

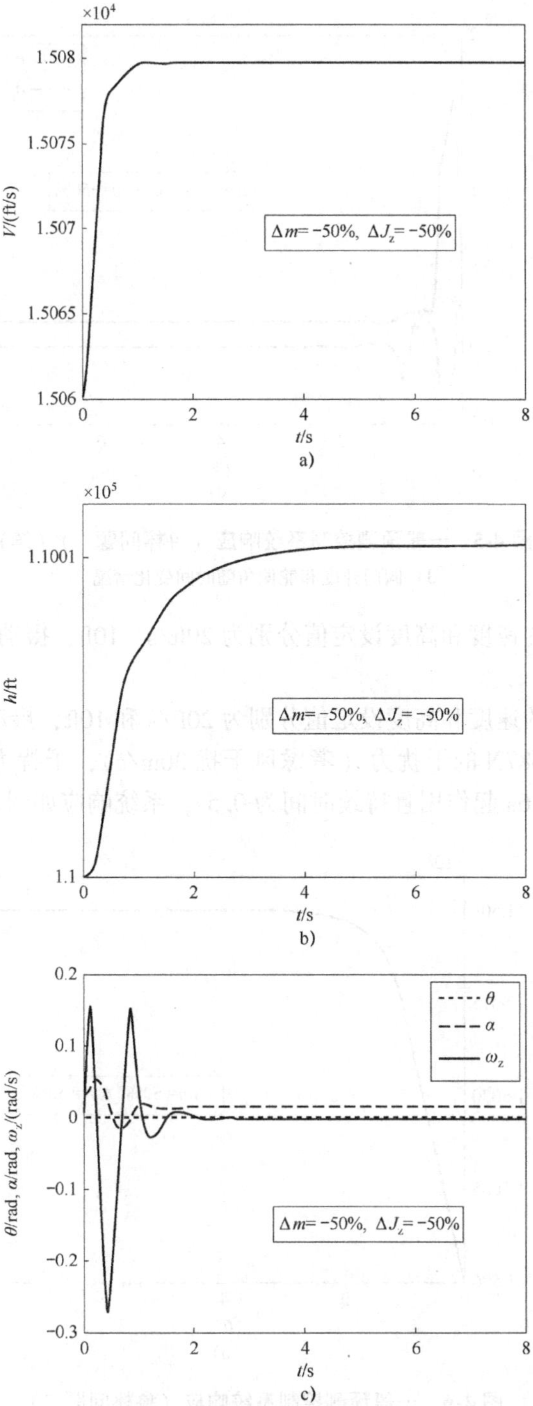

图 4-5　一般预测控制系统响应（鲁棒问题一）

a）速度随时间变化情况　b）高度随时间变化情况　c）弹道倾角、攻角和俯仰角速率随时间变化情况

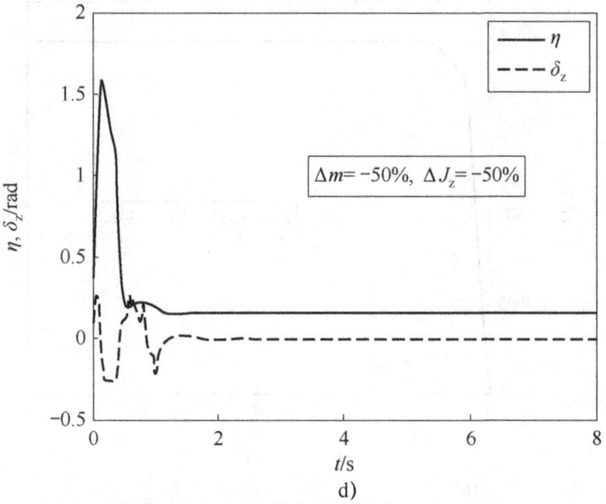

d)

图 4-5 一般预测控制系统响应（鲁棒问题一）（续）

d）阀门开度和舵偏角随时间变化情况

2）偏量系统的速度和高度设定值分别为 20ft/s，10ft，摄动量为 50%，系统响应如图 4-6 所示。

3）偏量系统的速度和高度设定值分别为 20ft/s 和 10ft，摄动量为−20%，法向加速度方向受到 5687N 的干扰力（考虑风干扰 30m/s），干扰力矩为 44466N · m，干扰力和力矩在第 6s 起作用且持续时间为 0. 5s，系统响应如图 4-7 所示。

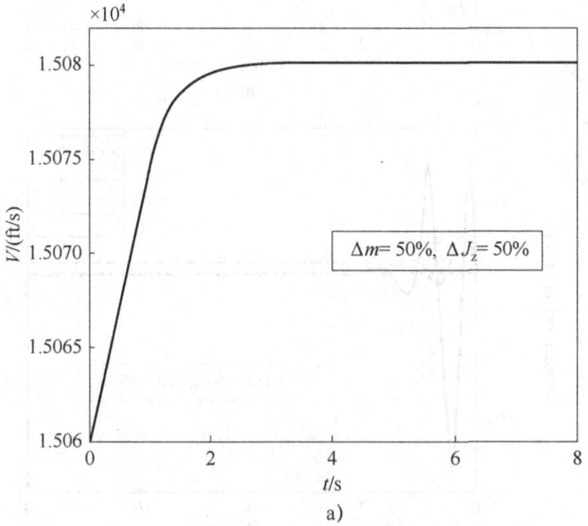

a)

图 4-6 一般预测控制系统响应（鲁棒问题二）

a）速度随时间变化情况

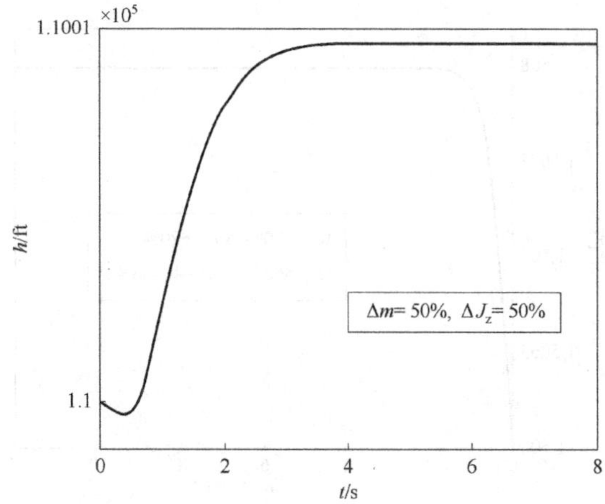

b)

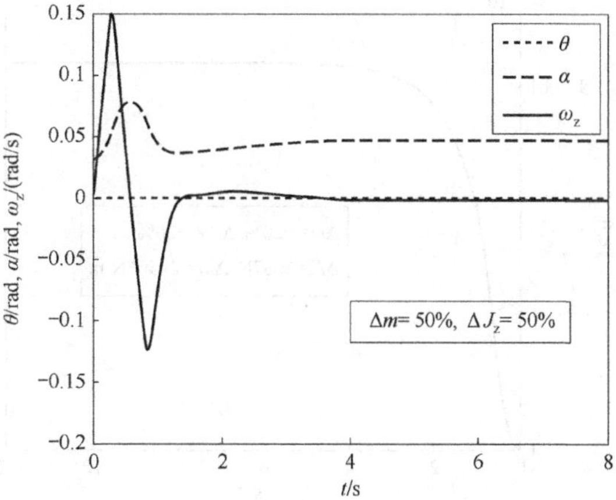

c)

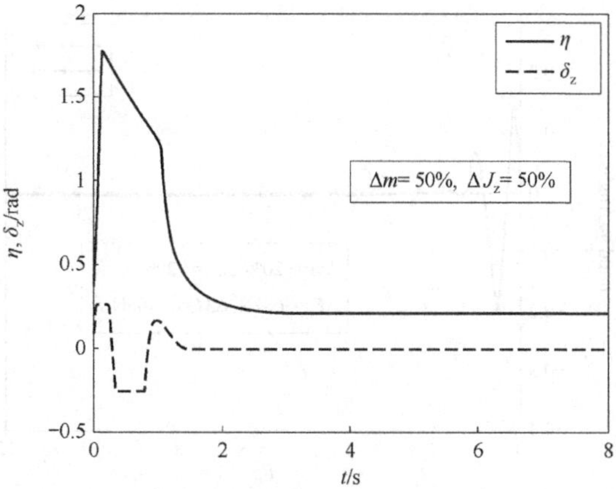

d)

图 4-6　一般预测控制系统响应（鲁棒问题二）（续）

b）高度随时间变化情况　c）弹道倾角、攻角和俯仰角速率随时间变化情况　d）阀门开度和舵偏角随时间变化情况

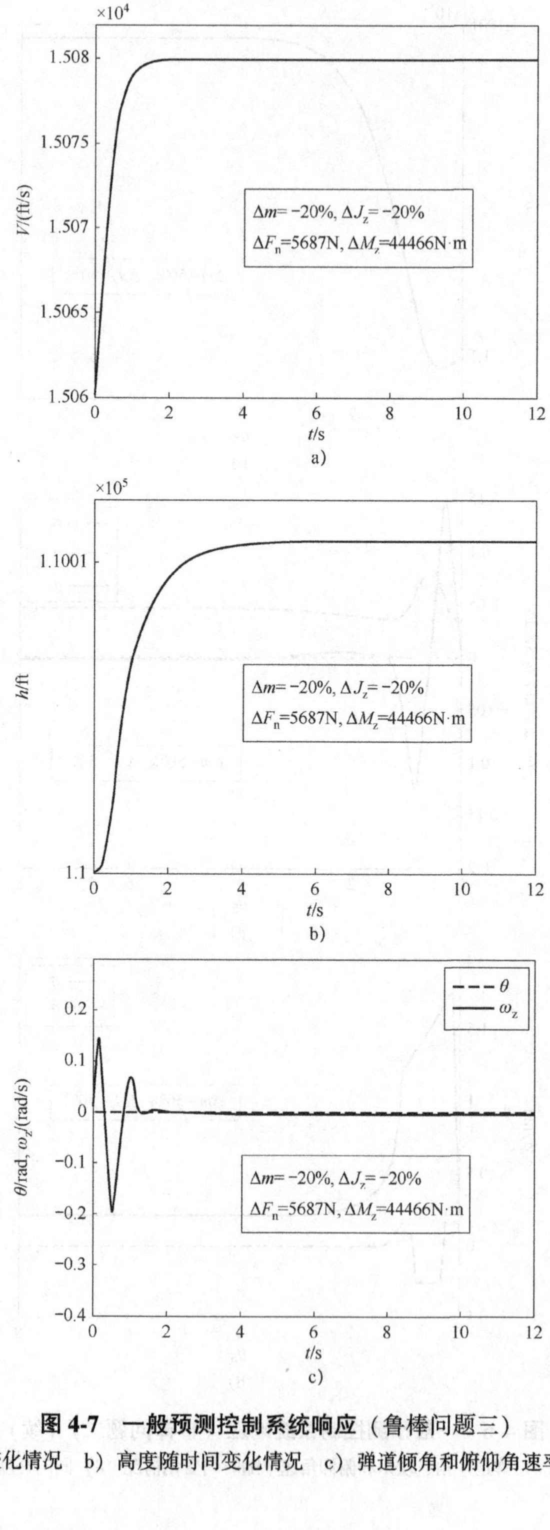

图 4-7 一般预测控制系统响应（鲁棒问题三）

a）速度随时间变化情况 b）高度随时间变化情况 c）弹道倾角和俯仰角速率随时间变化情况

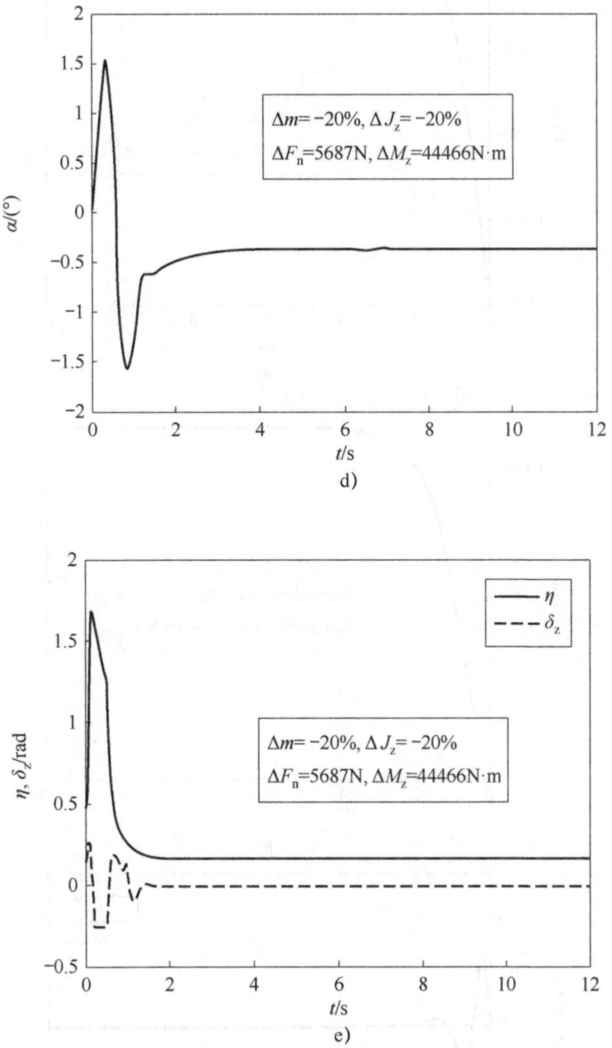

图 4-7　一般预测控制系统响应（鲁棒问题三）（续）

d）攻角随时间变化情况　e）阀门开度和舵偏角随时间变化情况

4）偏量系统的速度和高度设定值分别为 20ft/s 和 10ft，摄动量为 20%，法向加速度方向受到 5687N 的干扰力（考虑风干扰 30m/s），干扰力矩为 44466N · m，干扰力和力矩在第 6s 起作用且持续时间为 0. 5s，系统响应如图 4-8 所示。

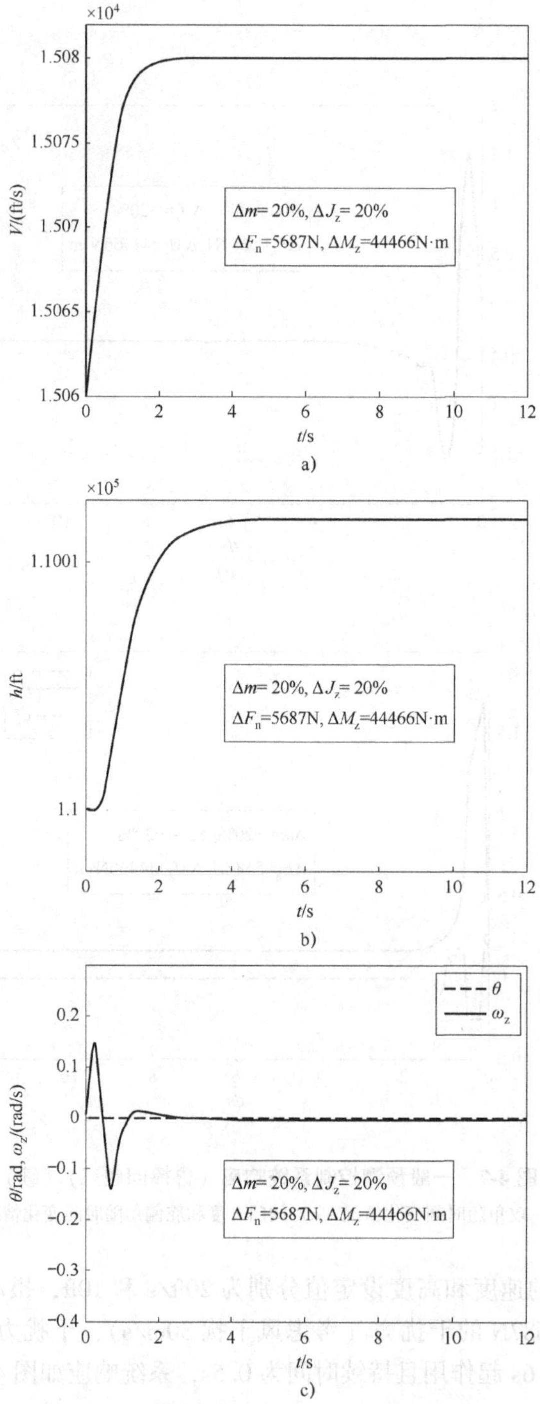

图 4-8　一般预测控制系统响应（鲁棒问题四）

a）速度随时间变化情况　b）高度随时间变化情况　c）弹道倾角和俯仰角速率随时间变化情况

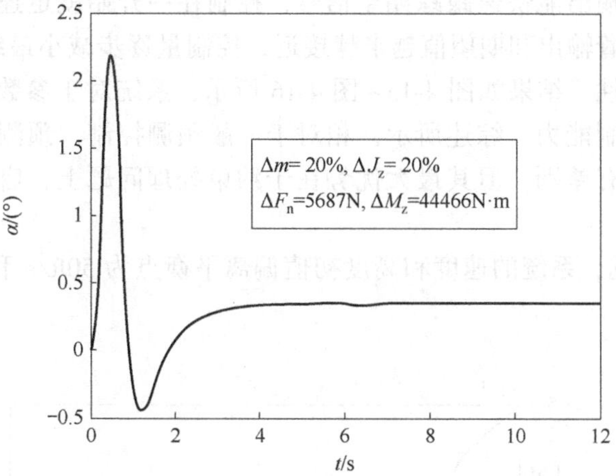

d)

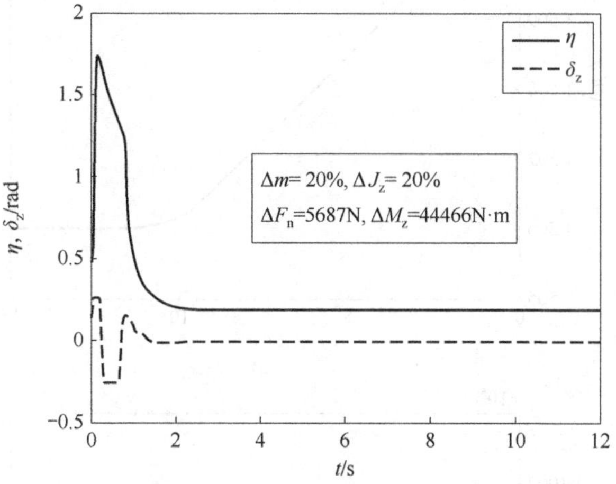

e)

图 4-8　一般预测控制系统响应（鲁棒问题四）（续）

d）攻角随时间变化情况　e）阀门开度和舵偏角随时间变化情况

4.3.2　预测函数控制结果与分析

和 4.3.1 节采用同样的线性化模型和控制约束条件，另外，仿真参数取 $h_1=50$，$h_2=100$，$T_s=0.01\text{s}$，$T_{r1}=0.1\text{s}$，$T_{r2}=1\text{s}$，$f_{11}(\cdot)=1$，$f_{21}(\cdot)=1$。

从调节问题仿真结果可以看出，当系统的状态偏离平衡点时，在控制的作用下，状态迅速回到平衡状态，同时控制在约束的范围内变化，如图 4-9 所示。从跟踪问题仿真结果图 4-10~图 4-12 可以看出，系统的输出速度和高度能够迅速收敛到期望值。对于速度跟踪而言，设定值越大时，其调节时间相应增加；而对高度跟踪来说，其调节时间与设定值关系不大。另外，系统的其他变量最终收敛到平衡状态。为了使输出能快速跟踪期望信号，控制在一开始就迅速达到最大值，甚至饱和状态。随着输出和期望值越来越接近，控制量逐步减小最终达到稳定状态。对于系统的鲁棒性，结果如图 4-13～图 4-16 所示，系统对于参数摄动和外部干扰都具有较强的抑制能力。综述所示，相对于一般预测控制，预测函数控制性能在动态性能方面稍有差别，但其最大优势在于约束处理问题上，启发方式能保证系统的实时性。

1）调节问题，系统的速度和高度初值偏离平衡点为 50ft/s 和 20ft，系统响应如图 4-9 所示。

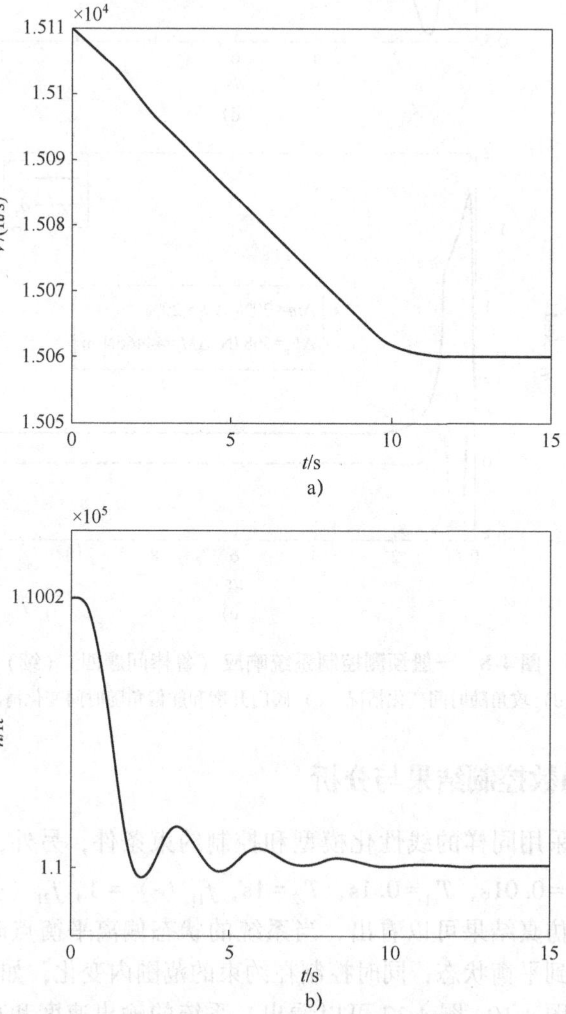

图 4-9　预测函数控制系统响应（调节问题）

a）速度随时间变化情况　b）高度随时间变化情况

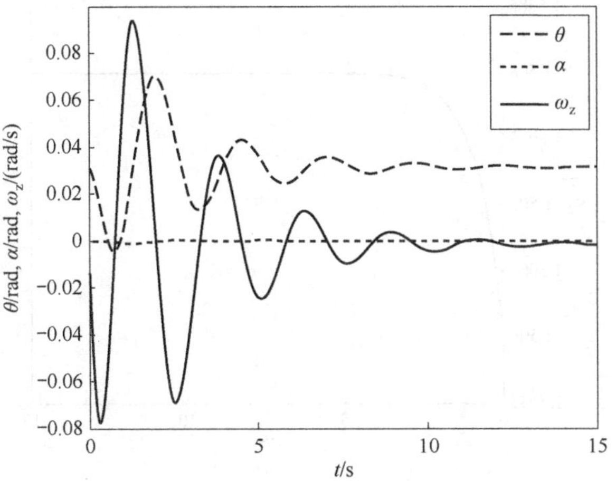

c)

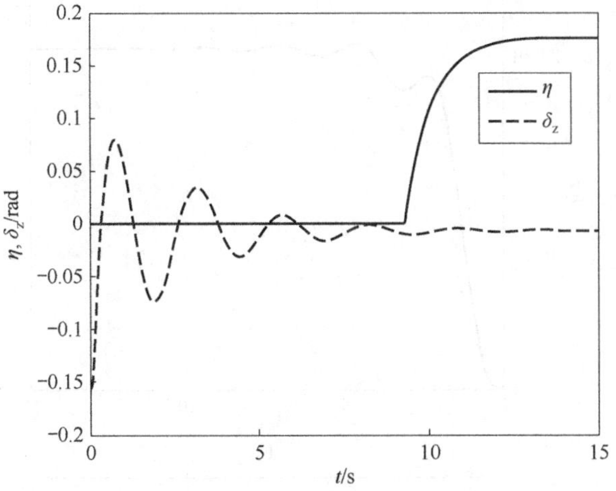

d)

图 4-9　预测函数控制系统响应（调节问题）（续）

c）弹道倾角、攻角和俯仰角速度随时间变化情况　d）阀门开度和舵偏角随时间变化情况

2）跟踪问题一，偏量系统的速度和高度设定值分别为 20ft/s 和 10ft，系统响应如图 4-10 所示。

3）跟踪问题二，偏量系统的速度和高度设定值分别为 100ft/s 和 50ft，系统响应如图 4-11 所示。

4）跟踪问题三，偏量系统的速度和高度设定值分别为 200ft/s 和 100ft，系统响应如图 4-12 所示。

为了检验系统在控制作用下的鲁棒性，进行了以下仿真。

1）偏量系统的速度和高度初始值分别为 20ft/s 和 10ft，摄动量为−20%，系统响应如图 4-13 所示。

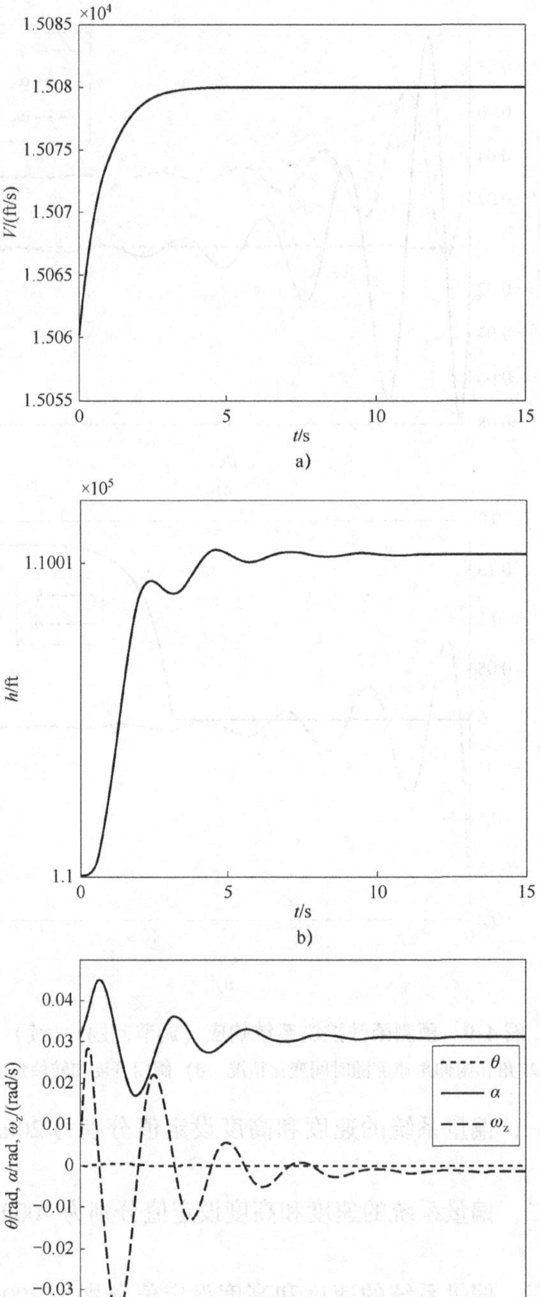

图 4-10　预测函数控制系统响应（跟踪问题一）

a）速度随时间变化情况　b）高度随时间变化情况　c）弹道倾角、攻角和俯仰角速度随时间变化情况

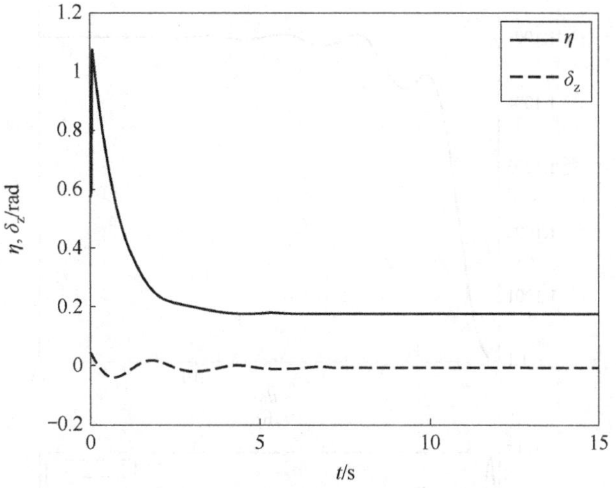

d）

图 4-10　预测函数控制系统响应（跟踪问题一）（续）

d）阀门开度和舵偏角随时间变化情况

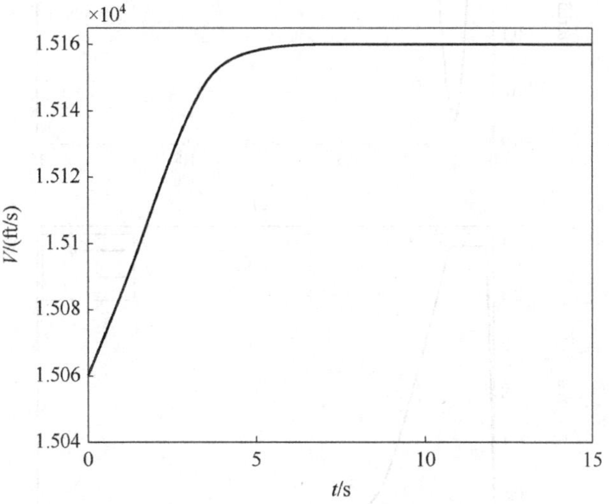

a）

图 4-11　预测函数控制系统响应（跟踪问题二）

a）速度随时间变化情况

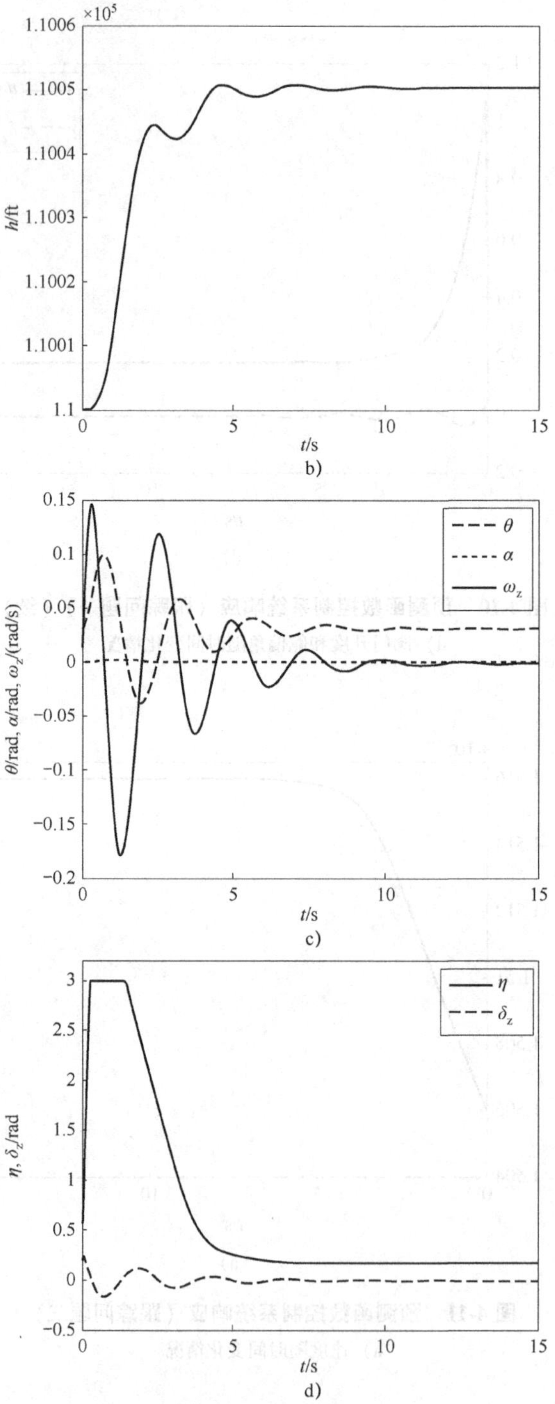

图 4-11　预测函数控制系统响应（跟踪问题二）（续）

b）高度随时间变化情况　c）弹道倾角、攻角和俯仰角速度随时间变化情况　d）阀门开度和舵偏角随时间变化情况

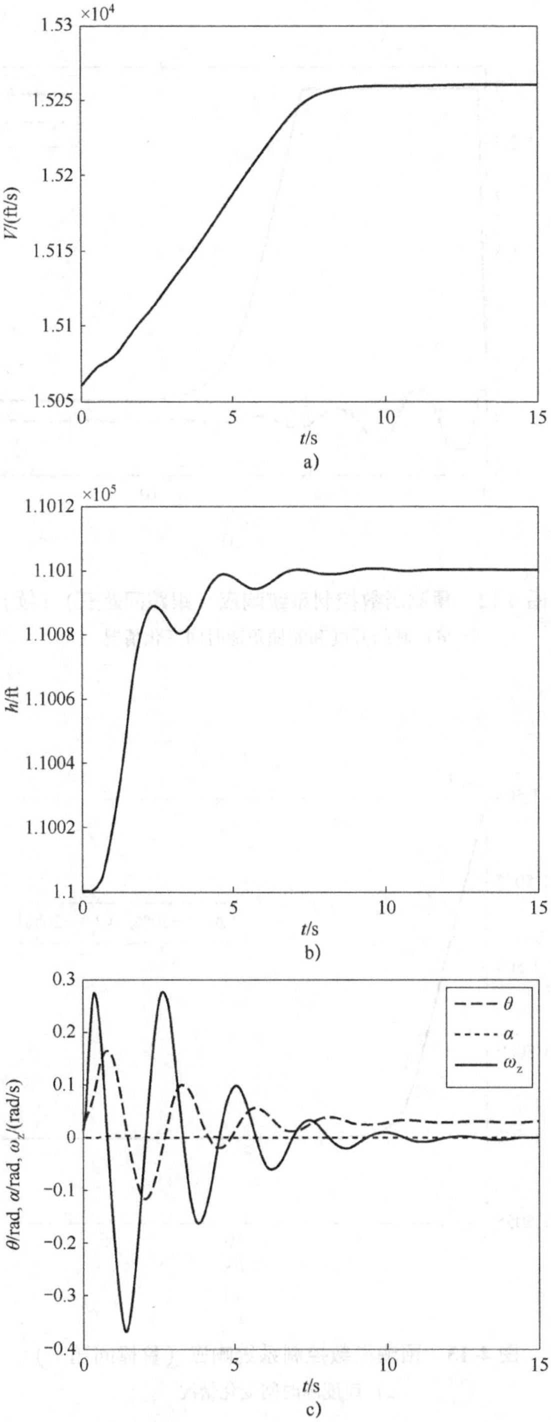

图 4-12　预测函数控制系统响应（跟踪问题三）

a）速度随时间变化情况　b）高度随时间变化情况　c）弹道倾角、攻角和俯仰角速度随时间变化情况

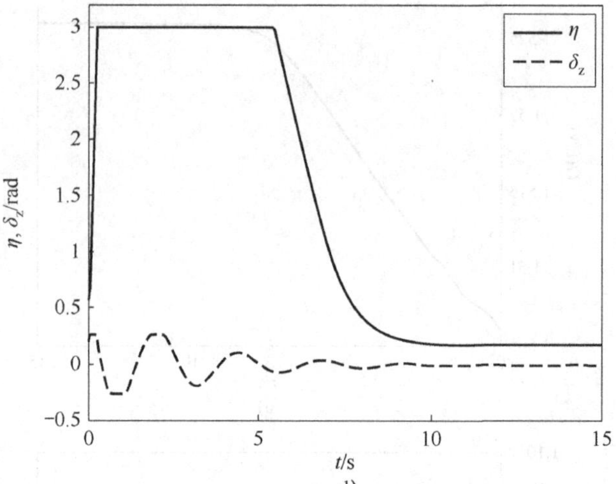

d）

图 4-12　预测函数控制系统响应（跟踪问题三）（续）

d）阀门开度和舵偏角随时间变化情况

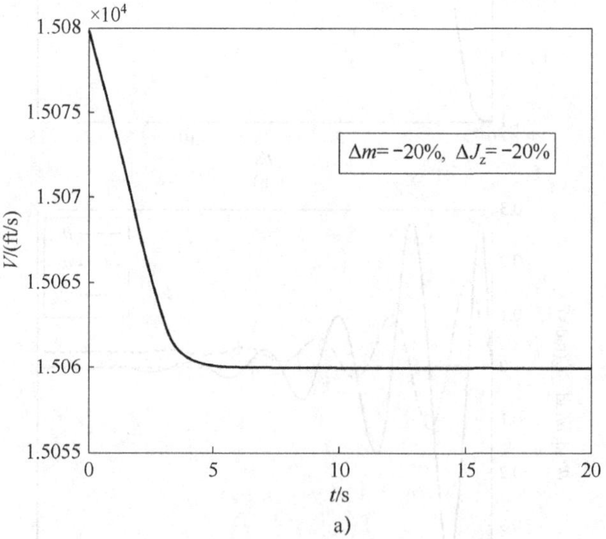

a）

图 4-13　预测函数控制系统响应（鲁棒问题一）

a）速度随时间变化情况

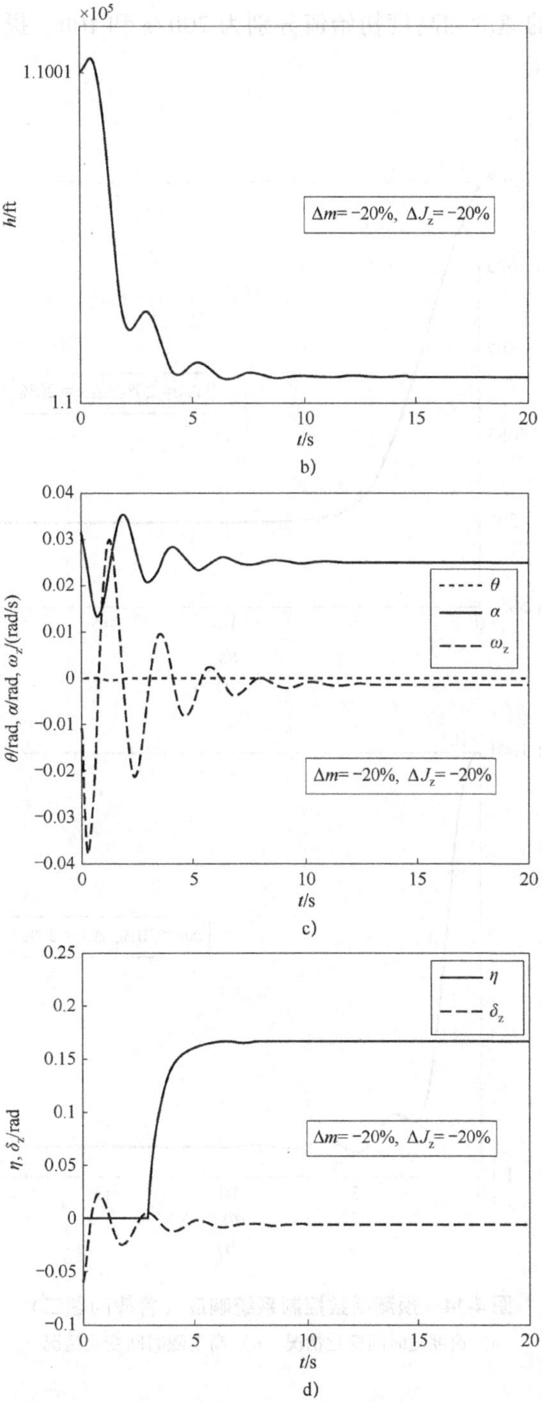

图 4-13　预测函数控制系统响应（鲁棒问题一）（续）

b）高度随时间变化情况　c）弹道倾角、攻角和俯仰角速度随时间变化情况　d）阀门开度和舵偏角随时间变化情况

2）偏量系统的速度和高度初始值分别为 20ft/s 和 10ft，摄动量为 20%，系统响应如图 4-14 所示。

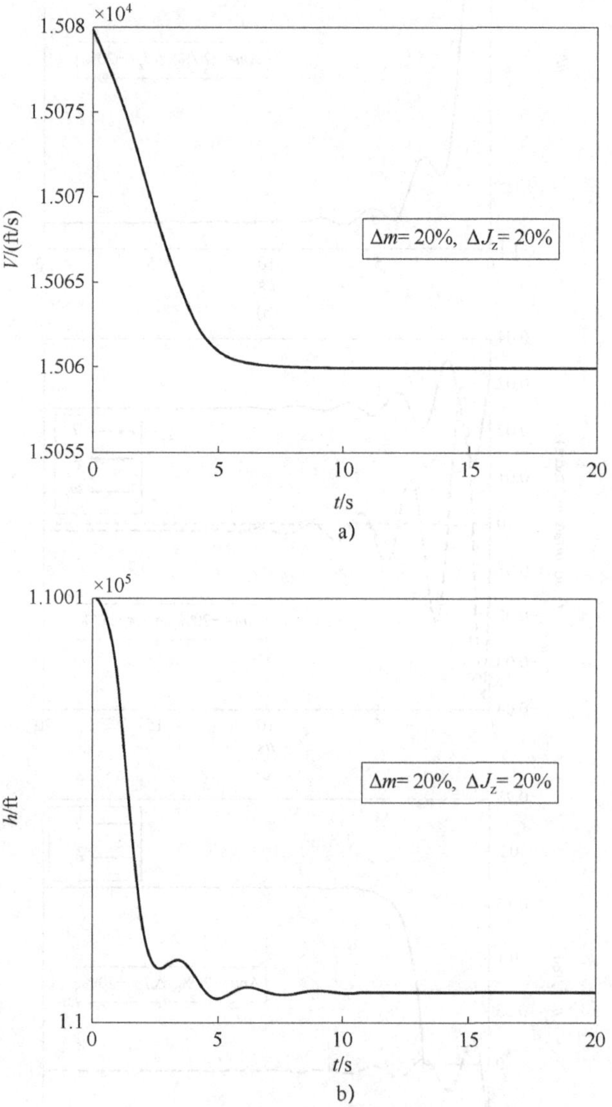

图 4-14　预测函数控制系统响应（鲁棒问题二）

a）速度随时间变化情况　b）高度随时间变化情况

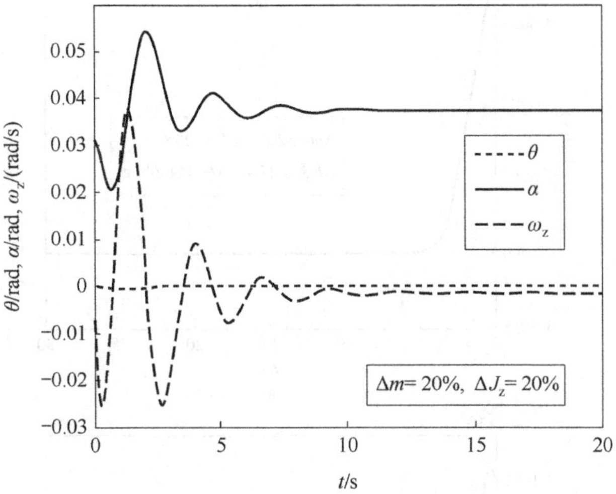

c)

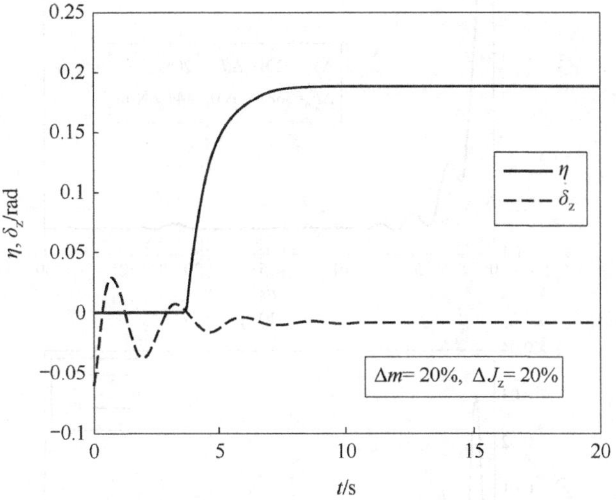

d)

图 4-14　预测函数控制系统响应（鲁棒问题二）（续）

c）弹道倾角、攻角和俯仰角速度随时间变化情况　d）阀门开度和舵偏角随时间变化情况

3）偏量系统的速度和高度初始值分别为 20ft/s 和 10ft，摄动量为−20%，法向加速度方向受到 5687N 的干扰力（考虑风干扰 30m/s），干扰力矩为 44466N・m，干扰力和力矩在第 20s 起作用且持续时间为 0.5s，系统响应如图 4-15 所示。

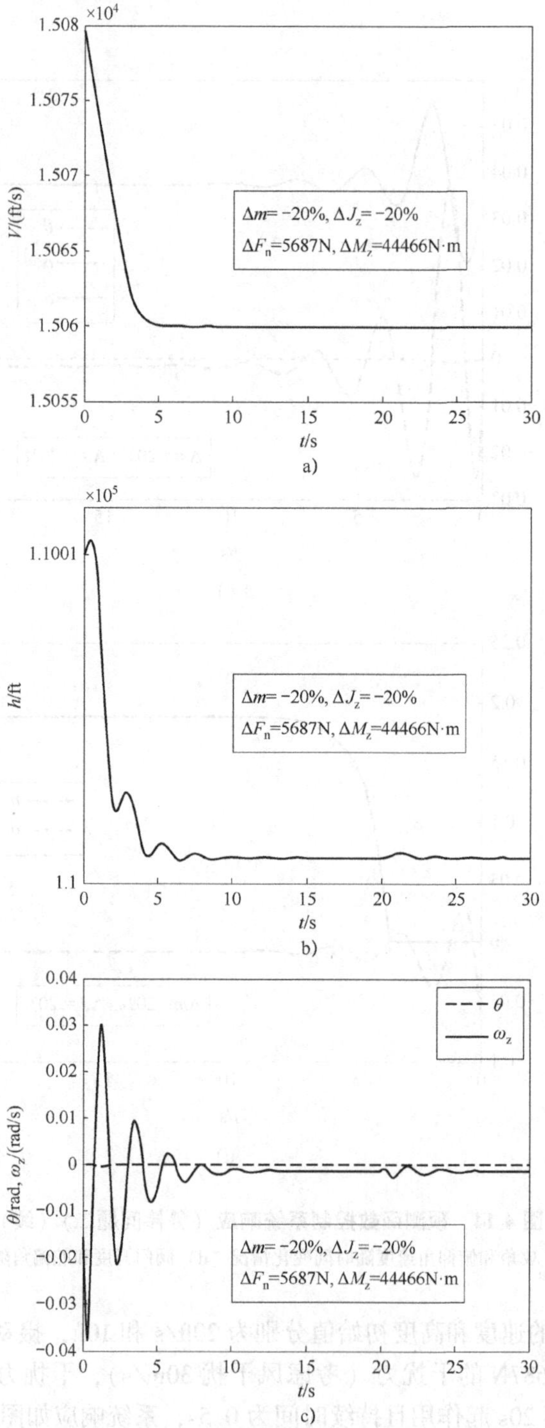

图 4-15　预测函数控制系统响应（鲁棒问题三）

a）速度随时间变化情况　b）高度随时间变化情况　c）弹道倾角和俯仰角速度随时间变化情况

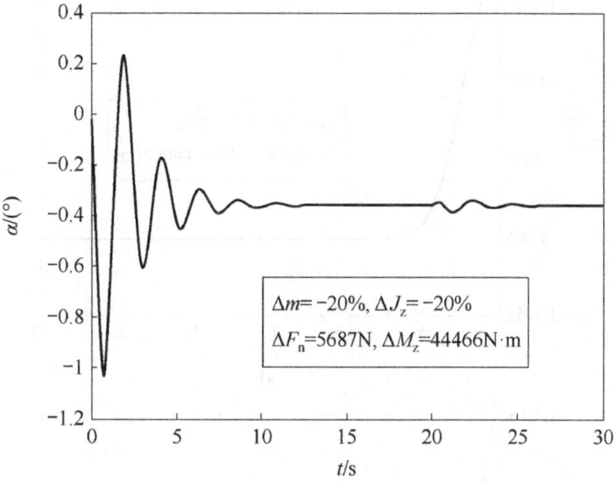

d)

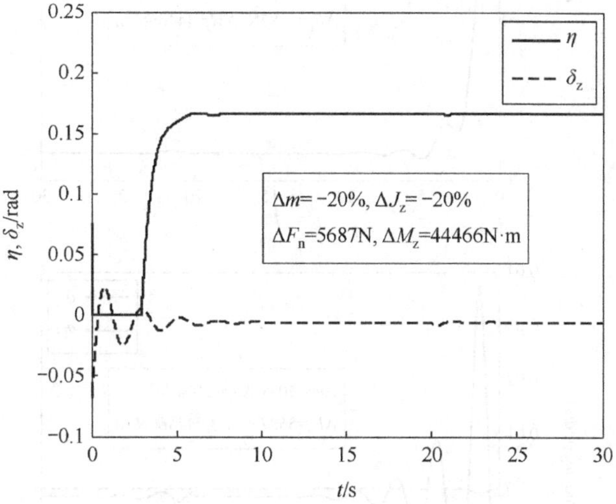

e)

图4-15　预测函数控制系统响应（鲁棒问题三）（续）

d）攻角随时间变化情况　e）阀门开度和舵偏角随时间变化情况

4）偏量系统的速度和高度初始值分别为20ft/s和10ft，摄动量为20%，法向加速度方向受到5687N的干扰力（考虑风干扰30m/s），干扰力矩为44466N·m，干扰力和力矩在第20s起作用且持续时间为0.5s，系统响应如图4-16所示。

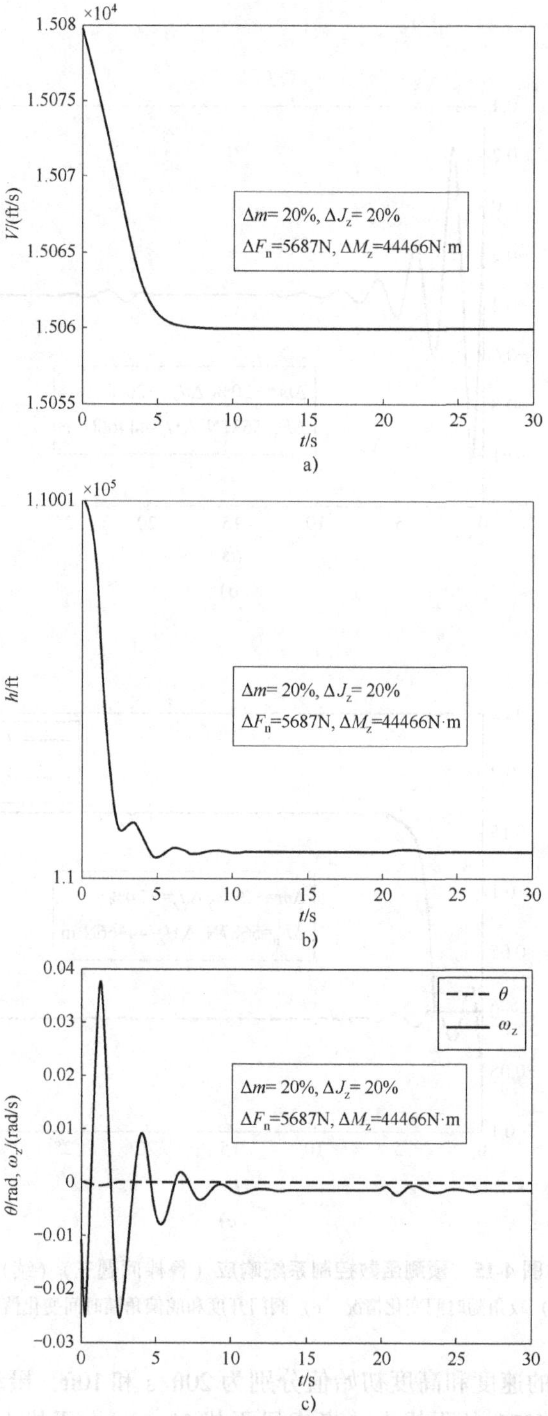

图 4-16　预测函数控制系统响应（鲁棒问题四）

a）速度随时间变化情况　b）高度随时间变化情况　c）弹道倾角和俯仰角速度随时间变化情况

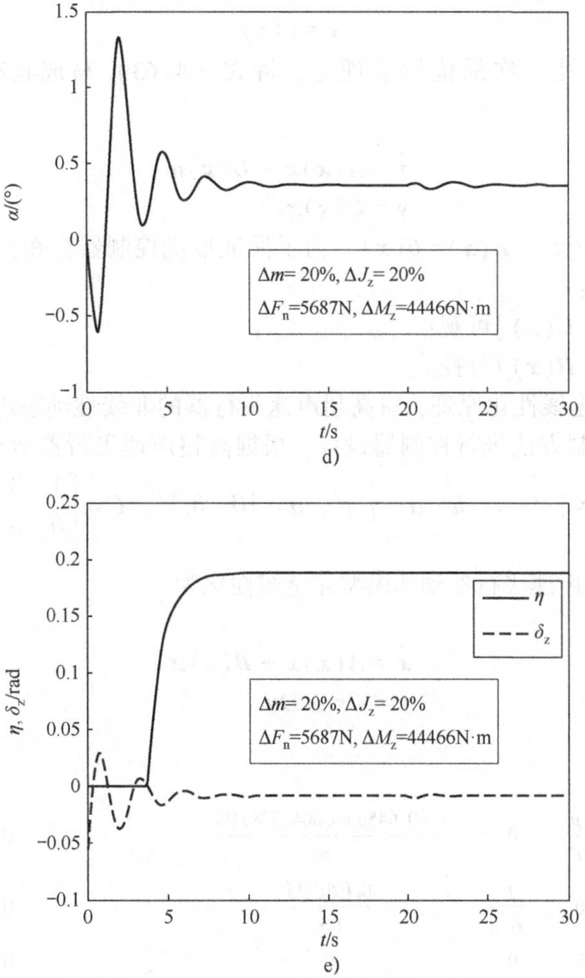

图 4-16　预测函数控制系统响应（鲁棒问题四）（续）

d）攻角随时间变化情况　e）阀门开度和舵偏角随时间变化情况

4.4　基于完全线性化模型的高超声速飞行器预测控制

4.4.1　非线性模型完全线性化

要对非线性系统进行完全线性化，一种途径是输入/输出反馈线性化[55]，需要经过大量的转换计算。另外一种途径是状态相关黎卡提方程（State Dependent Riccati Equation，SDRE）方法，该方法是由 Pearson[56] 于 1962 年首先提出。考虑一般非线性多输入多输出系统

$$\dot{\boldsymbol{x}} = \boldsymbol{a}(x) + \boldsymbol{b}(x)\boldsymbol{u}$$

$$\boldsymbol{y}=\boldsymbol{c}(x) \tag{4-63}$$

为了能够应用线性二次最优调节理论，将式（4-63）写成具有线性结构的系统，如

$$\begin{aligned}\dot{\boldsymbol{x}}&=\boldsymbol{A}(\boldsymbol{x})\boldsymbol{x}+\boldsymbol{B}(\boldsymbol{x})\boldsymbol{u}\\ \boldsymbol{y}&=\boldsymbol{C}(\boldsymbol{x})\boldsymbol{x}\end{aligned} \tag{4-64}$$

式中，$\boldsymbol{A}(\boldsymbol{x})\boldsymbol{x}=\boldsymbol{a}(\boldsymbol{x})$；$\boldsymbol{B}(\boldsymbol{x})=\boldsymbol{b}(\boldsymbol{x})$。为了保证最优控制器存在，对变换后的系统需满足以下条件：

1）$[\boldsymbol{A}(\boldsymbol{x})\quad \boldsymbol{C}(\boldsymbol{x})]$可观；

2）$[\boldsymbol{A}(\boldsymbol{x})\quad \boldsymbol{B}(\boldsymbol{x})]$可控。

根据以上完全线性化原理，对高超声速飞行器的非线性动态进行线性化，以便采用线性预测控制方法进行控制器设计。根据高超声速飞行器运动方程式（2-22）的特点，选取 $\boldsymbol{x}=[V\quad \gamma\quad h\quad \alpha\quad q]^{\mathrm{T}}$，$\boldsymbol{u}=[\beta\quad \delta_e]^{\mathrm{T}}$，$\boldsymbol{C}=\begin{bmatrix}1&0&0&0&0\\0&0&1&0&0\end{bmatrix}$，$\boldsymbol{D}=\begin{bmatrix}0&0\\0&0\end{bmatrix}$，则高超声速飞行器动态模型完全线性化为

$$\begin{aligned}\dot{\boldsymbol{x}}&=\boldsymbol{A}(\boldsymbol{x})\boldsymbol{x}+\boldsymbol{B}(\boldsymbol{x})\boldsymbol{u}\\ \boldsymbol{y}&=\boldsymbol{C}\boldsymbol{x}+\boldsymbol{D}\boldsymbol{u}\end{aligned} \tag{4-65}$$

式中，

$\boldsymbol{A}(\boldsymbol{x})=$

$$\begin{bmatrix}
-\dfrac{0.003772QS}{mV} & -\dfrac{\mu}{r^2} & 0 & -\dfrac{(0.645\alpha+0.0043378)QS}{m} & 0\\
\dfrac{1}{r} & 0 & -\dfrac{\mu}{Vr^2h} & \dfrac{0.6203QS}{mV} & 0\\
0 & V & 0 & 0 & 0\\
-\dfrac{1}{r} & 0 & \dfrac{\mu}{Vr^2h} & -\dfrac{0.6203QS}{mV} & 1\\
\dfrac{5.3261\times10^{-6}QS\bar{c}}{I_{yy}V} & 0 & 0 & \dfrac{(-0.0035\alpha+0.036617-c_e)\ QS\bar{c}}{I_{yy}} & \dfrac{(-6.796\alpha^2+0.3015\alpha-0.2289)\ QS\bar{c}^2}{2I_{yy}V}
\end{bmatrix}$$

$$\boldsymbol{B}(\boldsymbol{x})=\begin{bmatrix}
\dfrac{0.02576QS\cos\alpha}{m} & 0\\
\dfrac{0.02576QS\sin\alpha}{mV} & 0\\
0 & 0\\
-\dfrac{0.02576QS\sin\alpha}{mV} & 0\\
0 & \dfrac{QS\bar{c}c_e}{I_{yy}}
\end{bmatrix}。$$

评注 4-3：需要说明的是，上述线性化结果并不唯一[57]。

从式（4-65）可以看出，虽然此时的高超声速飞行器模型仍是非线性系统，但从形式上看，其具有线性结构。特别地，在每个采样周期，把当前的状态代入到系统，那么得到的就是线性时不变系统，则前面介绍的一般预测控制和预测函数控制就可以用于控制器设计。

4.4.2　一般预测控制结果与分析

考虑控制及其增量约束为 $-0.1\leqslant\Delta\beta\leqslant0.1$，$-3°\leqslant\Delta\delta_e\leqslant3°$，$0\leqslant\beta\leqslant3$，$-15°\leqslant\delta_e\leqslant15°$。对于参数摄动，考虑加性形式，其变化范围 $\Delta=\pm0.1$。对于外部干扰取 $d_1=2\sin(0.5t)$，$d_2=0.0005\sin(0.2t)$，$d_3=0.5\sin(0.2t)$，$d_4=0$，$d_5=0.2\sin(0.3t)$。另外，假定输出跟踪阶跃信号，速度参考信号为 100ft/s，高度参考信号为 2000ft。取预测时域为 500，控制时域为 30，仿真结果如下：

1. 理想情形（见图 4-17）

图 4-17 仿真结果表明，在没有干扰、完全线性化情形下，采用一般预测控制方设计输出跟踪控制器，既能保证良好的跟踪性能，又能很好处理控制约束问题，确保了实际飞行性能。

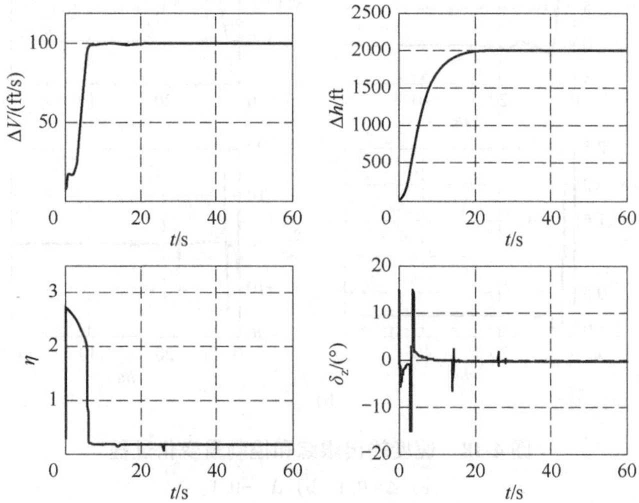

图 4-17　输出跟踪和控制量变化情况

2. 存在参数摄动情形（见图 4-18）

根据图 4-18 的结果，对于速度跟踪，系统响应速度非常快，控制也满足约束范围。虽然高度调节存在稳态误差，但非常小。对于舵偏角，也只存在几处高频振荡。对于高度跟踪，速度调节不存在稳态误差，舵偏角基本不存在振荡。综合仿真结果表明，闭环系统有很好的参数摄动抑制能力。

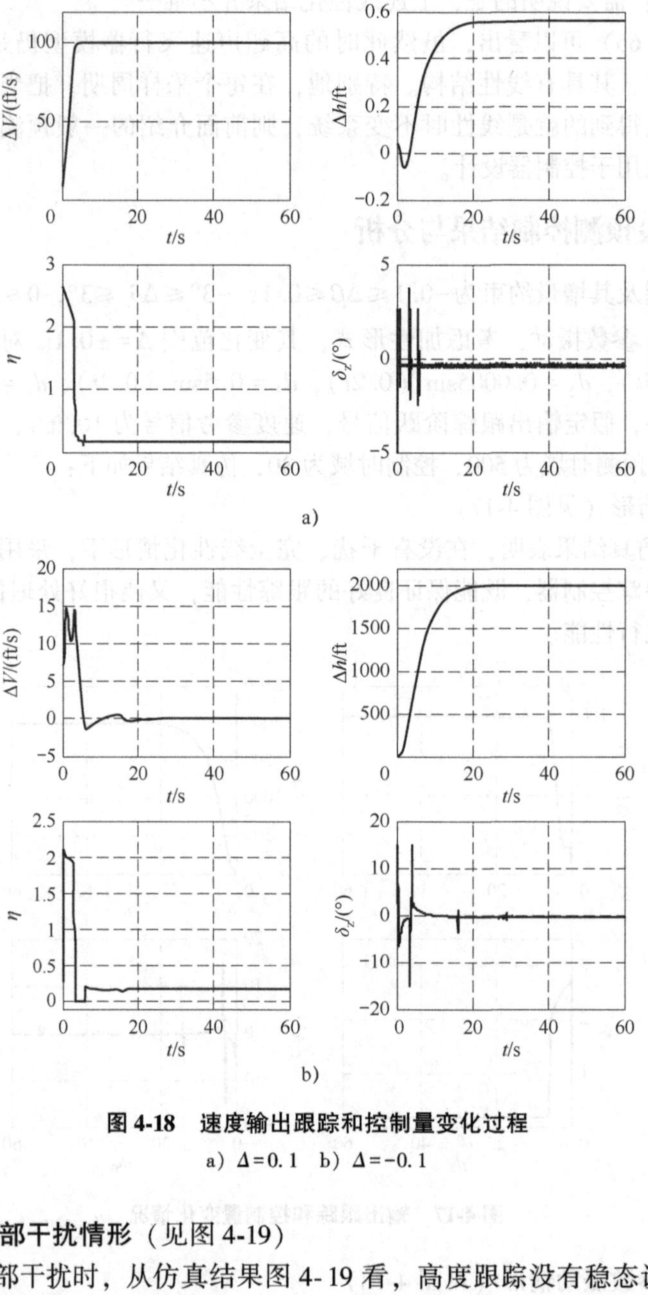

图 4-18　速度输出跟踪和控制量变化过程

a）$\Delta=0.1$　b）$\Delta=-0.1$

3. 存在外部干扰情形（见图 4-19）

当存在外部干扰时，从仿真结果图 4-19 看，高度跟踪没有稳态误差，而速度跟踪略有波动，但频率不高而幅度很小。对于同时跟踪速度和高度信号，节流阀开度没有达到最大值且线性度较好，但是舵偏角同样存在几处振荡，给实际应用带来困难。

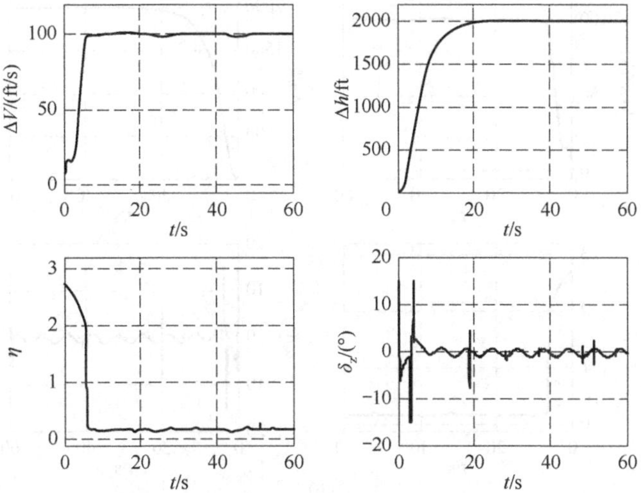

图 4-19　输出跟踪和控制量变化过程（外部干扰）

4. 存在参数摄动和外部干扰情形（见图 4-20）

图 4-20a 表示正的最大参数摄动，图 4-20b 表示负的最大参数摄动。当系统遭遇更强的不确定性时，从图 4-20 结果可以看出，速度和高度的跟踪性能良好，节流阀门开度和舵偏角一直在约束范围之内，唯一不足的地方就是舵偏角存在轻微的高频振荡。

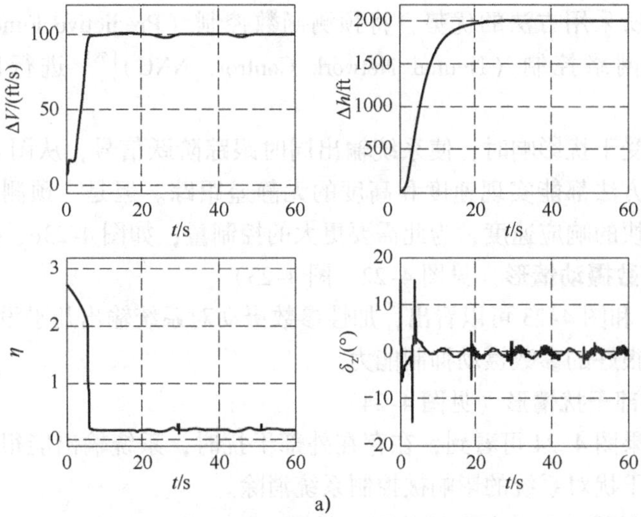

图 4-20　输出跟踪和控制量变化过程（参数摄动+外部干扰）

a）正的最大参数摄动

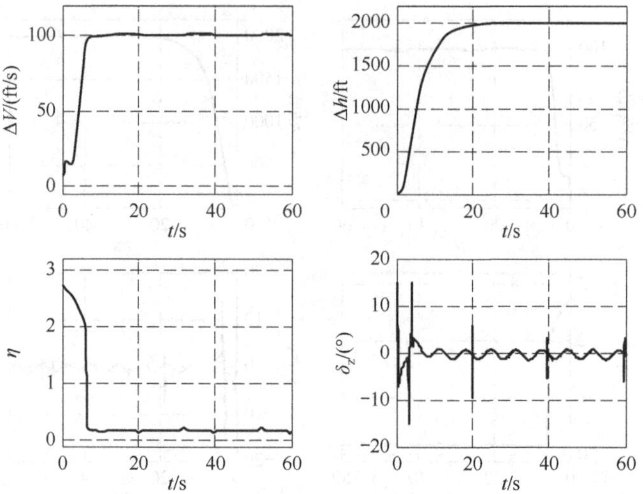

b)

图 4-20　输出跟踪和控制量变化过程（参数摄动+外部干扰）（续）

b）负的最大参数摄动

4.4.3　预测函数控制结果与分析

取上一节的参数摄动和外部干扰，仿真参数为 $H_C=[50\quad 100\quad 150]$，$T_{r1}=0.5\text{s}$，$T_{r2}=3.3\text{s}$，$f_{11}(\cdot)=1$，$f_{21}(\cdot)=1$，结果如下：

1. 理想情形

为了显示所采用方法的优势，将预测函数控制（Predictive Functional Control，PFC）与神经网络控制（Neunal Network Control，NNC）[58] 进行比较，结果如图 4-21 所示。

当系统不受干扰影响时，使系统输出同时跟踪阶跃信号，从图 4-23a、b 可看出，两种控制方法都能实现速度和高度的无静差跟踪。但是，预测函数控制方法能使系统有较快的响应速度，为此需要更大的控制量，如图 4-23c、d 所示。

2. 存在参数摄动情形（见图 4-22、图 4-23）

从图 4-22 和图 4-23 可以看出，加性参数摄动对系统输出几乎没有影响，说明控制系统具有很好的参数摄动抑制能力。

3. 存在外部干扰情形（见图 4-24）

从仿真结果图 4-24 可看到，在存在外部干扰时，系统输出能很好跟踪期望的指令，即外部干扰对系统的影响被控制系统消除。

4. 存在参数摄动和外部干扰情形（见图 4-25、图 4-26）

由图 4-25 和图 4-26 可以看出，同时存在参数摄动和外部干扰并没有对输出跟踪产生大影响，说明所设计的控制系统具有较强的鲁棒性。

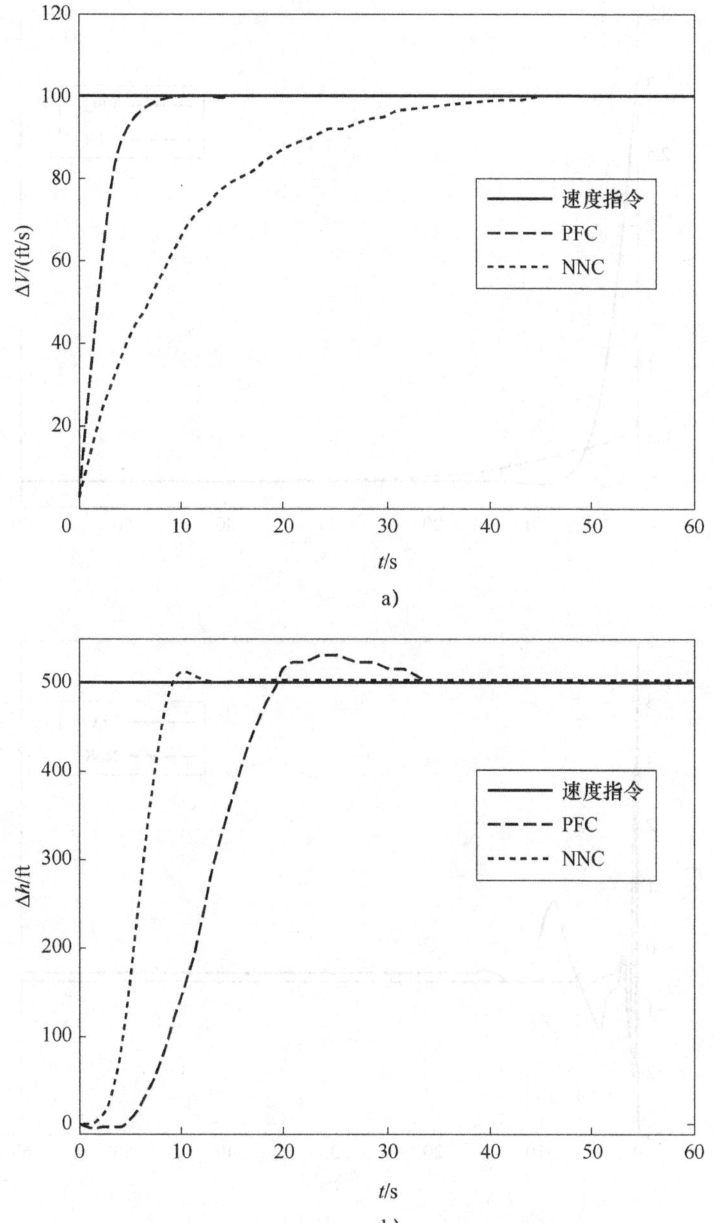

图 4-21　预测函数控制与神经网络控制下系统响应（理想情形）

a）速度随时间变化情况　b）高度随时间变化情况

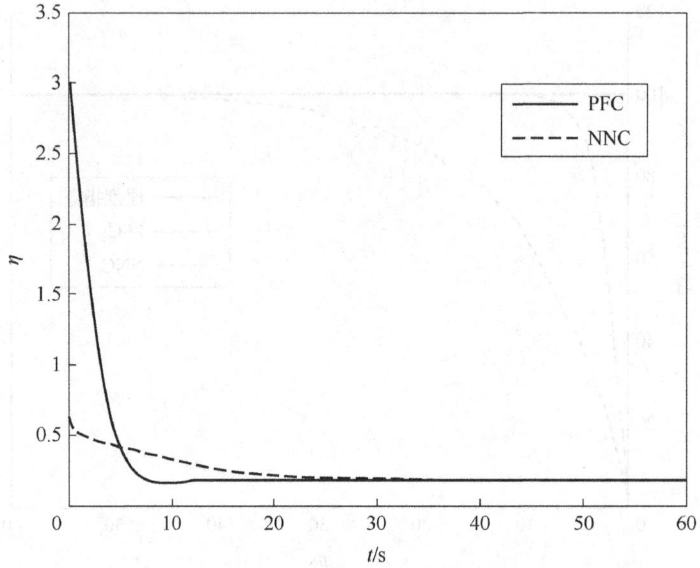

c)

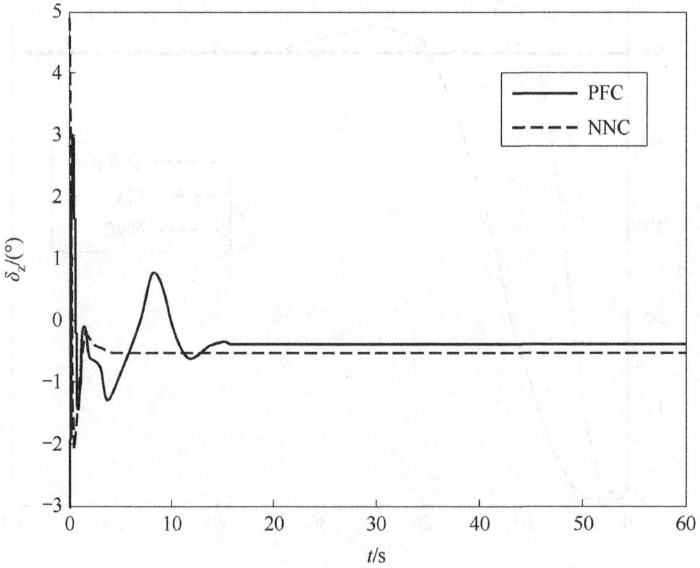

d)

图 4-21　预测函数控制与神经网络控制下系统响应（理想情形）（续）

c）阀门开度随时间变化情况　d）舵偏角随时间变化情况

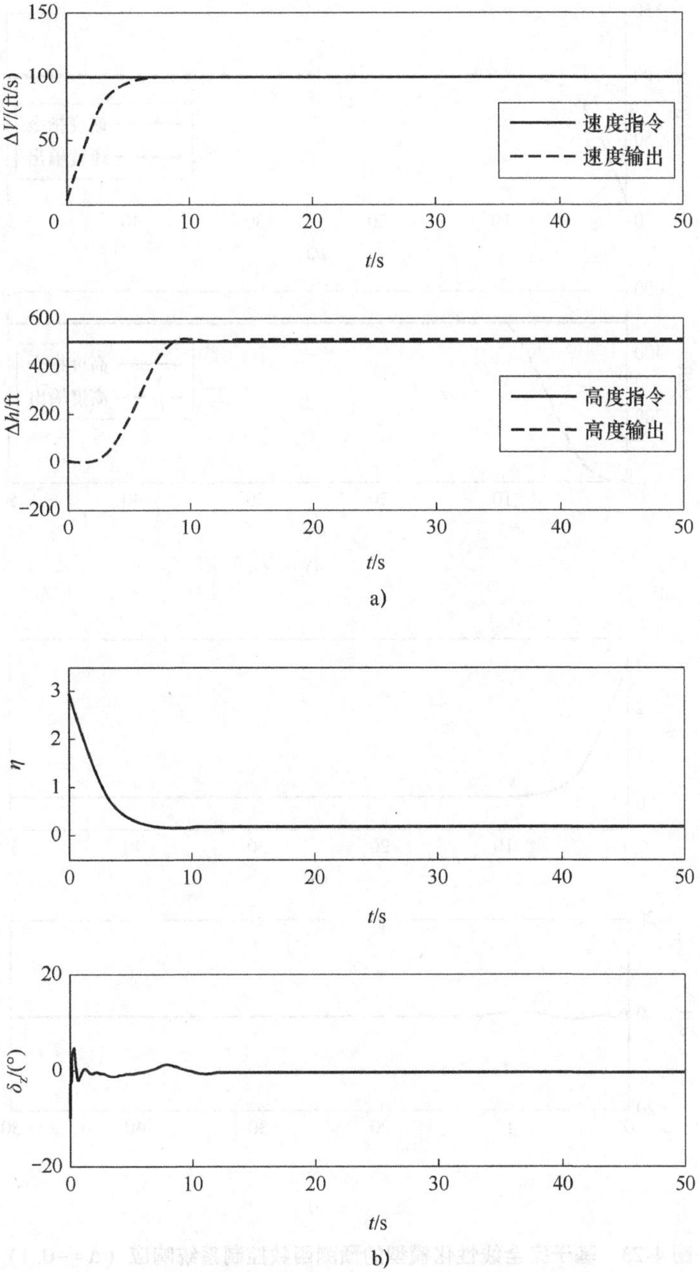

图 4-22　基于完全线性化模型的预测函数控制系统响应（$\Delta=0.1$）

a）速度和高度随时间变化情况　b）阀门开度和舵偏角随时间变化情况

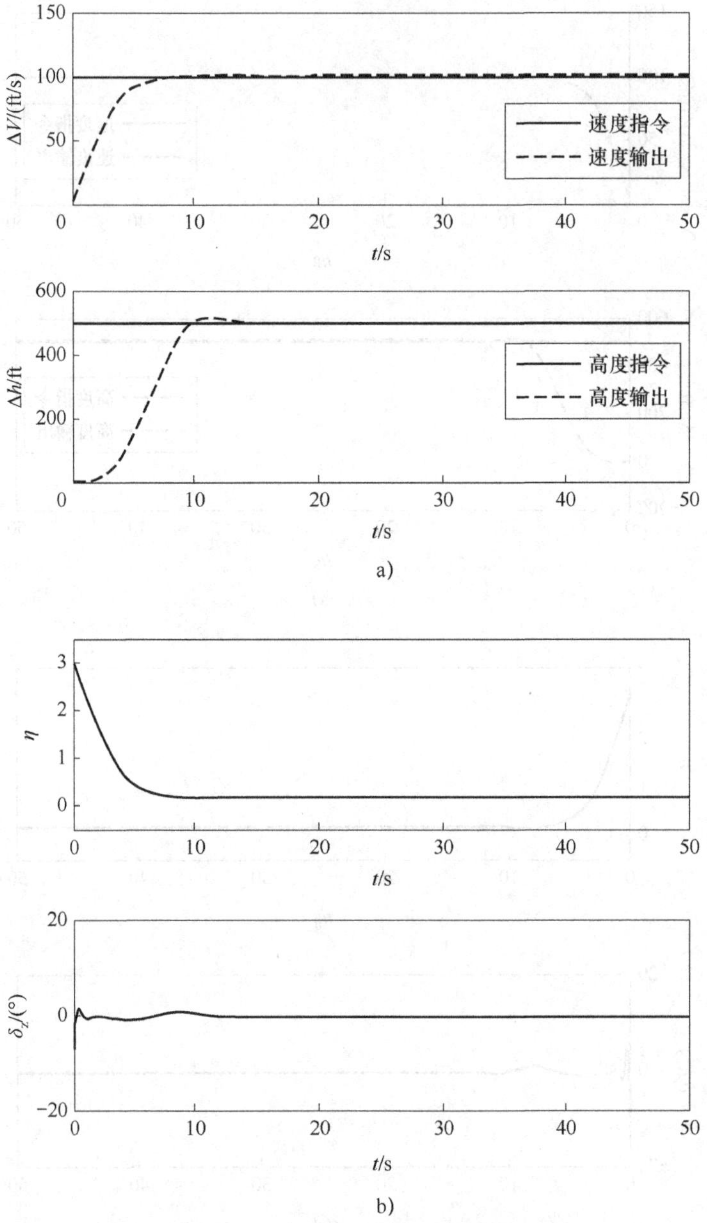

图 4-23　基于完全线性化模型的预测函数控制系统响应（$\Delta=-0.1$）

a）速度和高度随变化情况　b）阀门开度和舵偏角随时间变化情况

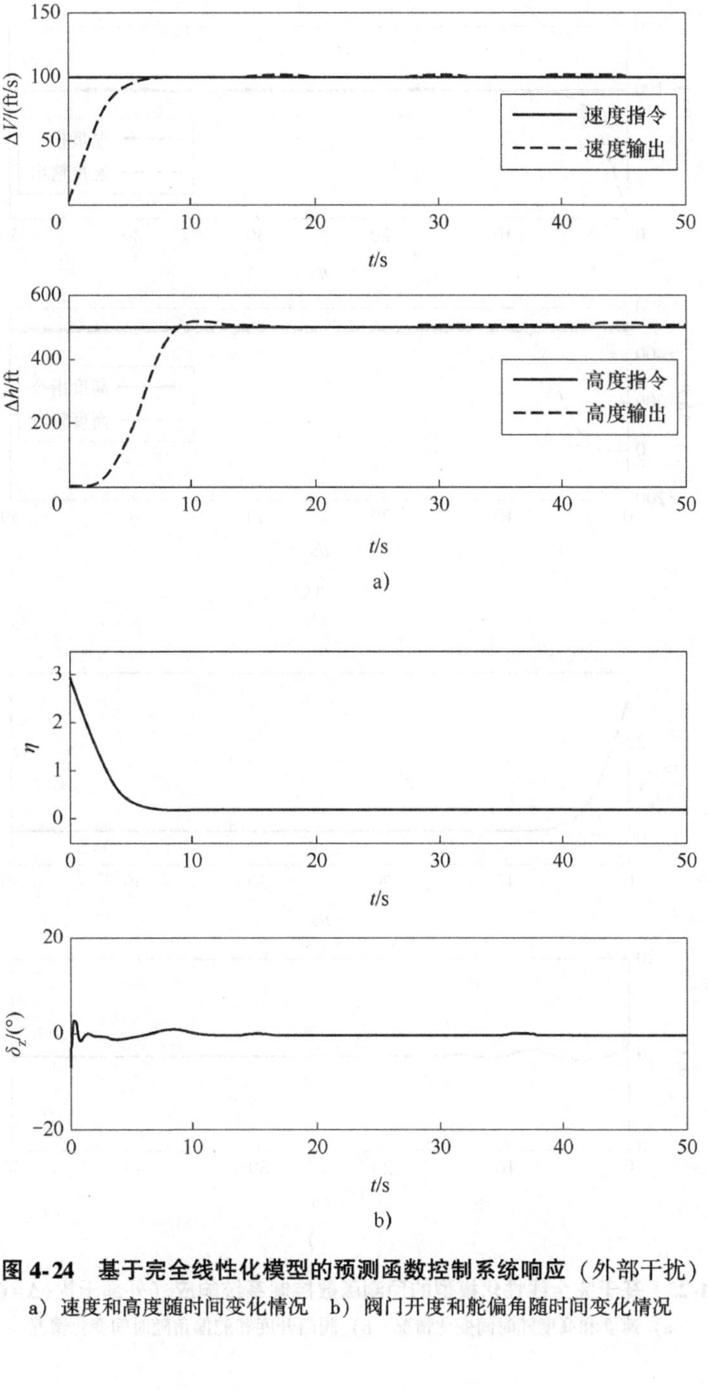

图 4-24　基于完全线性化模型的预测函数控制系统响应（外部干扰）

a）速度和高度随时间变化情况　b）阀门开度和舵偏角随时间变化情况

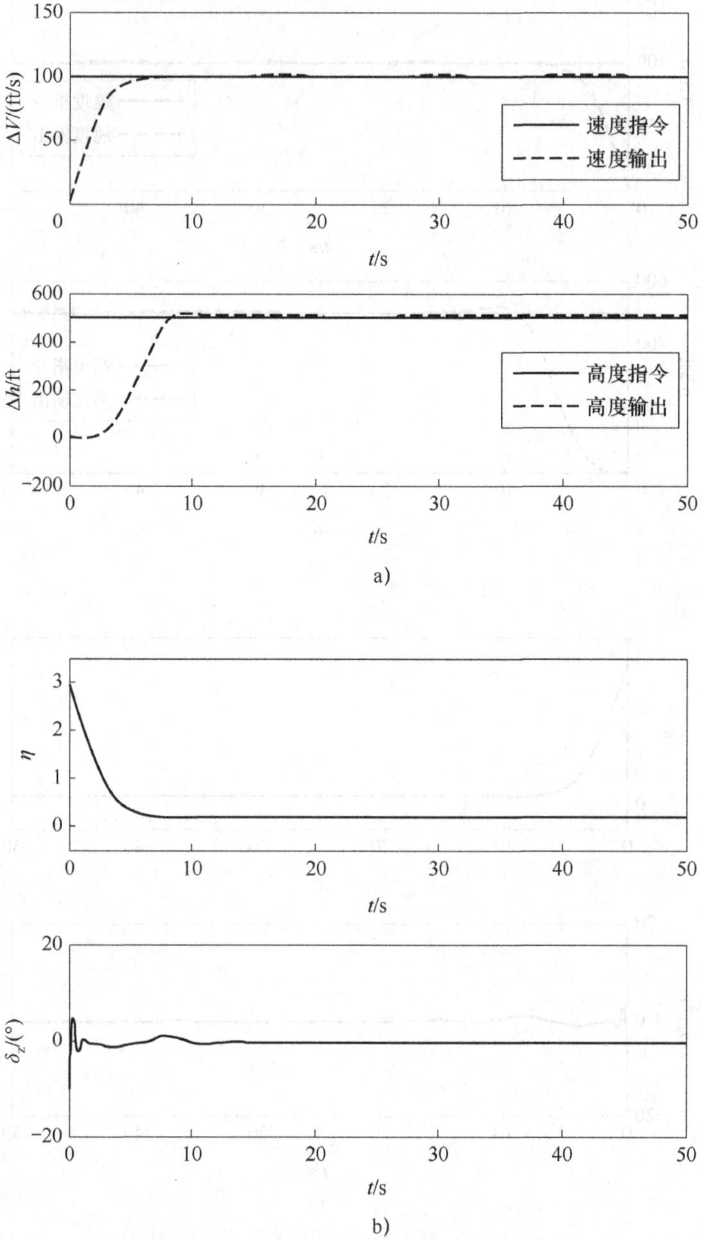

图 4-25　基于完全线性化模型的预测函数控制系统响应（外部干扰+$\Delta=0.1$）

a）速度和高度随时间变化情况　b）阀门开度和舵偏角随时间变化情况

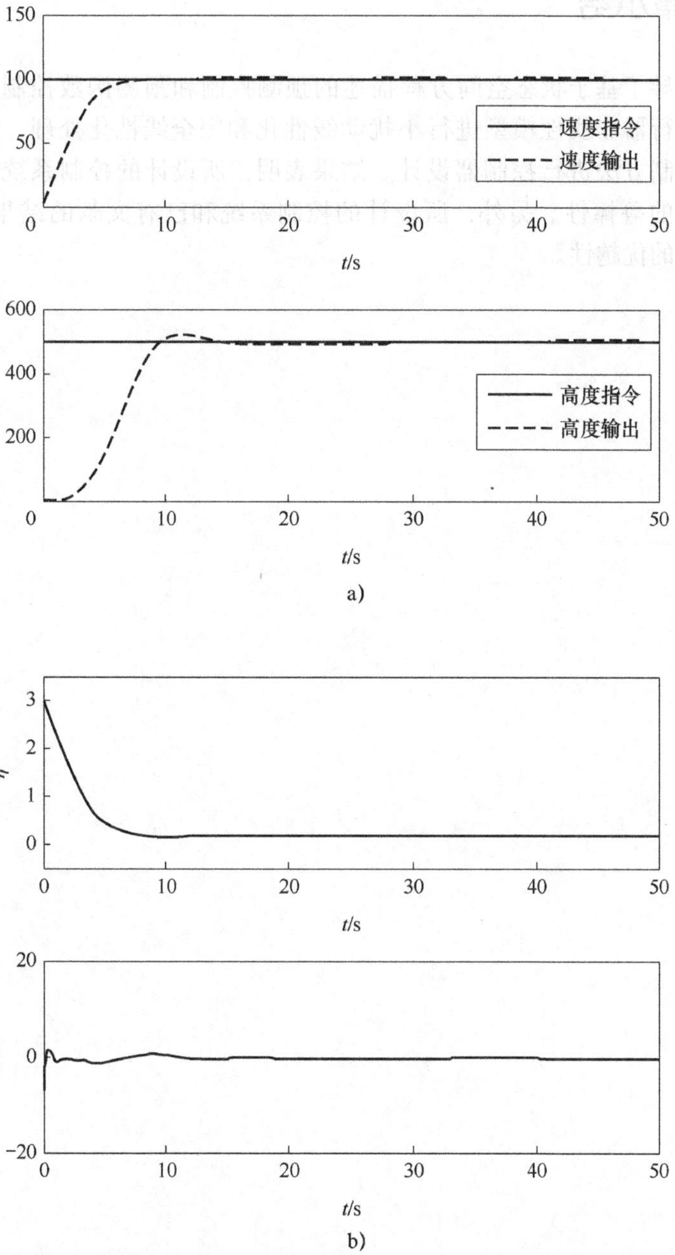

图 4-26　基于完全线性化模型的预测函数控制系统响应（外部干扰+Δ=−0.1）

a）速度和高度随时间变化情况　b）阀门开度和舵偏角随时间变化情况

4.5 本章小结

首先推导了基于状态空间方程描述的预测控制和预测函数控制算法，然后对高超声速飞行器非线性模型进行小扰动线性化和完全线性化处理，最后利用上述两种预测控制方法进行控制器设计。结果表明，所设计的控制系统性能良好，并且具有一定的鲁棒性。另外，所设计的控制系统和已有文献的结果进行了对比，体现了一定的优越性。

第5章　高超声速飞行器鲁棒预测控制

从上一章关于预测控制的原理可以看到，当模型较为准确时，最优的闭环控制能得到近乎完美的控制性能。但当模型与过程之间存在较大失配时，预测控制则无法显式处理不确定性，虽然通过反馈校正能在一定程度上补偿不确定性带来的影响，但这往往会导致控制性能下降甚至使系统不稳定。因此，在预测控制器设计中，考虑模型不确定性是十分必要的，这导致了鲁棒预测控制的产生。关于预测控制的鲁棒性，主要分为鲁棒分析和鲁棒综合两方面，前者是指当系统存在参数摄动和外部干扰时，对系统的稳定性和性能的分析，后者是指对不确定性模型，如何设计有效的控制律，使闭环系统具有更强的鲁棒性，不但保证闭环系统鲁棒稳定性，而且满足系统其他的鲁棒性能。它的实质是对不确定系统，求解一个 min-max 优化问题。

1996 年，Kothare 等人[59] 针对两种不确定性描述模型，首次提出了基于线性矩阵不等式的鲁棒预测综合方法。该方法在控制和输出约束条件下，通过设计一个状态反馈控制律来最小化无穷时域目标函数的上界。然后利用标准的方法，将最小化目标函数的上界简化为凸优化问题，最后利用线性矩阵不等式进行高效求解。本章针对高超声速飞行器中存在参数摄动，基于多胞型模型和线性分式模型，利用线性矩阵不等式方法设计两种鲁棒控制器，并进行了仿真验证。

5.1　基于多胞型模型的高超声速飞行器鲁棒预测控制

5.1.1　基本原理

考虑线性时变不确定系统

$$\begin{cases}\boldsymbol{x}(k+1)=\boldsymbol{A}(k)\boldsymbol{x}(k)+\boldsymbol{B}(k)\boldsymbol{u}(k)\\ \boldsymbol{y}(k)=\boldsymbol{C}\boldsymbol{x}(k)\\ [\boldsymbol{A}(k)\quad \boldsymbol{B}(k)]\in\boldsymbol{\Omega}\end{cases}\tag{5-1}$$

式中，$\boldsymbol{x}$ 表示系统状态，且 $\boldsymbol{x}\in\boldsymbol{R}^{n_x}$；$\boldsymbol{u}$ 表示系统控制，且 $\boldsymbol{u}\in\boldsymbol{R}^{n_u}$；$\boldsymbol{y}$ 表示系统状态，

且 $\boldsymbol{y}\in\boldsymbol{R}^{n_y}$。

定义

$$\boldsymbol{\Omega}=\mathrm{Co}\{[\boldsymbol{A}_1 \quad \boldsymbol{B}_1],[\boldsymbol{A}_2 \quad \boldsymbol{B}_2],\cdots,[\boldsymbol{A}_L \quad \boldsymbol{B}_L]\} \tag{5-2}$$

式中，Co 表示凸包。则存在 L 个非负系数 λ_1，λ_2，…，λ_L，使得

$$[\boldsymbol{A} \quad \boldsymbol{B}]=\sum_{i=1}^{L}\lambda_i[\boldsymbol{A}_i \quad \boldsymbol{B}_i] \tag{5-3}$$

在每一时刻，式（5-1）的系统矩阵和输入矩阵就是 Co 定义的多面体的顶点，如图 5-1 所示[59]：

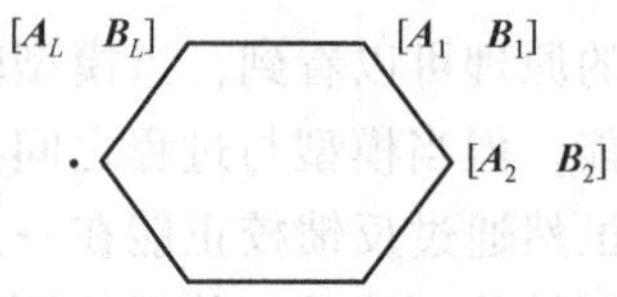

图 5-1 多面体模型

定义性能函数

$$V_\infty(k)=\sum_{j=0}^{\infty}[\|\boldsymbol{x}(k+j|k)\|_{Q1}^2+\|\boldsymbol{u}(k+j|k)\|_{\boldsymbol{R}}^2] \tag{5-4}$$

则鲁棒预测控制就是求解如下 min-max 问题，抑制不确定性带来的影响。

$$\min_{\boldsymbol{U}(k)}\ \max_{[\boldsymbol{A}(k+j)\ \ \boldsymbol{B}(k+j)]\in\boldsymbol{\Omega},\ j\geqslant 0} V_\infty(k) \tag{5-5}$$

式中，$\boldsymbol{U}(k)=[\boldsymbol{u}(k|k)^{\mathrm{T}} \quad \cdots \quad \boldsymbol{u}(k+H_u-1|k)^{\mathrm{T}}]^{\mathrm{T}}$。

假定存在函数 $V(x)=\boldsymbol{x}^{\mathrm{T}}\boldsymbol{P}\boldsymbol{x}$，$\boldsymbol{P}>0$，使得对不确定系统式（5-1）的任意状态 $\boldsymbol{x}(k+j|k)$ 和控制 $\boldsymbol{u}(k+j|k)$，满足以下不等式：

$$V(k+j+1|k)-V(k+j|k)\leqslant-[\|\boldsymbol{x}(k+j|k)\|_{Q1}^2+\|\boldsymbol{u}(k+j|k)\|_{\boldsymbol{R}}^2] \tag{5-6}$$

另外，假定 $V_\infty(k)<\infty$，那么 $\boldsymbol{x}_\infty(k)=0$，因此有 $V(\boldsymbol{x}_\infty(k))=0$，对式（5-6）两边从 $j=0$ 到 $j=\infty$ 相加，则有

$$-V(\boldsymbol{x}(k|k))\leqslant-V_\infty(k) \tag{5-7}$$

因此有

$$\max_{[\boldsymbol{A}(k+j)\ \ \boldsymbol{B}(k+j)]\in\boldsymbol{\Omega},\ j\geqslant 0} V_\infty(k)\leqslant V(\boldsymbol{x}(k|k)) \tag{5-8}$$

所以鲁棒性能函数式（5-5）变为

$$\min_{\boldsymbol{U}(k)} V(\boldsymbol{x}(k|k)) \tag{5-9}$$

且满足式（5-6）。从上式可以看到，在 k 时刻，需要确定控制 $\boldsymbol{U}(k)$，使得性能函数的上界最小化。同时，式（5-9）可以通过线性矩阵不等式进行求解。即求解（5-9）等价于求解下面问题：

$$\min_{\gamma,P}\gamma \quad \text{s. t.} \quad x(k|k)^{\mathrm{T}}Px(k|k) \leqslant \gamma \tag{5-10}$$

令 $Q=\gamma P^{-1}$，因为 $P>0$，所以 $Q>0$，利用 Schur 补原理，式（5-10）的约束条件可以表示为

$$\begin{bmatrix} Q & x(k|k) \\ x(k|k)^{\mathrm{T}} & 1 \end{bmatrix} \geqslant 0 \tag{5-11}$$

假定控制律为状态反馈形式，即

$$u(k+j|k)=Fx(k+j|k) \tag{5-12}$$

然后将式（5-12）代入式（5-6），则有

$$\begin{aligned} &x(k+j|k)^{\mathrm{T}}\{[A(k+j)+B(k+j)F]^{\mathrm{T}}P[A(k+j)+B(k+j)F]- \\ &P+F^{\mathrm{T}}RF+Q_1\}x(k+j|k) \leqslant 0 \end{aligned} \tag{5-13}$$

要使上式满足，只要

$$[A(k+j)+B(k+j)F]^{\mathrm{T}}P[A(k+j)+B(k+j)F]-P+F^{\mathrm{T}}RF+Q_1 \leqslant 0 \tag{5-14}$$

满足即可。

定义 $Y=FQ$，并将 $P=\gamma Q^{-1}$ 代入上式，有

$$\begin{aligned} &Q-[A(k+j)Q+A(k+j)Y]^{\mathrm{T}}Q^{-1}[A(k+j)Q+A(k+j)Y]- \\ &\frac{1}{\gamma}QQ_1Q-\frac{1}{\gamma}Y^{\mathrm{T}}RY \geqslant 0 \end{aligned} \tag{5-15}$$

对上式再用 Schur 补原理，将上式表示为

$$\begin{bmatrix} Q & 0 & 0 & A(k+j)Q+B(k+j)Y \\ 0 & \gamma I & 0 & Q_1^{1/2}Q \\ 0 & 0 & \gamma I & R^{1/2}Y \\ QA(k+j)^{\mathrm{T}}+YB(k+j)^{\mathrm{T}} & QQ_1^{1/2} & YR^{1/2} & Q \end{bmatrix} \geqslant 0 \tag{5-16}$$

对集合 $\boldsymbol{\Omega}$ 里的每个 $[A_j \quad B_j]$ $(j=1,2,\cdots,L)$，式（5-16）都满足，即

$$\begin{bmatrix} Q & 0 & 0 & A_jQ+B_jY \\ 0 & \gamma I & 0 & Q_1^{1/2}Q \\ 0 & 0 & \gamma I & R^{1/2}Y \\ QA_j^{\mathrm{T}}+YB_j^{\mathrm{T}} & QQ_1^{\mathrm{T}/2} & YR^{\mathrm{T}/2} & Q \end{bmatrix} \geqslant 0 \tag{5-17}$$

式中，$j=1,2,\cdots,L$。

考虑控制约束

$$|u_i(k+j|k)| \leqslant u_i \tag{5-18}$$

经过推导，可以得到下面不等式：

$$\begin{bmatrix} X & Y \\ Y^{\mathrm{T}} & Q \end{bmatrix} \geqslant 0 \tag{5-19}$$

并且 $X_{jj}=u_i^2$，$i=1,\cdots,n_u$。

定理 6.1[59]　设 $x(k)=x(k|k)$ 为不确定系统式（5-1）在时刻 k 的可测状态，控制律式（5-12）能够最小化 $V_\infty(k)$ 的上界 γ，并且 $F=YQ^{-1}$。这里的 $Q>0$ 和 Y 是下面线性目标函数最小化的解，即

$$\min_{\gamma,\,Q,\,Y}\gamma \quad \text{s.t.} \quad 式(5\text{-}11)，式(5\text{-}17)，式(5\text{-}19) \tag{5-20}$$

可以证明，如果存在初始可行解，则上述预测控制算法使闭环系统是鲁棒渐近稳定的。前面讨论了调节问题，对于常值跟踪问题，则经过变换化为调节问题来解决。假设常定值为 x_s 和 u_s，并且满足系统方程

$$\begin{cases} x_s = Ax_s + Bu_s \\ y_s = Cx_s \end{cases} \tag{5-21}$$

式中，$[A \quad B] \in \Omega$，控制目标是使系统式（5-1）的 y 跟踪 y_s。

此时，鲁棒预测控制性能指标函数变为

$$V_\infty(k) = \sum_{j=0}^{\infty}\left[\|y-y_s\|_{Q1}^2 + \|u-u_s\|_R^2\right] \tag{5-22}$$

定义新的变量 $\tilde{x}=x-x_s$，$\tilde{u}=u-u_s$，$\tilde{y}=y-y_s$，则有

$$V_\infty(k) = \sum_{j=0}^{\infty}\left[\|\tilde{x}\|_{Q1}^2 + \|\tilde{u}\|_R^2\right] \tag{5-23}$$

这样将一个常值跟踪问题转化为调节问题，可以应用前面的方法进行求解。

5.1.2　仿真结果与分析

考虑质量摄动 50%，由于转动惯量与质量线性相关，因此转动惯量随质量摄动 50%。由此需要考虑由两个点构成的凸包，为增加 50% 和减少 50% 所对应的点，即

$$A_1 = \begin{bmatrix} -9.6400\times10^{-18} & -3.1479\times10^{1} & 4.6353\times10^{-28} & -9.4910\times10^{1} & 0 \\ 3.6879\times10^{-7} & 2.1251\times10^{-25} & 1.6484\times10^{-10} & 8.7971\times10^{-2} & 0 \\ 1.5471\times10^{-22} & 1.5060\times10^{4} & 0 & 0 & 0 \\ -3.6879\times10^{-7} & -2.1251\times10^{-25} & -1.6484\times10^{-10} & -8.7971\times10^{-2} & 1 \\ -2.1128\times10^{-20} & 0 & 0 & 1.1884 & -1.3643\times10^{-1} \end{bmatrix},$$

$$A_2 = \begin{bmatrix} -3.2133\times10^{-18} & -3.1479\times10^{1} & 4.6353\times10^{-28} & -3.1637\times10^{1} & 0 \\ 2.4718\times10^{-7} & 2.1251\times10^{-25} & 1.6484\times10^{-10} & 2.9324\times10^{-2} & 0 \\ 1.5471\times10^{-22} & 1.5060\times10^{4} & 0 & 0 & 0 \\ -2.4718\times10^{-7} & -2.1251\times10^{-25} & -1.6484\times10^{-10} & -2.9324\times10^{-2} & 1 \\ -7.0426\times10^{-20} & 0 & 0 & 3.9612\times10^{-1} & -4.5477\times10^{-2} \end{bmatrix},$$

$$\boldsymbol{B}_1=\begin{bmatrix} 5.4592\times10^{1} & 0 \\ 1.1323\times10^{-4} & 0 \\ 0 & 0 \\ -1.1323\times10^{-4} & 0 \\ 0 & 6.6335 \end{bmatrix},\ \boldsymbol{B}_2=\begin{bmatrix} 1.8197\times10^{1} & 0 \\ 3.7745\times10^{-5} & 0 \\ 0 & 0 \\ -3.7745\times10^{-5} & 0 \\ 0 & 2.2112 \end{bmatrix}。$$

加权矩阵选择如下：$\boldsymbol{Q}_1=\mathrm{diag}\{10\quad 10\}$，$\boldsymbol{R}=\mathrm{diag}\{10\quad 1\}$。

1）速度和高度目标值分别高于平衡点 200ft/s 和 100ft，无摄动，系统响应如图 5-2 所示。

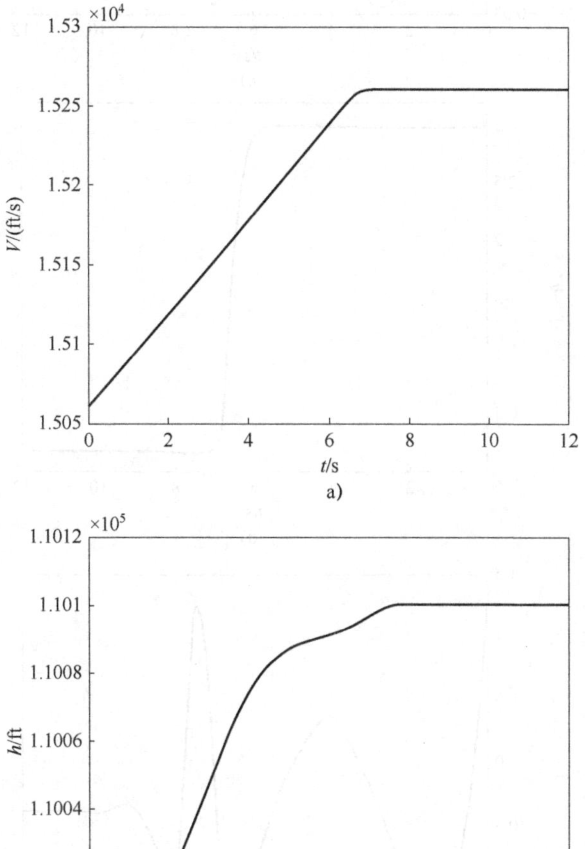

图 5-2　基于多胞型模型鲁棒预测控制（无摄动）

a）速度随时间变化情况　b）高度随时间变化情况

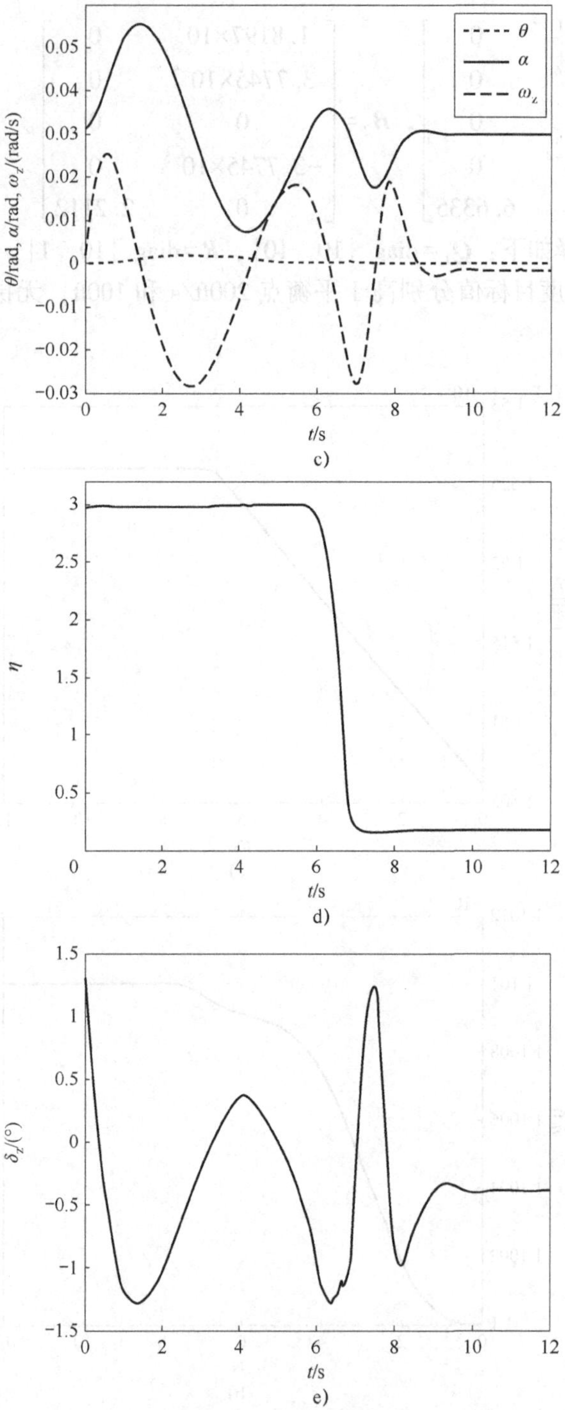

图 5-2　基于多胞型模型鲁棒预测控制（无摄动）（续）

c）弹道倾角、攻角和俯仰角速度随时间变化情况　d）阀门开度随时间变化情况　e）舵偏角随时间变化情况

2）速度和高度目标值分别高于平衡点 200ft/s 和 100ft，摄动量为 20%，系统响应如图 5-3 所示。

3）速度和高度目标值分别高于平衡点 200ft/s 和 100ft，摄动量为 50%，系统响应如图 5-4 所示。

4）速度和高度目标值分别高于平衡点 200ft/s 和 100ft，摄动量为−50%。

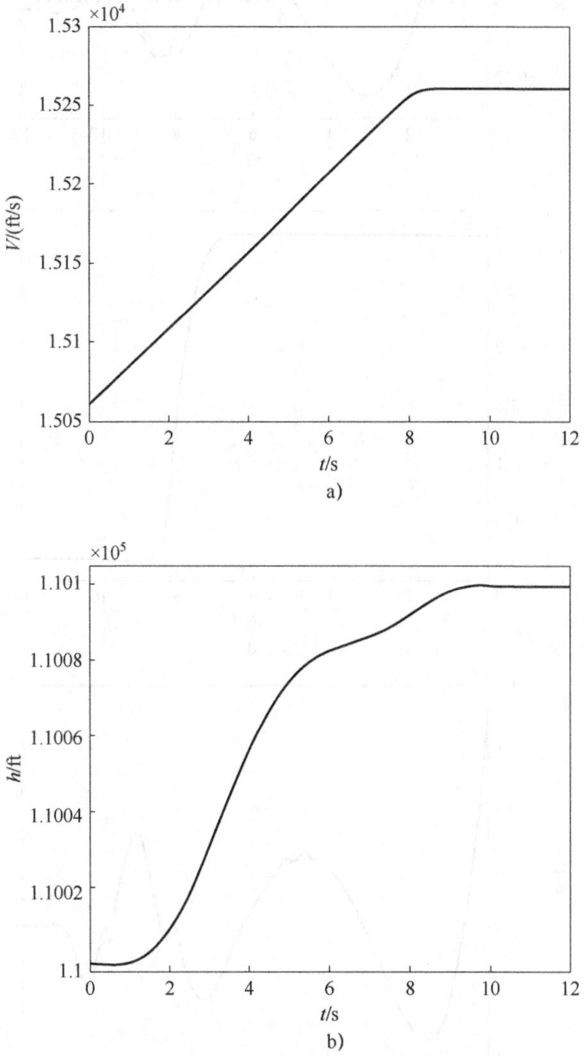

图 5-3　基于多胞型模型鲁棒预测控制（摄动 20%）

a）速度随时间变化情况　b）高度随时间变化情况

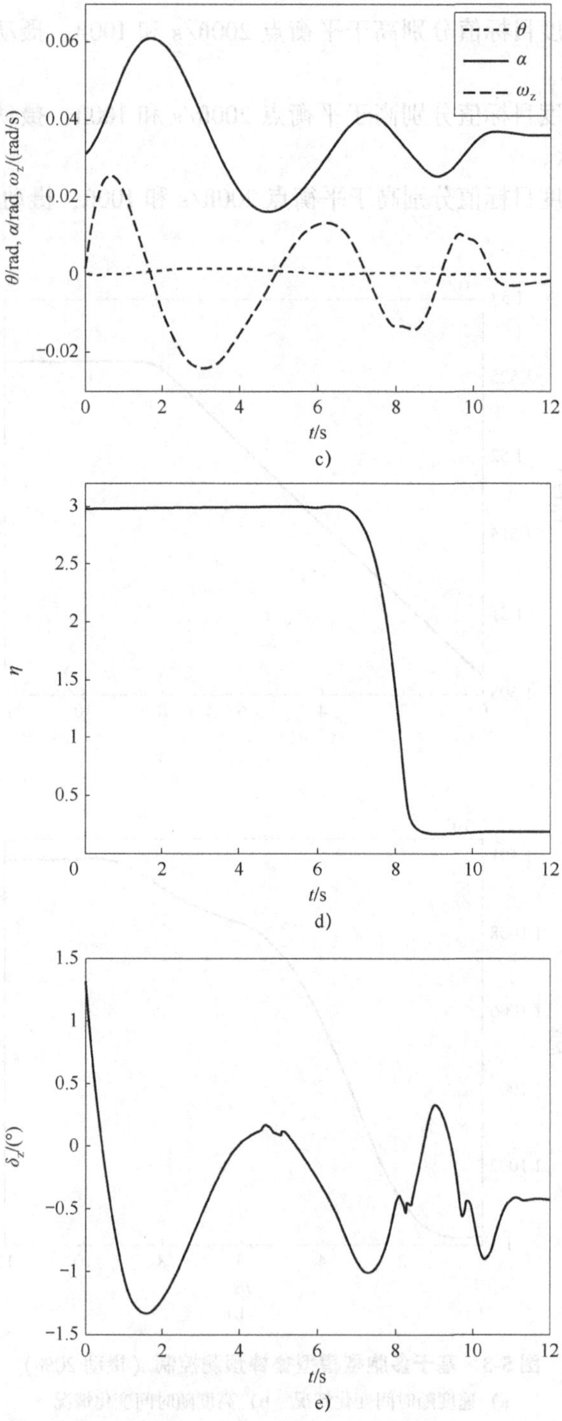

图 5-3　基于多胞型模型鲁棒预测控制（摄动 20%）（续）

c）弹道倾角、攻角和俯仰角速度随时间变化情况　d）阀门开度随时间变化情况　e）舵偏角随时间变化情况

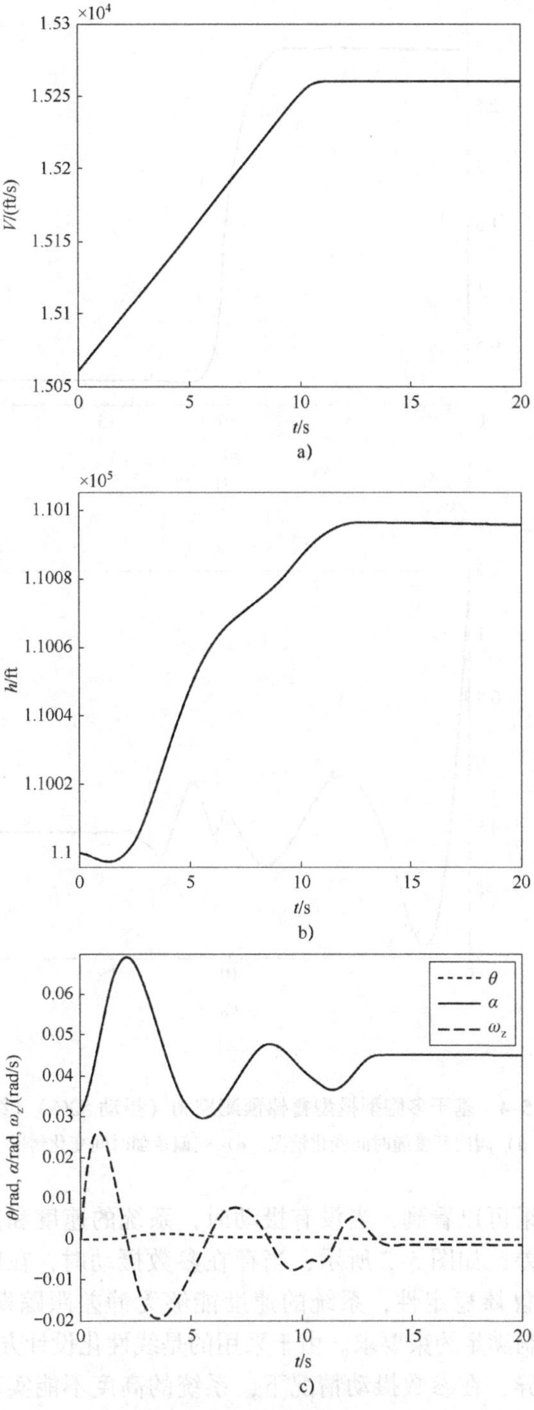

图 5-4　基于多胞型模型鲁棒预测控制（摄动 50%）

a）速度随时间变化情况　b）高度随时间变化情况　c）弹道倾角、攻角和俯仰角速度随时间变化情况

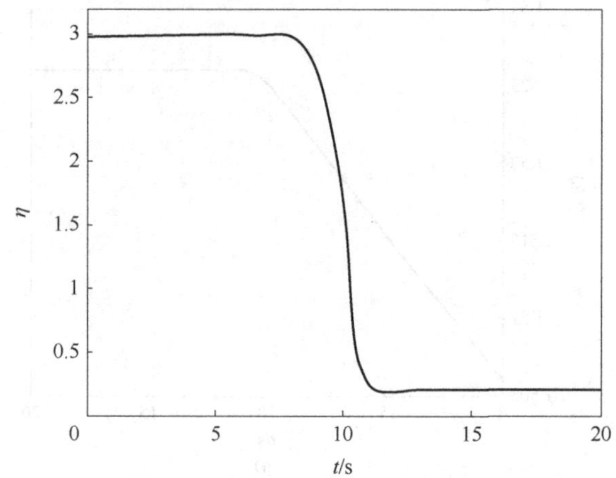

d)

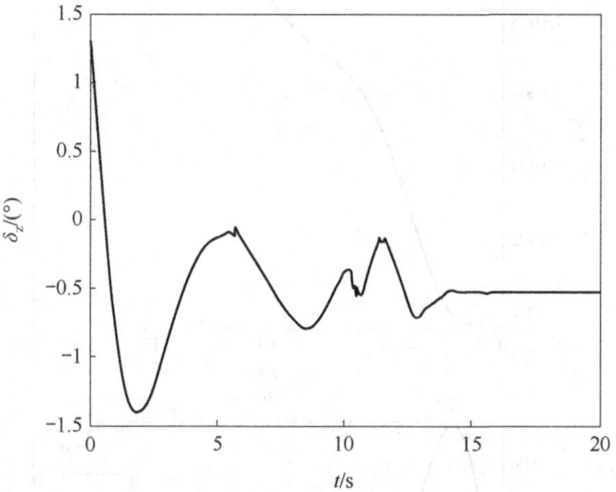

e)

图 5-4 基于多胞型模型鲁棒预测控制（摄动 50%）（续）

d）阀门开度随时间变化情况 e）舵偏角随时间变化情况

从以上仿真结果可以看到，当没有摄动时，系统的速度和高度能迅速跟踪目标值且没有稳态误差，如图 5-2 所示；当存在参数摄动时，在所设计控制律作用下，系统能够满足鲁棒稳定性，系统的速度能够无静差跟踪期望值，如图 5-3～图 5-5 所示，且控制满足约束要求。由于采用的是线性化设计方法，线性化系统与原系统存在较大差异，在参数摄动情况下，系统的高度不能实现期望信号的跟踪且稳态误差随着参数摄动增大而增大。

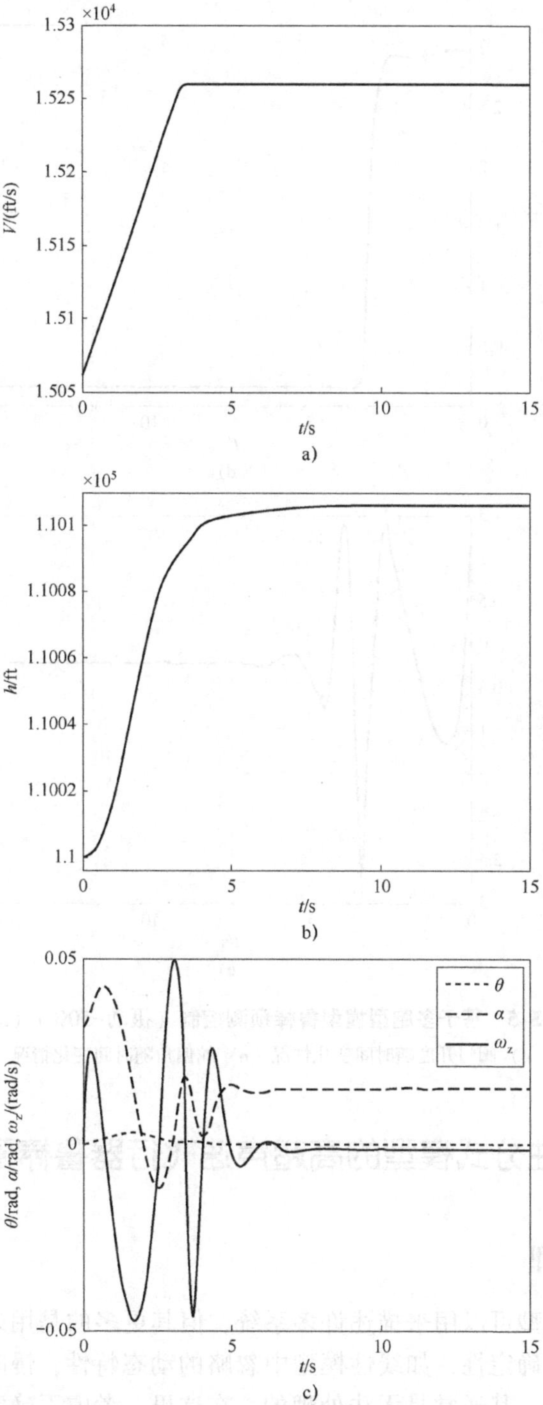

图 5-5　基于多胞型模型鲁棒预测控制（摄动−50%）

a）速度随时间变化情况　b）高度随时间变化情况　c）弹道倾角、攻角和俯仰角速度随时间变化情况

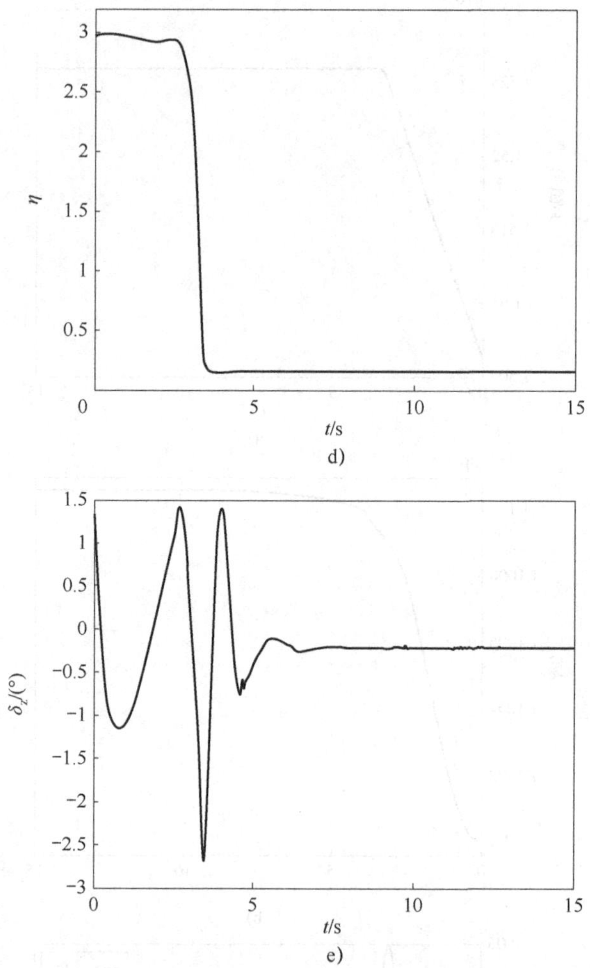

图 5-5　基于多胞型模型鲁棒预测控制（摄动-50%）（续）
d）阀门开度随时间变化情况　e）舵偏角随时间变化情况

5.2　基于线性分式模型的高超声速飞行器鲁棒预测控制

5.2.1　基本原理

虽然多胞型模型可以用来描述许多系统，但其更多的是用来描述参数不确定系统，对于动态不确定性，如线性模型中忽略的动态特性，慢时变忽略的动态特性和输出非线性等，其通常是无法处理的。在这里，考虑不确定性的更一般描述方法，即线性分式模型，如图 5-6 所示[60]。

其中，$\boldsymbol{w}$ 表示外部输入信号，包括扰动、噪声和参考输入信号等；$\boldsymbol{G}$ 表示所有已知的线性时不变环节，包括控制器、系统的标称模型和执行结构等；$\boldsymbol{y}$ 表示系统产生的所有输出信号；$\boldsymbol{q}$ 表示不确定性结构的输入信号；$\boldsymbol{p}$ 表示不确定性结构的输出信号；$\boldsymbol{\Delta}$ 表示不确定性的结构描述，并且具有块对角形式结构，即 $\boldsymbol{\Delta}=\mathrm{diag}\{\boldsymbol{\Delta}_1,\cdots,\boldsymbol{\Delta}_r\}$，其中每一个块 $\boldsymbol{\Delta}_i$ 反映了一种特定的不确定性。

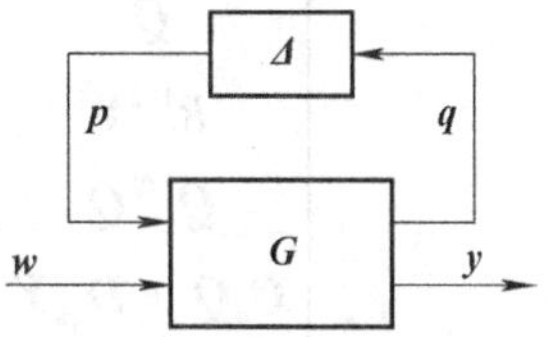

图 5-6　线性分式模型

对于一个不确定线性时不变系统，其线性分式模型可表示为

$$\begin{cases}\boldsymbol{x}(k+1)=\boldsymbol{Ax}(k)+\boldsymbol{Bu}(k)+\boldsymbol{B}_p\boldsymbol{q}(k)\\ \boldsymbol{y}=\boldsymbol{Cx}(k)\\ \boldsymbol{q}(k)=\boldsymbol{C}_q\boldsymbol{x}(k)+\boldsymbol{D}_{qu}\boldsymbol{u}(k)\\ \boldsymbol{p}(k)=(\Delta\boldsymbol{q})(k)\end{cases}\tag{5-24}$$

基于线性分式模型的鲁棒预测控制方法与基于多胞型模型的鲁棒控制方法基本相同，如同样的性能函数，最小化性能函数的上界等。不同的是式（5-17），和多胞型模型一样，将控制 $\boldsymbol{u}(k+j|k)=\boldsymbol{Fx}(k+j|k)$ 代入到式（5-6），得到

$$\begin{bmatrix}\boldsymbol{x}(k+i|k)\\ \boldsymbol{p}(k+i|k)\end{bmatrix}^{\mathrm{T}}\begin{bmatrix}(\boldsymbol{A}+\boldsymbol{BF})^{\mathrm{T}}\boldsymbol{P}(\boldsymbol{A}+\boldsymbol{BF})-\boldsymbol{P}+\boldsymbol{F}^{\mathrm{T}}\boldsymbol{RF}+\boldsymbol{Q}_1 & (\boldsymbol{A}+\boldsymbol{BF})^{\mathrm{T}}\boldsymbol{PB}_p\\ \boldsymbol{B}_p^{\mathrm{T}}\boldsymbol{P}(\boldsymbol{A}+\boldsymbol{BF}) & \boldsymbol{B}_p^{\mathrm{T}}\boldsymbol{PB}_p\end{bmatrix}\begin{bmatrix}\boldsymbol{x}(k+i|k)\\ \boldsymbol{p}(k+i|k)\end{bmatrix}\leqslant 0\tag{5-25}$$

同时满足

$$\boldsymbol{p}_j(k+i|k)^{\mathrm{T}}\boldsymbol{p}_j(k+i|k)\leqslant\boldsymbol{x}(k+i|k)^{\mathrm{T}}(\boldsymbol{C}_{q,j}+\boldsymbol{D}_{qu,j}\boldsymbol{F})^{\mathrm{T}}(\boldsymbol{C}_{q,j}+\boldsymbol{D}_{qu,j}\boldsymbol{F})\boldsymbol{x}(k+i|k),\ j=1,\cdots,r\tag{5-26}$$

容易看到，如果存在 λ_1'，λ_2'，…，λ_r'，使得

$$\begin{bmatrix}(\boldsymbol{A}+\boldsymbol{BF})^{\mathrm{T}}\boldsymbol{P}(\boldsymbol{A}+\boldsymbol{BF})-\boldsymbol{P}+\boldsymbol{F}^{\mathrm{T}}\boldsymbol{RF}+\\ \boldsymbol{Q}_1+(\boldsymbol{C}_q+\boldsymbol{D}_{qu}\boldsymbol{F})^{\mathrm{T}}\boldsymbol{\Lambda}'(\boldsymbol{C}_q+\boldsymbol{D}_{qu}\boldsymbol{F}) & (\boldsymbol{A}+\boldsymbol{BF})^{\mathrm{T}}\boldsymbol{PB}_p\\ \boldsymbol{B}_p^{\mathrm{T}}\boldsymbol{P}(\boldsymbol{A}+\boldsymbol{BF}) & \boldsymbol{B}_p^{\mathrm{T}}\boldsymbol{PB}_p-\boldsymbol{\Lambda}'\end{bmatrix}\leqslant 0\tag{5-27}$$

式中，$\boldsymbol{\Lambda}'=\mathrm{diag}\ \{\lambda_1'\boldsymbol{I}_{n1},\ \lambda_2'\boldsymbol{I}_{n2},\ \cdots,\ \lambda_r'\boldsymbol{I}_{nr}\}$。

将 $\boldsymbol{P}=\gamma\boldsymbol{Q}^{-1}$（$\boldsymbol{Q}>0$）代入，然后利用 Schur 补原理，整理得到

$$\begin{bmatrix}\boldsymbol{Q} & \boldsymbol{Y}^{\mathrm{T}}\boldsymbol{R}^{1/2} & \boldsymbol{QQ}_1^{1/2} & \boldsymbol{QC}_q^{\mathrm{T}}+\boldsymbol{Y}^{\mathrm{T}}\boldsymbol{D}_{qu}^{\mathrm{T}} & \boldsymbol{QA}^{\mathrm{T}}+\boldsymbol{Y}^{\mathrm{T}}\boldsymbol{B}^{\mathrm{T}}\\ \boldsymbol{R}^{1/2}\boldsymbol{Y} & \gamma\boldsymbol{I} & 0 & 0 & 0\\ \boldsymbol{Q}_1^{1/2}\boldsymbol{Q} & 0 & \gamma\boldsymbol{I} & 0 & 0\\ \boldsymbol{C}_q\boldsymbol{Q}+\boldsymbol{D}_{qu}\boldsymbol{Y} & 0 & 0 & \gamma\boldsymbol{\Lambda}'^{-1} & 0\\ \boldsymbol{AQ}+\boldsymbol{BY} & 0 & 0 & 0 & \boldsymbol{Q}-\boldsymbol{B}_p\gamma\boldsymbol{\Lambda}'^{-1}\boldsymbol{B}_p^{\mathrm{T}}\end{bmatrix}\geqslant 0\tag{5-28}$$

定义 $\boldsymbol{\Lambda}'=\gamma\boldsymbol{\Lambda}'^{-1}>0$ 和 $\lambda_i=\gamma\lambda_i'^{-1}>0$（$i=1,2,\cdots,r$），那么得到[61]

$$\begin{bmatrix} Q & Y^{\mathrm{T}}R^{1/2} & QQ_1^{1/2} & QC_q^{\mathrm{T}}+Y^{\mathrm{T}}D_{qu}^{\mathrm{T}} & QA^{\mathrm{T}}+Y^{\mathrm{T}}B^{\mathrm{T}} \\ R^{1/2}Y & \gamma I & 0 & 0 & 0 \\ Q_1^{1/2}Q & 0 & \gamma I & 0 & 0 \\ C_qQ+D_{qu}Y & 0 & 0 & \Lambda & 0 \\ AQ+BY & 0 & 0 & 0 & Q-B_p\Lambda B_p^{\mathrm{T}} \end{bmatrix} \geqslant 0 \tag{5-29}$$

且

$$\Lambda=\begin{bmatrix} \lambda_1 I_{n1} & & & \\ & \lambda_2 I_{n2} & & \\ & & \ddots & \\ & & & \lambda_r I_{nr} \end{bmatrix} \tag{5-30}$$

$$s=y-y_c \tag{5-31}$$

式中，y_c 为期望输出信号。

5.2.2 仿真结果与分析

与多胞型模型一样，同样考虑质量和转动惯量的摄动。在平衡巡航条件：$V^*=15060\text{ft}$，$\theta^*=0\text{rad}$，$h^*=110000\text{ft}$，$\alpha^*=0.0312\text{rad}$，$q^*=0\text{rad/s}$，$\eta^*=0.1762$，$\delta_z^*=-0.0069\text{rad}$ 进行线性化，得到的系统矩阵和输入矩阵为

$$A=\begin{bmatrix} 0 & -31.4788 & 0 & -\dfrac{4.4489\times10^5}{m} & 0 \\ 0 & 0 & 0 & \dfrac{412.3618}{m} & 0 \\ 0 & 15060 & 0 & 0 & 0 \\ 0 & 0 & 0 & -\dfrac{412.3618}{m} & 1 \\ 0 & 0 & 0 & \dfrac{4.1593\times10^6}{J_z} & -\dfrac{4.7751\times10^5}{J_z} \end{bmatrix},$$

$$B=\begin{bmatrix} \dfrac{2.5590\times10^5}{m} & 0 \\ \dfrac{5.3079\times10^{-1}}{m} & 0 \\ 0 & 0 \\ -\dfrac{5.3079\times10^{-1}}{m} & 0 \\ 0 & \dfrac{2.3217\times10^7}{J_z} \end{bmatrix}。$$

对连续系统进行离散化，采样时间为 0.001s，得到相应的矩阵为

$$A_k=\begin{bmatrix}1 & -3.1479 & 0 & -\dfrac{44489}{m} & 0\\ 0 & 1 & 0 & \dfrac{41.2362}{m} & 0\\ 0 & 1506 & 1 & 0 & 0\\ 0 & 0 & 0 & 1-\dfrac{41.2362}{m} & 0.1\\ 0 & 0 & 0 & \dfrac{415930}{J_z} & 1-\dfrac{47751}{J_z}\end{bmatrix},\quad B_k=\begin{bmatrix}\dfrac{25590}{m} & 0\\ \dfrac{0.053079}{m} & 0\\ 0 & 0\\ -\dfrac{0.053079}{m} & 0\\ 0 & \dfrac{2321700}{J_z}\end{bmatrix}。$$

令 $\bar{m}=\dfrac{1}{m}$，$\bar{j}=\dfrac{1}{J_z}$，则有

$$A_k=\begin{bmatrix}1 & -3.1479 & 0 & -44489\bar{m} & 0\\ 0 & 1 & 0 & 41.2362\bar{m} & 0\\ 0 & 1506 & 1 & 0 & 0\\ 0 & 0 & 0 & 1-41.2362\bar{m} & 0.1\\ 0 & 0 & 0 & 415930\bar{j} & 1-47751\bar{j}\end{bmatrix},\quad B_k=\begin{bmatrix}25590\bar{m} & 0\\ 0.053079\bar{m} & 0\\ 0 & 0\\ -0.053079\bar{m} & 0\\ 0 & 2321700\bar{j}\end{bmatrix}。$$

根据质量和转动惯量的范围（标称值上下摄动 50%），定义

$$\delta_{\bar{m}}=\frac{\bar{m}-K_{\bar{m}nom}}{K_{\bar{m}dev}}$$

$$\delta_{\bar{j}}=\frac{\bar{j}-K_{\bar{j}nom}}{K_{\bar{j}dev}}$$

式中，$K_{\bar{m}nom}=\dfrac{K_{\bar{m}\max}+K_{\bar{m}\min}}{2}$；$K_{\bar{m}dev}=\dfrac{K_{\bar{m}\max}-K_{\bar{m}\min}}{2}$；$K_{\bar{j}nom}=\dfrac{K_{\bar{j}\max}+K_{\bar{j}\min}}{2}$；$K_{\bar{j}dev}=\dfrac{K_{\bar{j}\max}-K_{\bar{j}\min}}{2}$。则有

$$A_k=$$

$$\begin{bmatrix}1 & -3.1479 & 0 & -44489(K_{\bar{m}nom}+\delta_{\bar{m}}K_{\bar{m}dev}) & 0\\ 0 & 1 & 0 & 41.2362(K_{\bar{m}nom}+\delta_{\bar{m}}K_{\bar{m}dev}) & 0\\ 0 & 1506 & 1 & 0 & 0\\ 0 & 0 & 0 & 1-41.2362(K_{\bar{m}nom}+\delta_{\bar{m}}K_{\bar{m}dev}) & 0.1\\ 0 & 0 & 0 & 415930(K_{\bar{j}nom}+\delta_{\bar{j}}K_{\bar{j}dev}) & 1-47751(K_{\bar{j}nom}+\delta_{\bar{j}}K_{\bar{j}dev})\end{bmatrix},$$

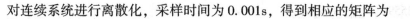

$$
\boldsymbol{B}_k=\begin{bmatrix} 25590(K_{\bar{m}nom}+\delta_{\bar{m}}K_{\bar{m}dev}) & 0 \\ 0.053079(K_{\bar{m}nom}+\delta_{\bar{m}}K_{\bar{m}dev}) & 0 \\ 0 & 0 \\ -0.053079(K_{\bar{m}nom}+\delta_{\bar{m}}K_{\bar{m}dev}) & 0 \\ 0 & 2321700(K_{\bar{j}nom}+\delta_{\bar{j}}K_{\bar{j}dev}) \end{bmatrix}。
$$

将不确定和确定部分分离，有

$$
\boldsymbol{A}_k=\overline{\boldsymbol{A}}+\Delta\boldsymbol{A},\ \boldsymbol{B}_k=\overline{\boldsymbol{B}}+\Delta\boldsymbol{B}
$$

式中，

$$
\overline{\boldsymbol{A}}=\begin{bmatrix} 1 & -3.1479 & 0 & -44489K_{\bar{m}nom} & 0 \\ 0 & 1 & 0 & 41.2362K_{\bar{m}nom} & 0 \\ 0 & 1506 & 1 & 0 & 0 \\ 0 & 0 & 0 & 1-41.2362K_{\bar{m}nom} & 0.1 \\ 0 & 0 & 0 & 415930K_{\bar{j}nom} & 1-47751K_{\bar{j}nom} \end{bmatrix};
$$

$$
\overline{\boldsymbol{B}}=\begin{bmatrix} 25590K_{\bar{m}nom} & 0 \\ 0.053079K_{\bar{m}nom} & 0 \\ 0 & 0 \\ -0.053079K_{\bar{m}nom} & 0 \\ 0 & 2321700K_{\bar{j}nom} \end{bmatrix};
$$

$$
\Delta\boldsymbol{A}=\begin{bmatrix} 0 & 0 & 0 & -44489\delta_{\bar{m}}K_{\bar{m}dev} & 0 \\ 0 & 0 & 0 & 41.2362\delta_{\bar{m}}K_{\bar{m}dev} & 0 \\ 0 & 0 & 0 & 0 & 0 \\ 0 & 0 & 0 & -41.2362\delta_{\bar{m}}K_{\bar{m}dev} & 0 \\ 0 & 0 & 0 & 415930\delta_{\bar{j}}K_{\bar{j}dev} & -47751\delta_{\bar{j}}K_{\bar{j}dev} \end{bmatrix}
$$

$$
=\begin{bmatrix} -44489 & 0 \\ 41.2362 & 0 \\ 0 & 0 \\ -41.2362 & 0 \\ 0 & 1 \end{bmatrix}\begin{bmatrix} \delta_{\bar{m}} & 0 \\ 0 & \delta_{\bar{j}} \end{bmatrix}\begin{bmatrix} 0 & 0 & 0 & K_{\bar{m}dev} & 0 \\ 0 & 0 & 0 & 415930K_{\bar{j}dev} & -47751K_{\bar{j}dev} \end{bmatrix}
$$

$$
=E_a\Delta_aF_a\ ;
$$

$$
\Delta \boldsymbol{B}=\begin{bmatrix} 25590\delta_{\overline{m}}K_{\overline{m}dev} & 0 \\ 0.053079\delta_{\overline{m}}K_{\overline{m}dev} & 0 \\ 0 & 0 \\ -0.053079\delta_{\overline{m}}K_{\overline{m}dev} & 0 \\ 0 & 2321700\delta_{\overline{j}}K_{\overline{j}dev} \end{bmatrix}
$$

$$
=\begin{bmatrix} 25590 & 0 \\ 0.053079 & 0 \\ 0 & 0 \\ -0.053079 & 0 \\ 0 & 2321700 \end{bmatrix}\begin{bmatrix} \delta_{\overline{m}} & 0 \\ 0 & \delta_{\overline{j}} \end{bmatrix}\begin{bmatrix} K_{\overline{m}dev} & 0 \\ 0 & K_{\overline{j}dev} \end{bmatrix}
$$

$$
=\boldsymbol{E}_b\Delta_b\boldsymbol{F}_b\text{。}
$$

最后，得到离散时间系统的线性分式模型为

$$
\begin{cases} \boldsymbol{x}(k+1)=\boldsymbol{A}\boldsymbol{x}(k)+\boldsymbol{B}\boldsymbol{u}(k)+\boldsymbol{B}_p\boldsymbol{p}(k) \\ \boldsymbol{y}(k)=\boldsymbol{C}\boldsymbol{x}(k) \\ \boldsymbol{q}(k)=\boldsymbol{C}_q\boldsymbol{x}(k)+\boldsymbol{D}_q\boldsymbol{u}(k) \\ \boldsymbol{p}(k)=\boldsymbol{\Delta}\boldsymbol{q}(k) \end{cases}
$$

式中，$\boldsymbol{B}_p=[\boldsymbol{E}_a \quad \boldsymbol{E}_b]$；$\boldsymbol{C}_q=\begin{bmatrix} \boldsymbol{F}_a \\ 0 \end{bmatrix}$；$\boldsymbol{D}_q=\begin{bmatrix} 0 \\ \boldsymbol{F}_b \end{bmatrix}$；$\boldsymbol{\Delta}=\mathrm{diag}\{\delta_{\overline{m}} \quad \delta_{\overline{j}} \quad \delta_{\overline{m}} \quad \delta_{\overline{j}}\}$。

加权矩阵选择如下：$\boldsymbol{Q}_1=\mathrm{diag}\{10 \quad 10\}$，$\boldsymbol{R}=\mathrm{diag}\{10 \quad 1\}$。从以下仿真结果可以看到，同基于多胞型模型设计一样，当没有摄动时，系统的速度和高度能迅速跟踪目标值且没有稳态误差，如图 5-7 所示。当存在着参数摄动时，闭环系统能够满足鲁棒稳定性，同时系统的速度能够无静差跟踪期望值，如图 5-8～图 5-10 所示，且控制满足约束要求。由于线性化系统与原系统存在着较大差异，在参数摄动情况下，和多胞型模型系统一样，高度不能实现期望信号的跟踪且稳态误差随着参数摄动增大而增大。

1）速度和高度目标值分别高于平衡点 100ft/s 和 50ft，无摄动，系统响应如图 5-7 所示。

2）速度和高度目标值分别高于平衡点 100ft/s 和 50ft，摄动量为 20%，系统响应如图 5-8 所示。

3）速度和高度目标值分别高于平衡点 100ft/s 和 50ft，摄动量为 -50%，系统响应如图 5-9 所示。

4）速度和高度目标值分别高于平衡点 100ft/s 和 50ft，摄动量为 50%，系统响应如图 5-10 所示。

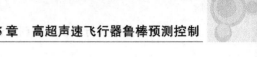

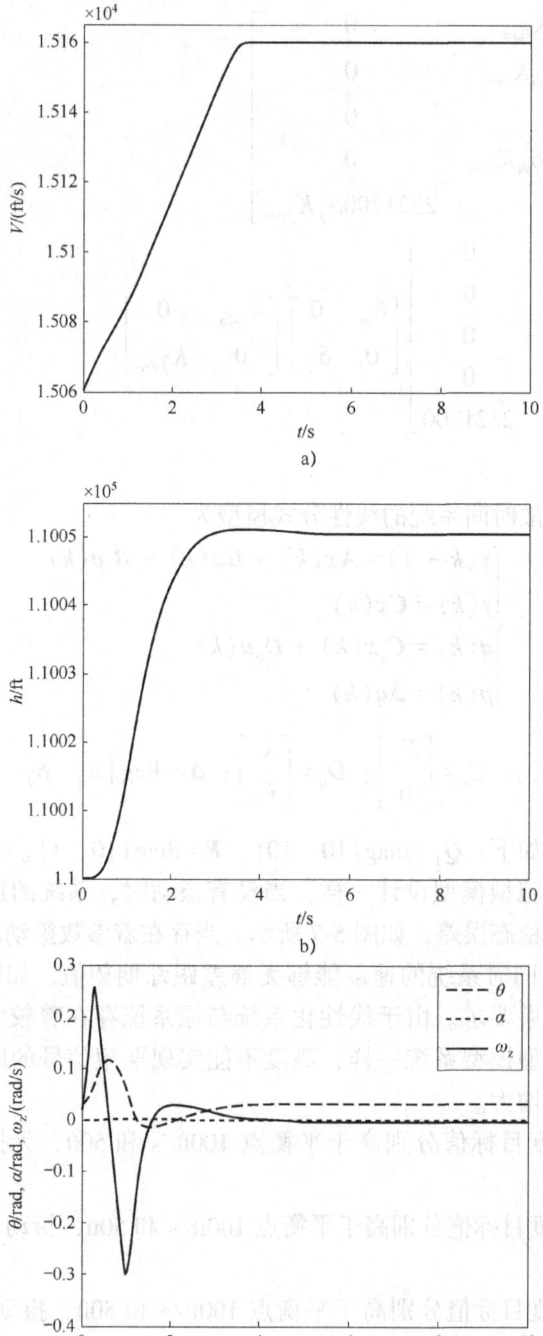

图 5-7　基于线性分式模型的鲁棒预测控制（无摄动）

a）速度随时间变化情况　b）高度随时间变化情况　c）弹道倾角、攻角和俯仰角速度随时间变化情况

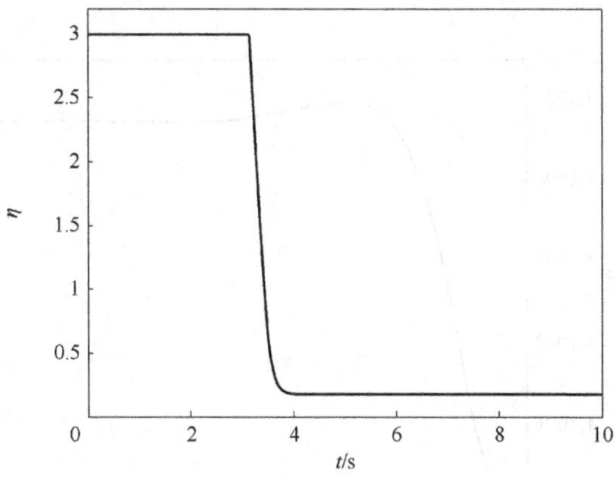

d)

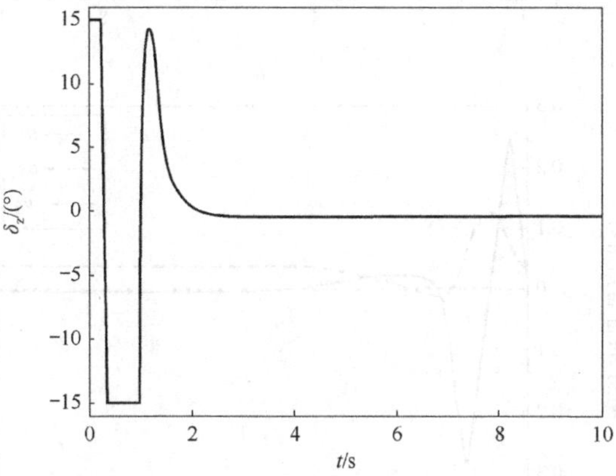

e)

图 5-7　基于线性分式模型的鲁棒预测控制（无摄动）（续）

d）阀门开度随时间变化情况　e）舵偏角随时间变化情况

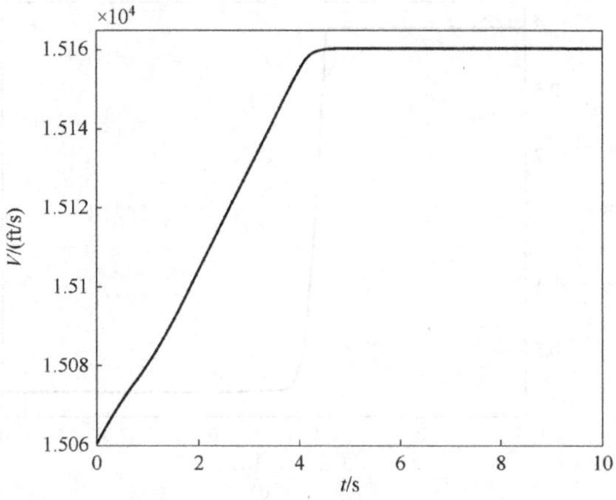

a)

图 5-8　基于线性分式模型的鲁棒预测控制（摄动 20%）

a）速度随时间变化情况

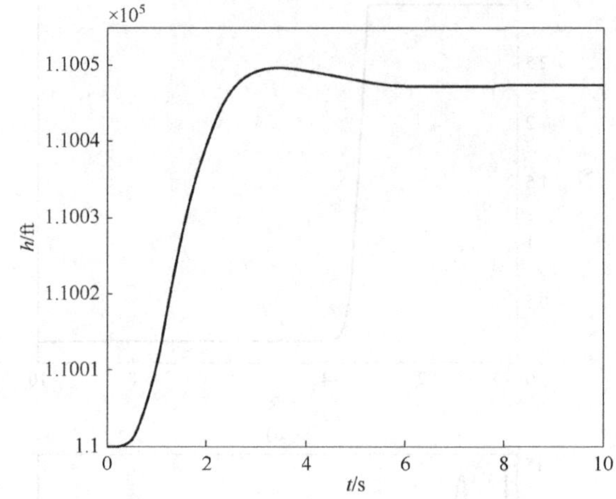

b)

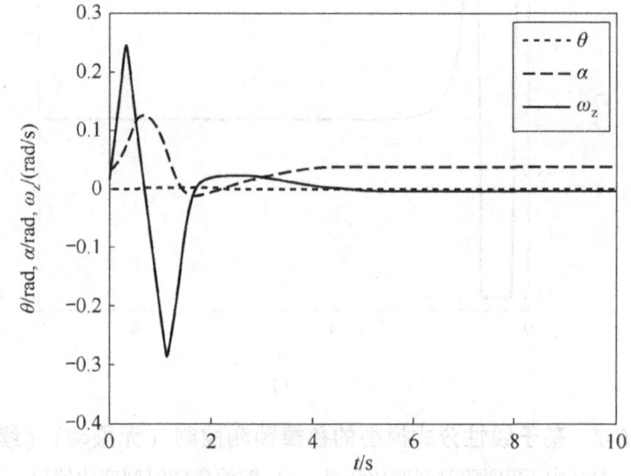

c)

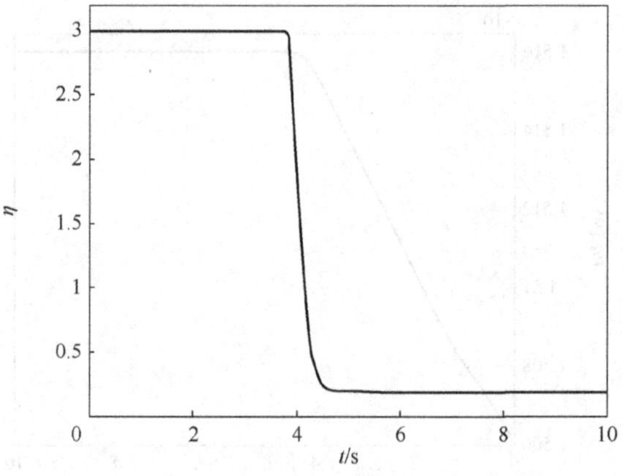

d)

图 5-8　基于线性分式模型的鲁棒预测控制（摄动 20%）（续）

b）高度随时间变化情况　c）弹道倾角、攻角和俯仰角速度随时间变化情况　d）阀门开度随时间变化情况

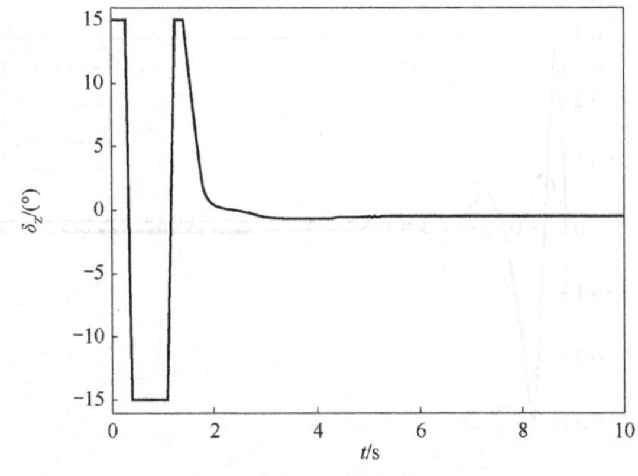

e)

图 5-8　基于线性分式模型的鲁棒预测控制（摄动 20%）（续）

e）舵偏角随时间变化情况

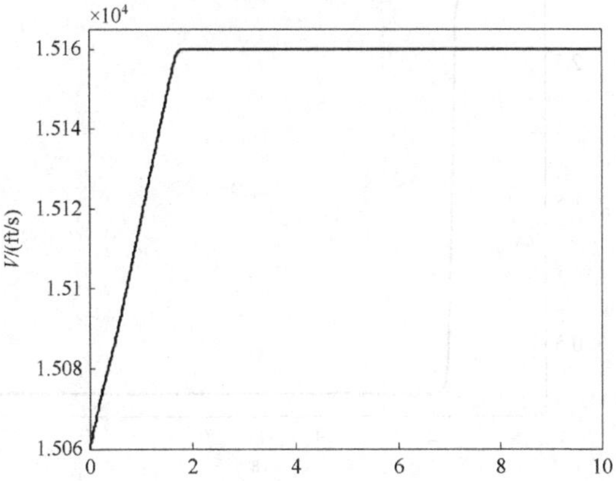

a)

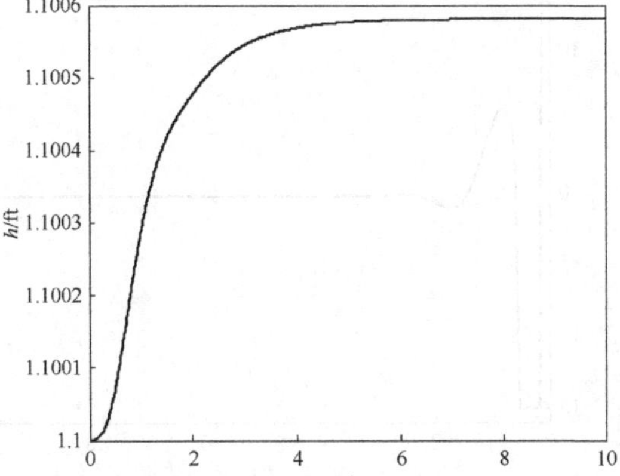

b)

图 5-9　基于线性分式模型的鲁棒预测控制（摄动−50%）

a）速度随时间变化情况　b）高度随时间变化情况

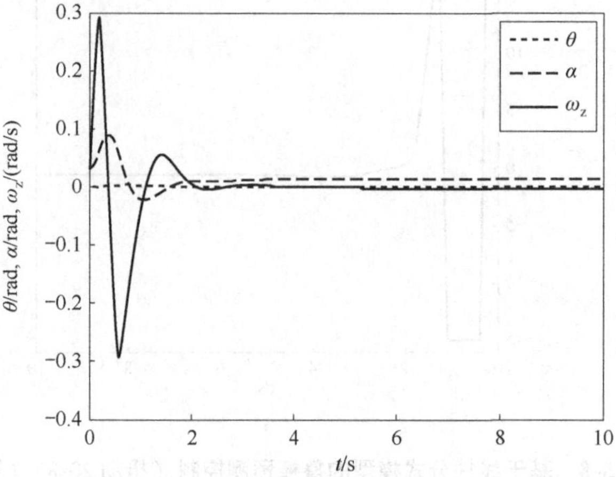

c)

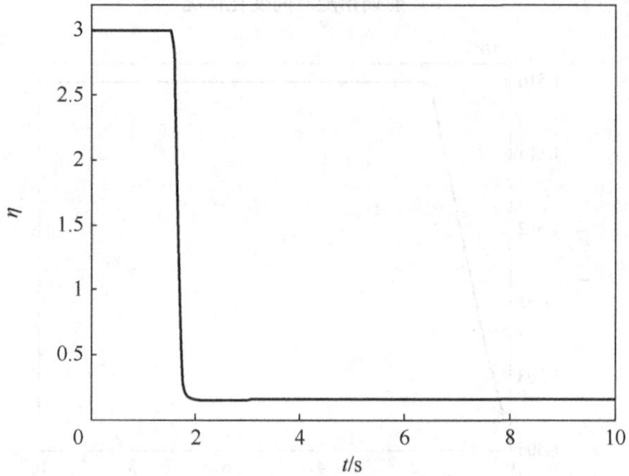

d)

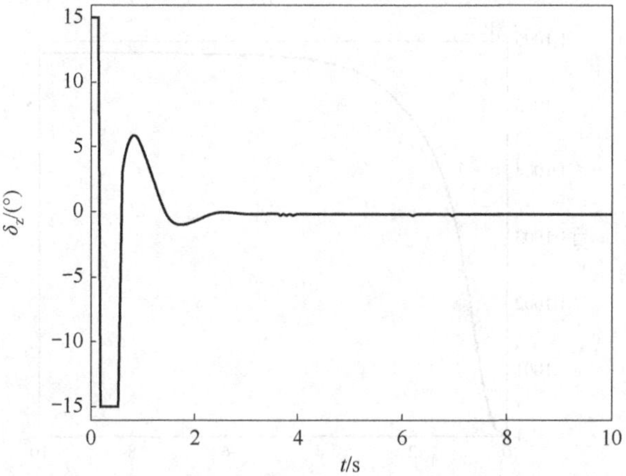

e)

图 5-9　基于线性分式模型的鲁棒预测控制（摄动−50%）（续）

c）弹道倾角、攻角和俯仰角速度随时间变化情况　d）阀门开度随时间变化情况　e）舵偏角随时间变化情况

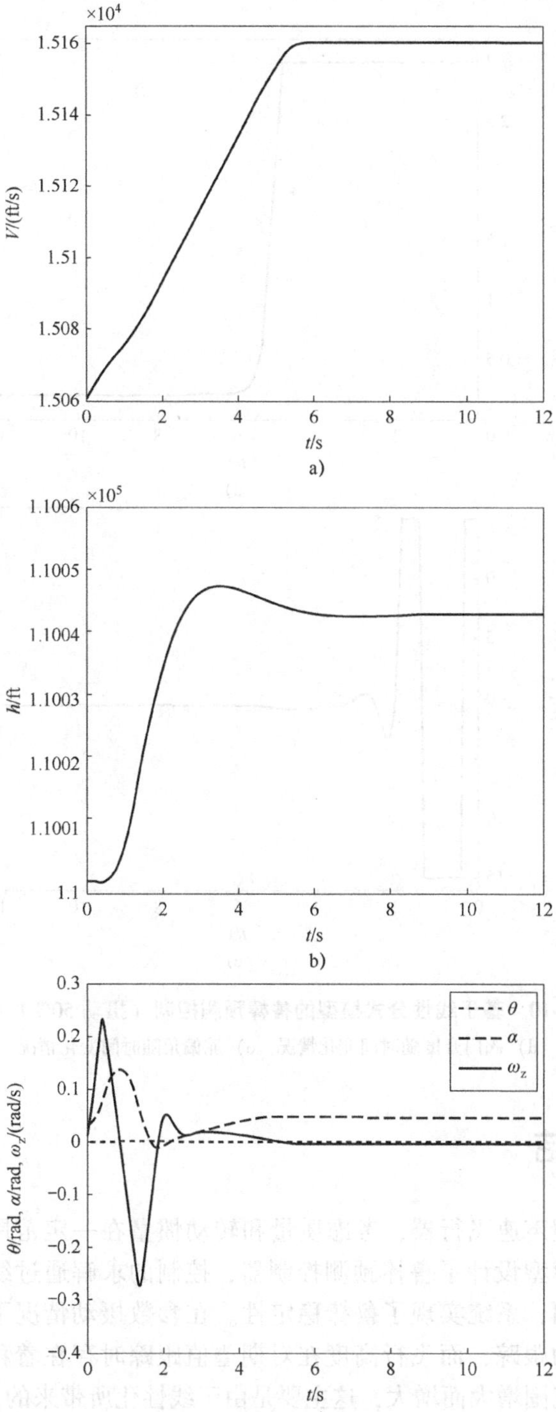

图 5-10　基于线性分式模型的鲁棒预测控制（摄动 50%）

a）速度随时间变化情况　b）高度随时间变化情况　c）弹道倾角、攻角和俯仰角速度随时间变化情况

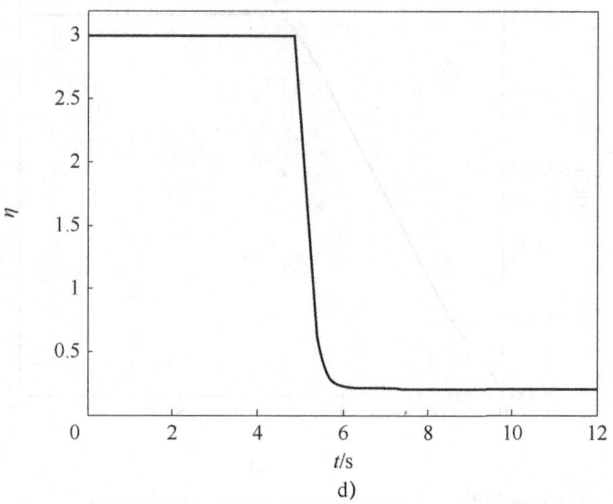

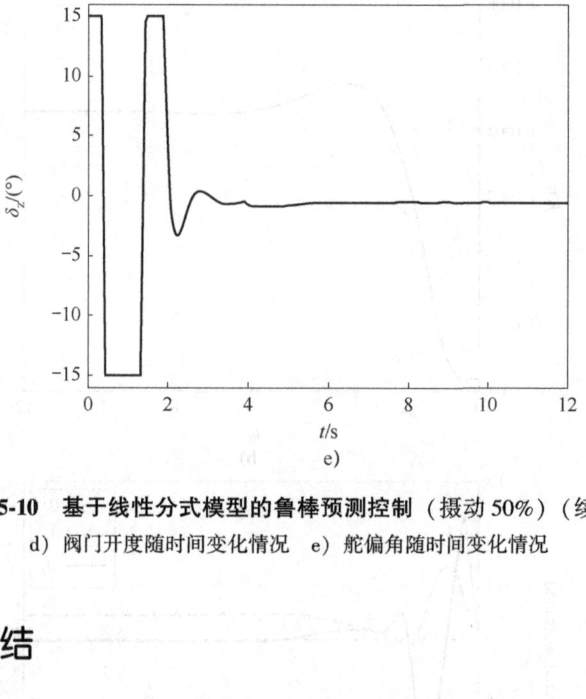

图 5-10　基于线性分式模型的鲁棒预测控制（摄动 50%）（续）

d）阀门开度随时间变化情况　e）舵偏角随时间变化情况

5.3　本章小结

本章针对高超声速飞行器，考虑质量和转动惯量在一定范围内波动，基于两种不确定性描述模型设计了鲁棒预测控制器，控制的求解通过线性矩阵不等式完成。仿真结果表明，系统实现了鲁棒稳定性。在参数摄动情况下，飞行速度能够实现对期望信号的跟踪，而飞行高度在对期望值跟踪时存在着稳态误差，且误差随着参数摄动的范围增大而增大，这主要是由于线性化所带来的误差而造成的。

第 6 章　高超声速飞行器滑模预测控制

高超声速飞行器对飞行环境的参数变化很敏感，而大气环境特性和动力学特性很难准确地测量和估计，所以得到的模型一般不准确。因此，飞行控制中很重要的一个方面是必须保证控制系统的鲁棒性。滑模控制作为一种特殊的非线性控制方法，其主要优势是对匹配的不确定性能够精确补偿。滑模控制已经得到了理论界的广泛重视和工业界的青睐，如机械臂控制、飞行器控制、电机控制等。然而，滑模控制系统中的高频振荡，即抖振现象，制约了该方法的进一步推广及应用。此外，滑模控制不具备约束处理能力，而且对不匹配干扰无法精确补偿，即会丧失完全鲁棒性[62]。

预测控制是一类新型的计算机控制方法，其主要优势之一是能够有效地处理各种约束。为了克服滑模控制的不足，发挥预测控制的优势，将预测控制的三大要素引入到滑模控制中，形成了一种新的控制方法，即滑模预测控制。该方法利用当前及过去的滑模信息预测未来时刻的滑模动态，联合反馈校正进行滚动优化求解，能有效地消除系统抖振现象，并保证系统的鲁棒性。

滑模预测控制结合了滑模变结构控制鲁棒性强和预测控制可以显式处理约束条件的优点，近年来得到了越来越多的重视[63]。在现有的滑模预测控制研究中，大部分只强调其消除抖振的能力，而忽略了预测控制的约束处理能力，即在控制律求解中忽略控制和状态的约束条件限制，得到解析形式的滑模预测控制律。此外，现有的滑模预测控制均需要设计终端代价函数和终端约束条件来保证系统的稳定性。而终端代价函数和终端约束条件的计算是比较困难的，并且会大大地增加预测控制律的优化计算时间。

为此，本章根据高超声速飞行器受到的约束条件限制，在滑模预测控制律设计中，充分利用预测控制的约束处理能力，将控制律的设计转化为一个二次规划问题，保证高超声速飞行器的攻角、升降舵等在给定的约束范围内。此外，根据现有滑模预测控制稳定性约束中的终端约束条件计算比较困难的问题，本章提出一种基于线性矩阵不等式的滑模预测控制方法。该方法不需要计算终端约束条件，而是通过设计合适的李雅普诺夫函数来保证系统的稳定性。将系统的控制律和李雅普诺夫函数的加权矩阵统一进行优化设计，既能保证系统的稳定性又具有设计过程简单的优点。

结合高超声速飞行器的特点及其滑模变结构控制的抖振现象，本章将两种滑模预测控制策略用于控制高超声速飞行器的非线性模型。两种方法均通过滚动优化计算反馈控制律，而无需对控制律进行切换，从而有效地消除了滑模变结构控制的抖振现象。此外，由于在优化中可以考虑高超声速飞行器的约束条件限制，从而保证了高超声速飞行器的攻角、阀门开度和升降舵等在给定的约束范围内。

6.1 理论基础

6.1.1 滑模变结构控制基本原理

变结构控制（Variable Structure Control，VSC）本质上是一类特殊的非线性控制，其非线性表现为控制的不连续性。这种控制策略与其他控制的不同在于系统的“结构”并不固定，而是可以在动态过程中根据系统当前状态有目的地不断变化，迫使系统按照预定“滑动模态”的状态轨迹运动，所以变结构控制又常称为滑动模态控制（Sliding Mode Control，SMC），即滑模变结构控制。由于滑动模态可以进行设计且与对象参数及扰动无关，这就使得变结构控制具有快速响应、对参数变化及扰动不灵敏、无需系统在线辨识、物理实现简单等优点。该方法的缺点在于当状态轨迹到达滑模面后，难以严格地沿着滑模面向着平衡点滑动，而是在滑模面两侧来回穿越，从而产生抖动[64]。

滑模变结构控制的基本问题如下，考虑系统

$$\dot{\boldsymbol{x}}=\boldsymbol{f}(\boldsymbol{x},\boldsymbol{u},t)\quad \boldsymbol{x}\in\boldsymbol{R}^{n},\boldsymbol{u}\in\boldsymbol{R}^{m},t\in\boldsymbol{R} \tag{6-1}$$

设计切换函数 $s(x),s\in\boldsymbol{R}^{m}$，求解控制策略

$$\boldsymbol{u}=\begin{cases}\boldsymbol{u}^{+}(\boldsymbol{x}), & \boldsymbol{s}(\boldsymbol{x})>\boldsymbol{0}\\ \boldsymbol{u}^{-}(\boldsymbol{x}), & \boldsymbol{s}(\boldsymbol{x})<\boldsymbol{0}\end{cases} \tag{6-2}$$

式中，$\boldsymbol{u}^{+}(\boldsymbol{x})\neq\boldsymbol{u}^{-}(\boldsymbol{x})$，使得

1）滑动模态存在，即式（6-2）成立。

2）满足可达性条件，在切换面 $\boldsymbol{s}(\boldsymbol{x})=\boldsymbol{0}$ 以外的运动点都将于有限的时间内到达切换面。

3）保证滑模运动的稳定性。

4）达到控制系统的动态品质要求。

6.1.2 滑模预测控制基本原理

伴随计算机技术广泛应用于控制领域，离散变结构控制理论日益引起重视。

但传统设计方法大都存在以下两点不足：变结构控制求取过程中未考虑控制受限的要求；利用不确定性的界保证闭环系统的鲁棒稳定性，导致变结构控制过于保守、抖振严重、且不确定性的界有时很难获知。这些不足限制了离散变结构控制理论的应用。宋立忠等人[65] 在综合考虑抖振、鲁棒性以及控制约束等指标要求的基础上，提出了基于滑模预测思想的离散变结构控制系统设计新思路。以不确定系统的名义模型作为滑动模态预测模型，利用当前及过去时刻的滑模信息预测将来时刻不确定因素对系统的影响，从而实现了滚动优化求解，对滑模控制进行实时校正，既消除了抖振现象，又使得闭环控制系统具有很强的鲁棒性。

研究表明，该方法不仅可以覆盖目前较为常用的离散趋近律方法和等效控制法，且通过调整滑模参考轨迹系数和优化指标加权系数，又可同时满足控制受限系统的要求。滑模预测控制方法与预测控制一样，涉及预测模型、滚动优化和反馈校正三个方面。根据滑模变结构控制理论，控制器设计包括：设计滑模面；设计控制律，使系统误差趋近于滑模面并且一直处在这个滑模面上。本章采用预测控制的思想建立一种滑模变结构控制策略，首先建立一个合适的滑模预测模型，然后通过滚动优化和反馈校正来获取一个满意的滑模控制规则。

6.2　基于状态空间模型的滑模预测控制

本节针对高超声速飞行器的约束条件限制和滑模控制的抖振现象，将滑模控制与预测控制相结合，充分利用预测控制的约束处理能力和滑模控制的强鲁棒性，将滑模预测控制方法应用于高超声速飞行器的控制器设计中[66]。

6.2.1　滑模预测模型

在滑模预测控制中，需要建立控制对象的预测模型。把速度和高度作为输出，将小扰动线性化模型式（2-27）离散化得到预测模型

$$\begin{cases}\boldsymbol{x}(k+1)=\boldsymbol{A}\boldsymbol{x}(k)+\boldsymbol{B}\boldsymbol{u}(k)\\ \boldsymbol{y}(k)=\boldsymbol{C}\boldsymbol{x}(k)\end{cases}\tag{6-3}$$

式中，$\boldsymbol{x}=[\Delta V,\Delta\gamma,\Delta h,\Delta\alpha,\Delta q]^{\mathrm{T}}$ 为状态向量；$\boldsymbol{u}=[\Delta\beta,\Delta\delta_e]^{\mathrm{T}}$ 为控制向量；$\boldsymbol{y}=[\Delta V,\Delta h]^{\mathrm{T}}$ 为输出向量。

设参考指令信号为 $\boldsymbol{x}_d(k)$，令 $\boldsymbol{e}(k)=\boldsymbol{x}(k)-\boldsymbol{x}_d(k)$ 为状态跟踪误差，且令 $\tilde{\boldsymbol{x}}_d(k)=\boldsymbol{A}\boldsymbol{x}_d(k)-\boldsymbol{x}_d(k+1)$，则由式（6-3）可得

$$\boldsymbol{e}(k+1)=\boldsymbol{A}\boldsymbol{e}(k)+\boldsymbol{B}\boldsymbol{u}(k)+\tilde{\boldsymbol{x}}_d(k)\tag{6-4}$$

由于控制的维数低于状态的维数，误差状态方程式（6-4）可以化为简约形式

$$\bar{\boldsymbol{e}}(k+1)=\bar{\boldsymbol{A}}\,\bar{\boldsymbol{e}}(k)+\bar{\boldsymbol{B}}\boldsymbol{u}(k)+\bar{\boldsymbol{x}}_d(k)\tag{6-5}$$

式中，$\bar{\boldsymbol{e}}=\boldsymbol{T}\boldsymbol{e}$，$\bar{\boldsymbol{A}}=\boldsymbol{T}\boldsymbol{A}\boldsymbol{T}^{\mathrm{T}}$；$\boldsymbol{T}$ 为一非奇异变换矩阵。上式中 $\bar{\boldsymbol{x}}_d(k)$ 不影响滑模面的稳

定性，所以在设计滑模面时可以忽略。此外，$\bar{A}=\begin{bmatrix}\bar{A}_{11} & \bar{A}_{12}\\ \bar{A}_{21} & \bar{A}_{22}\end{bmatrix}$，$\bar{B}=\begin{bmatrix}\mathbf{0}\\ \bar{B}_2\end{bmatrix}$。同样，$e(k)$可以分解为$\bar{e}(k)=\begin{bmatrix}\bar{e}_1(k)\\ \bar{e}_2(k)\end{bmatrix}$，忽略$\bar{x}_d(k)$，式（6-5）可表示为

$$\begin{cases}\bar{e}_1(k+1)=\bar{A}_{11}\bar{e}_1(k)+\bar{A}_{12}\bar{e}_2(k)\\ \bar{e}_2(k+1)=\bar{A}_{21}\bar{e}_1(k)+\bar{A}_{22}\bar{e}_2(k)+\bar{B}_2u(k)\end{cases} \tag{6-6}$$

采用线性滑模面$s(k)=\sigma\,\bar{e}(k)=\sigma_1\bar{e}_1(k)+\sigma_2\bar{e}_2(k)$，在滑模面上有$s(k+1)=s(k)=\mathbf{0}$。在$\sigma_2$可逆的的条件下，可得$\bar{e}_2(k)=-\sigma_2^{-1}\sigma_1\bar{e}_1(k)$。所以简约型的误差状态方程为

$$\begin{cases}\bar{e}_1(k+1)=\bar{A}_{11}\bar{e}_1(k)+\bar{A}_{12}\bar{e}_2(k)\\ \bar{e}_2(k)=-\sigma_2^{-1}\sigma_1\bar{e}_1(k)\end{cases} \tag{6-7}$$

上式中，若把$\bar{e}_2(k)$看成系统的输入，则相当于一个状态反馈。因此，可以采用极点配置法或者线性二次调节器（Linear Quadratic Regulator，LQR）进行设计，假设$K=\sigma_2^{-1}\sigma_1$，则可以得到

$$\sigma=[\sigma_1\quad \sigma_2]=[\sigma_2K\quad \sigma_2]=\sigma_2[K\quad I] \tag{6-8}$$

σ_2是任意的，只要满足可逆即可。滑模面可以由式（6-8）计算得到，滑模预测模型即为

$$s(k+1)=\sigma\,\bar{e}(k+1) \tag{6-9}$$

6.2.2 反馈控制律

定义性能指标

$$J=\sum_{i=1}^{N}[s(k+i)]_{Q(i)}^2+\sum_{j=0}^{M-1}[u(k+j)]_{R(i)}^2 \tag{6-10}$$

式中，N为预测时域；M为控制时域；$Q(i)$为对应时刻的滑模面加权矩阵；$R(i)$为控制量的加权矩阵。由式（6-9）可以得到

$$s(k+1)=\sigma\bar{e}(k+1)=\sigma Te(k+1)=\sigma TAe(k)+\sigma TBu(k)+\sigma T\tilde{x}_d(k)$$

$$\vdots$$

$$\begin{aligned}s(k+N)&=\sigma\bar{e}(k+N)=\sigma Te(k+N)\\&=\sigma TA^Ne(k)+\sigma T\sum_{i=1}^{N}A^{N-i}\tilde{x}_d(k+i-1)+\\&\quad\sigma T\sum_{i=1}^{M-1}A^{N-i}Bu(k+i-1)+\sigma T\sum_{i=0}^{N-M}A^iBu(k+M-1)\end{aligned}$$

定义 $\boldsymbol{S}=[s(k+1),s(k+2),\cdots,s(k+N)]^{\mathrm{T}}$，$\boldsymbol{U}=[u(k),u(k+1),\cdots,u(k+M-1)]^{\mathrm{T}}$，$\tilde{\boldsymbol{X}}_d=[\tilde{\boldsymbol{x}}_d(k),\tilde{\boldsymbol{x}}_d(k+1),\cdots,\tilde{\boldsymbol{x}}_d(k+N-1)]^{\mathrm{T}}$，$\boldsymbol{G}=\begin{bmatrix}\sigma TA\\ \sigma TA^2\\ \vdots\\ \sigma TA^N\end{bmatrix}$，

$$\boldsymbol{D}=\begin{bmatrix}\sigma T & 0 & \cdots & 0\\ \sigma TA & \sigma T & \cdots & 0\\ \vdots & \vdots & \ddots & \vdots\\ \sigma TA^{N-1} & \sigma TA^{N-2} & \cdots & \sigma T\end{bmatrix},$$

$$\boldsymbol{H}=\begin{bmatrix}\sigma TB & 0 & \cdots & \cdots & 0\\ \sigma TAB & \sigma TB & \cdots & \cdots & 0\\ \vdots & \vdots & & \ddots & \sigma TB\\ \vdots & \vdots & & & \vdots\\ \sigma TA^{N-2}B & \sigma TA^{N-3}B & \cdots & \sigma TA^{N-M}B & \sum\limits_{i=0}^{N-M+1}\sigma TA^iB\\ \sigma TA^{N-1}B & \sigma TA^{N-2}B & \cdots & \sigma TA^{N-M+1}B & \sum\limits_{i=0}^{N-M}\sigma TA^iB\end{bmatrix}。$$

则式（6-10）可以表示为矩阵形式

$$\boldsymbol{J}=\boldsymbol{S}^{\mathrm{T}}\boldsymbol{QS}+\boldsymbol{U}^{\mathrm{T}}\boldsymbol{RU} \tag{6-11}$$

式中，$\boldsymbol{Q}=\mathrm{diag}([\boldsymbol{Q}(1),\boldsymbol{Q}(2),\cdots,\boldsymbol{Q}(N)])$；$\boldsymbol{R}=\mathrm{diag}([\boldsymbol{R}(1),\boldsymbol{R}(2),\cdots,\boldsymbol{R}(M)])$。

把滑模预测模型表示成控制的函数

$$\boldsymbol{S}=\boldsymbol{Ge}(k)+\boldsymbol{HU}+\boldsymbol{D}\tilde{\boldsymbol{X}}_d \tag{6-12}$$

把式（6-12）代入式（6-11）中，有

$$\boldsymbol{J}=(\boldsymbol{Ge}(k)+\boldsymbol{HU}+\boldsymbol{D}\tilde{\boldsymbol{X}}_d)^{\mathrm{T}}\boldsymbol{Q}(\boldsymbol{Ge}(k)+\boldsymbol{HU}+\boldsymbol{D}\tilde{\boldsymbol{X}}_d)+\boldsymbol{U}^{\mathrm{T}}\boldsymbol{RU} \tag{6-13}$$

高超声速飞行器的攻角和控制约束条件可以转化为

$$\begin{cases}\boldsymbol{E}_1\boldsymbol{U}\leqslant\boldsymbol{E}_2\\ \boldsymbol{F}_1\boldsymbol{HU}\leqslant\boldsymbol{F}_2-\boldsymbol{F}_1\boldsymbol{Gx}(k)\end{cases} \tag{6-14}$$

滑模预测控制律即在约束条件式（6-14）下，最小化性能指标式（6-13）。由于优化得到的是一个控制量系列，取第一个控制作用于系统，下一时刻重复进行优化得到反馈控制律。

6.2.3 仿真结果与分析

以第 2 章所述的高超声速飞行器纵向模型为仿真对象，在 $V_0=4590.3\mathrm{m/s}$，$h_0=33528\mathrm{m}$，$\gamma=0°$，$q=0°$的平衡条件下，假定从 0 时刻起分别给定飞行速度阶跃信号及飞行高度阶跃信号为 $V_r=30.48\mathrm{m/s}$ 和 $h_r=30.48\mathrm{m}$，用滑模变结构控制方法

(采用参考文献［67］中的基于趋近律的离散滑模位置跟踪控制算法）和本节的滑模预测控制方法进行比较，结果如图 6-1 所示。另外，滑模预测控制中，选取滑模面的加权矩阵为 $\boldsymbol{Q}=\mathrm{diag}([100\ 100])$，输入的加权矩阵为 $\boldsymbol{R}=\mathrm{diag}([2\ 1])$。考虑攻角约束 $-4°/57.3\leqslant\alpha\leqslant 8°/57.3$，节流阀设定值约束 $0\leqslant\beta\leqslant 3$，升降舵偏转角的约束 $-20°/57.3\leqslant\delta_e\leqslant 20°/57.3$。

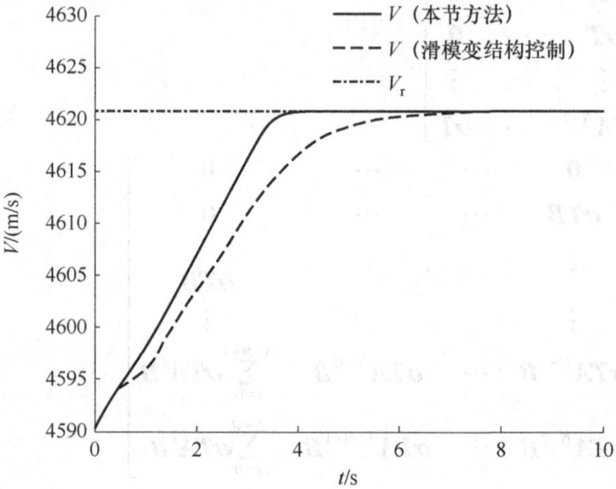

a)

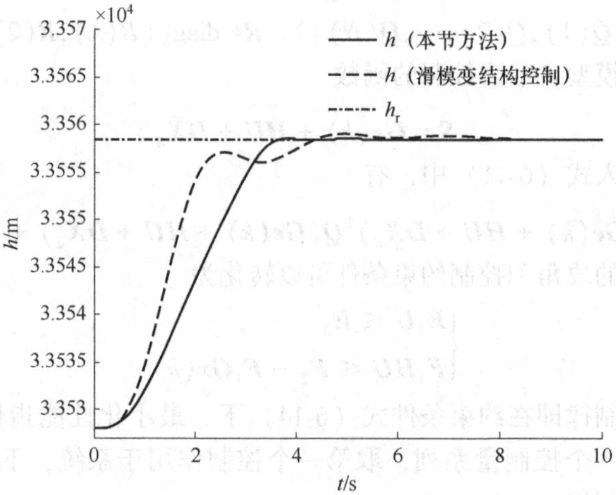

b)

图 6-1　标称系统滑模预测与滑模控制

a）速度跟踪指令信号对比情况　b）高度跟踪指令信号对比情况

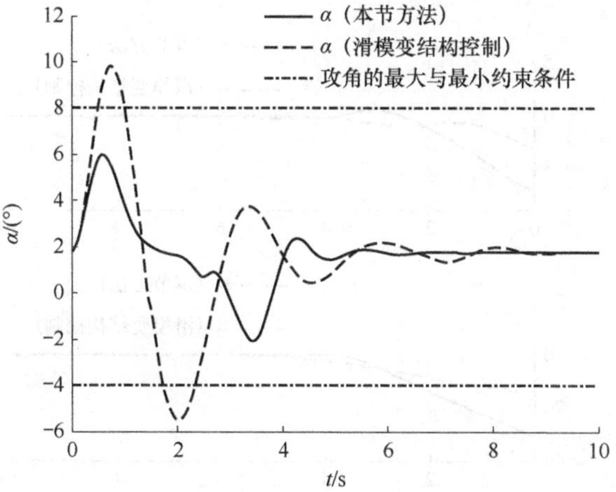

c）

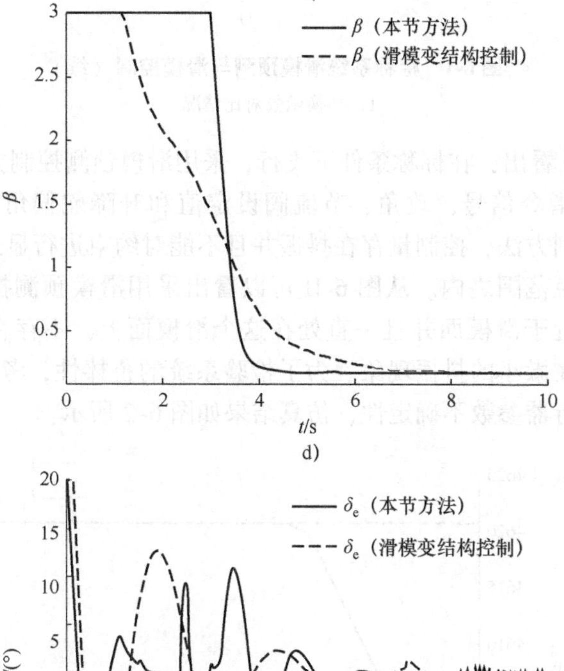

d）

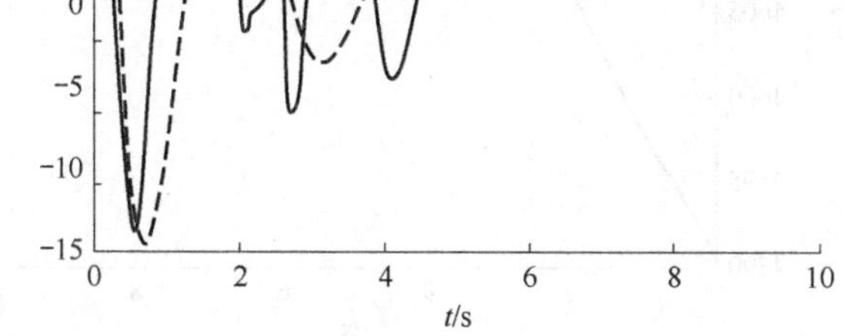

e）

图 6-1　标称系统滑模预测与滑模控制（续）

c）攻角变化曲线对比情况　d）阀门开度对比情况　e）舵偏转角开度对比情况

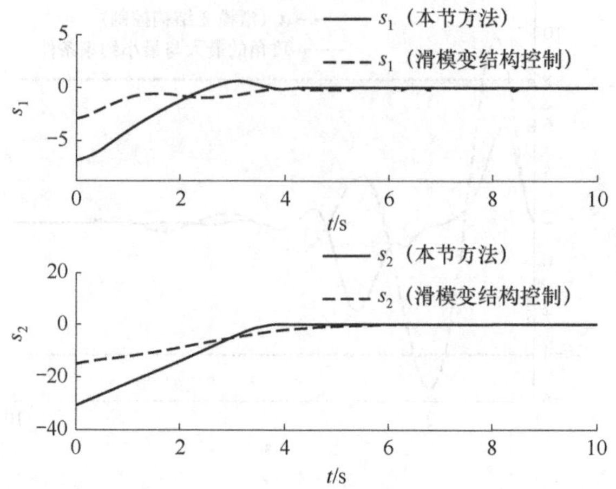

f)

图 6-1　标称系统滑模预测与滑模控制（续）

f）切换函数对比情况

从图 6-1 可以看出，在标称条件下飞行，采用滑模预测控制方法，速度和高度准确地跟踪参考指令信号，攻角、节流阀设定值和升降舵偏角均在约束范围内。而滑模变结构控制方法，控制量存在抖振并且不能对约束进行显式处理，如图 6-1c 中攻角没有在约束范围之内。从图 6-1f 可以看出采用滑模预测控制方法在稳态时系统跟踪误差趋近于滑模面并且一直处在这个滑模面上，不存在抖振，而滑模控制在滑动模态存在微小的抖振现象。为了检验系统的鲁棒性，考虑参考文献［17］中的高超声速飞行器参数不确定性，仿真结果如图 6-2 所示。

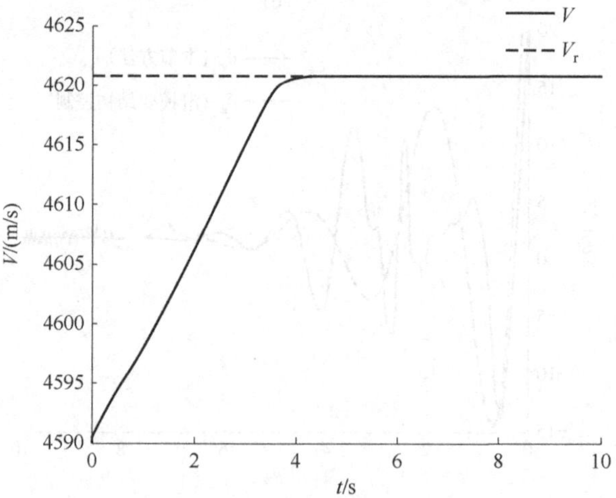

a)

图 6-2　干扰条件下滑模预测控制

a）速度随时间变化情况

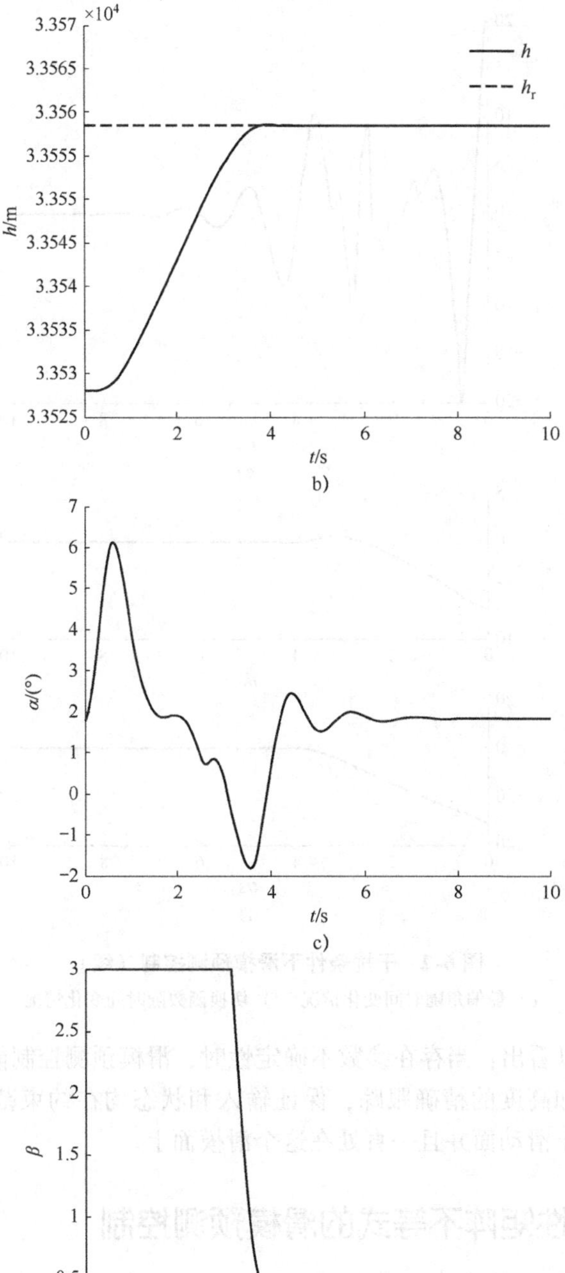

图 6-2　干扰条件下滑模预测控制（续）

b）高度随时间变化情况　c）攻角随时间变化情况　d）阀门开度随时间变化情况

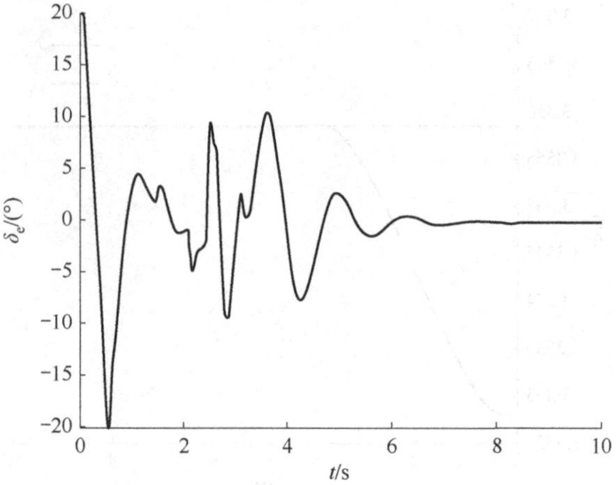

e)

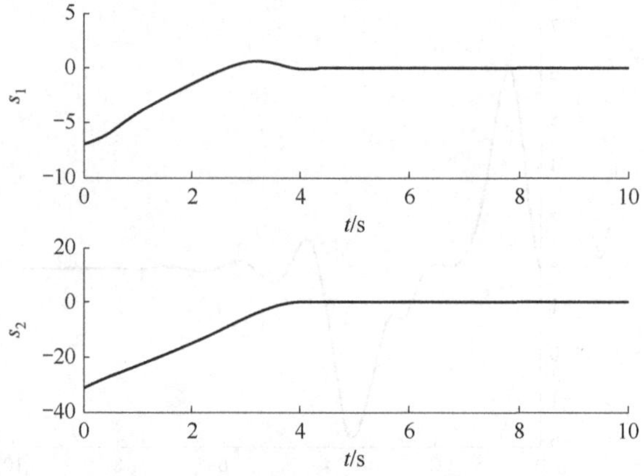

f)

图 6-2　干扰条件下滑模预测控制（续）

e）舵偏角随时间变化情况　f）切换函数随时间变化情况

从图 6-2 可以看出：当存在参数不确定性时，滑模预测控制能有效地克服干扰信号，实现速度和高度的精确跟踪，保证输入和状态均在约束范围之内并且稳态时系统误差趋近于滑动面并且一直处在这个滑模面上。

6.3　基于线性矩阵不等式的滑模预测控制

传统的滑模预测控制律均通过设计终端约束条件和终端代价函数来保证系统的稳定性，而终端约束条件和终端代价函数的计算有时并不是一件容易的事。此外，终端约束条件的引入会大幅度地增加预测控制律的在线计算时间。因此，本节提出一种新的具有稳定性保证的滑模预测控制方法。该方法不需要额外计算终端约束条件和终端代价函数，只需要通过选取合适的李雅普诺夫函数即可保证系统的稳定性，且其加权矩阵是和控制律同时进行优化设计的，简化了设计过程[68]。

6.3.1　滑模预测模型

首先要设计滑模预测模型，因为线性滑模面具有易于设计的特点，因此采用与 6.2.1 节相同的线性滑模面，即式（6-9）为设计的滑模预测模型。为了书写方便，把其改写为

$$\boldsymbol{s}(\boldsymbol{e}(k)) = \boldsymbol{C}\boldsymbol{e}(k) \tag{6-15}$$

即本节中采用 $\boldsymbol{e}(k)$ 代替式（6-9）中的 $\overline{\boldsymbol{e}}(k)$，$\boldsymbol{C}$ 代替式（6-9）中的 $\boldsymbol{\sigma}$。

6.3.2　反馈控制律

定义无穷时域性能指标

$$J_\infty(k) = \sum_{i=0}^{\infty}[\|\boldsymbol{s}(k+i|k)\|_{Q_1}^2 + \|\boldsymbol{u}(k+i|k)\|_{\boldsymbol{R}}^2] \tag{6-16}$$

式中，$\boldsymbol{s}$ 为式（6-15）得到的滑模预测模型。式（6-16）的性能指标可以写成两部分之和

$$\begin{cases} J_\infty(k) = J_1(k) + J_2(k) \\ J_1(k) = \sum_{i=0}^{N-1}[\|\boldsymbol{s}(k+i|k)\|_{Q_1}^2 + \|\boldsymbol{u}(k+i|k)\|_{\boldsymbol{R}}^2] \\ J_2(k) = \sum_{i=N}^{\infty}[\|\boldsymbol{s}(k+i|k)\|_{Q_1}^2 + \|\boldsymbol{u}(k+i|k)\|_{\boldsymbol{R}}^2] \end{cases} \tag{6-17}$$

定义二次函数

$$V(\boldsymbol{e}(k+i/k)) = \boldsymbol{e}(k+i/k)^{\mathrm{T}}\boldsymbol{P}\boldsymbol{e}(k+i/k),\ \boldsymbol{P} > 0 \tag{6-18}$$

如果满足条件

$$V(\boldsymbol{e}(k+i+1/k)) - V(\boldsymbol{e}(k+i/k)) \leqslant -[\|\boldsymbol{s}(k+i|k)\|_{Q_1}^2 + \|\boldsymbol{u}(k+i|k)\|_{\boldsymbol{R}}^2] \tag{6-19}$$

则 $V(\boldsymbol{e}(k+i/k))\to 0, i\to\infty$。把式（6-19）从 $i=N$ 加到 $i=\infty$，得到

$$J_2(k) \leqslant V(\boldsymbol{e}(k+N/k)) \tag{6-20}$$

由滑模预测模型式（6-15）得到

$$\begin{cases} \boldsymbol{S} = \boldsymbol{G}_1\boldsymbol{e}(k) + \boldsymbol{H}_1\boldsymbol{U} \\ \boldsymbol{s}(k+N/k) = \boldsymbol{C}\boldsymbol{A}^N\boldsymbol{e}(k) + \boldsymbol{C}\boldsymbol{H}_2\boldsymbol{U} \end{cases} \tag{6-21}$$

式中，$\boldsymbol{S} = [\boldsymbol{s}(k/k), \boldsymbol{s}(k+1/k), \cdots, \boldsymbol{s}(k+N-1/k)]^{\mathrm{T}}$；$\boldsymbol{H}_1 = \begin{bmatrix} \boldsymbol{0} & \boldsymbol{0} & \cdots & \boldsymbol{0} \\ \boldsymbol{C}\boldsymbol{B} & \boldsymbol{0} & \cdots & \boldsymbol{0} \\ \vdots & \ddots & \ddots & \vdots \\ \boldsymbol{C}\boldsymbol{A}^{N-2}\boldsymbol{B} & \cdots & \boldsymbol{C}\boldsymbol{B} & \boldsymbol{0} \end{bmatrix}$；

$$G_1=\begin{bmatrix} C \\ CA \\ \vdots \\ CA^{N-1} \end{bmatrix};\ H_2=\begin{bmatrix} A^{N-1}B & \cdots & AB & B \end{bmatrix}。$$

将式（6-21）代入式（6-17）第二式得到

$$J_1(k)=(G_1e(k)+H_1U)^{\mathrm{T}}W_1(G_1e(k)+H_1U)+U^{\mathrm{T}}W_2U \tag{6-22}$$

式中，$W_1=\begin{bmatrix} Q_1 & 0 & \cdots & 0 \\ 0 & Q_1 & \cdots & 0 \\ \vdots & \vdots & \ddots & \vdots \\ 0 & 0 & \cdots & Q_1 \end{bmatrix}$；$W_2=\begin{bmatrix} R & 0 & \cdots & 0 \\ 0 & R & \cdots & 0 \\ \vdots & \vdots & \ddots & \vdots \\ 0 & 0 & \cdots & R \end{bmatrix}$。

把式（6-20）代入式（6-17）第三式，得到

$$J_\infty(k)\leqslant J_1(k)+V(e(k+N/k))=\bar{J}(e(k),\ U) \tag{6-23}$$

从上式中可以看出 $\bar{J}(e(k),U)$ 为 $J_\infty(k)$ 的上界，因此，我们可以通过最小化 $\bar{J}(e(k),U)$ 得到最优控制系列 $U=[u(k/k),u(k+1/k),\cdots,u(k+N-1/k)]^{\mathrm{T}}$。

为了对控制律进行求解，可以采用矩阵的 Schur 补引理将上面的约束条件转化为线性矩阵不等式，下面给出相关引理。

引理 6.1 (Schur 补引理)[60] 线性矩阵不等式

$$\begin{bmatrix} Q(x) & S(x) \\ S(x)^{\mathrm{T}} & R(x) \end{bmatrix}>0 \tag{6-24}$$

式中，$Q(x)=Q^{\mathrm{T}}(x)$；$R(x)=R^{\mathrm{T}}(x)$；$S(x)$ 线性依赖于 x。等价于如下线性不等式：

$$R(x)>0,\ Q(x)-S(x)R^{-1}(x)S^{\mathrm{T}}(x)>0 \tag{6-25}$$

由式（6-23），如果满足如下条件：

$$\begin{cases} J_1(k)\leqslant\gamma_1 \\ V(e(k+N/k))\leqslant\gamma_2 \end{cases} \tag{6-26}$$

则 $J_\infty(k)\leqslant\gamma_1+\gamma_2$，因此，反馈控制律可以通过最小化性能指标上界 $\gamma_1+\gamma_2$ 得到。将式（6-22）代入式（6-26）第一式，有

$$(G_1e(k)+H_1U)^{\mathrm{T}}W_1(G_1e(k)+H_1U)+U^{\mathrm{T}}W_2U\leqslant\gamma_1 \tag{6-27}$$

采用引理 6.1，式（6-27）等价于

$$\begin{bmatrix} \gamma_1 & (G_1e(k)+H_1U)^{\mathrm{T}} & U^{\mathrm{T}} \\ G_1e(k)+H_1U & W_1^{-1} & 0 \\ U & 0 & W_2^{-1} \end{bmatrix}\geqslant 0 \tag{6-28}$$

将式（6-18）代入式（6-26），并由（6-15）有

$$(e(k+N/k))^{\mathrm{T}}Pe(k+N/k)\leqslant\gamma_2 \tag{6-29}$$

为了计算方便，忽略式（6-5）中的 $\bar{x}_d(k)$，则得到

$$e(k+1)=Ae(k)+Bu(k) \tag{6-30}$$

由式（6-30），得到

$$e(k+N)=A^N e(k)+H_2 U \tag{6-31}$$

将式（6-31）代入式（6-29）并令 $Q=P^{-1}$，得

$$\begin{bmatrix} \gamma_2 & (A^N e(k)+H_2 U)^{\mathrm{T}} \\ A^N e(k)+H_2 U & Q \end{bmatrix} \geqslant 0 \tag{6-32}$$

假定预测域 N 之后的控制律为状态反馈形式，即

$$u(k+i \mid k)=F(k)e(k+i \mid k),\ i \geqslant N \tag{6-33}$$

将式（6-15）、式（6-33）代入式（6-19）得到

$$\begin{aligned} & e(k+i|k)^{\mathrm{T}}\{(A+BF)^{\mathrm{T}}P(A+BF)-P+ \\ & F^{\mathrm{T}}RF+C^{\mathrm{T}}Q_1 C\}e(k+i|k) \leqslant 0 \end{aligned} \tag{6-34}$$

要使上式成立，只要

$$(A+BF)^{\mathrm{T}}P(A+BF)-P+F^{\mathrm{T}}RF+C^{\mathrm{T}}Q_1 C \leqslant 0 \tag{6-35}$$

即可。

将 $Q=P^{-1}$ 代入式（6-35），得

$$(A+BF)^{\mathrm{T}}Q^{-1}(A+BF)-Q^{-1}+F^{\mathrm{T}}RF+C^{\mathrm{T}}Q_1 C \leqslant 0 \tag{6-36}$$

将式（6-36）左右同时乘以 Q，并令 $Y=FQ$，可得

$$(AQ+BY)^{\mathrm{T}}Q^{-1}(AQ+BY)-Q+Y^{\mathrm{T}}RY+(CQ)^{\mathrm{T}}Q_1(CQ) \leqslant 0 \tag{6-37}$$

根据引理 6.1，将式（6-37）转化为如下线性矩阵不等式：

$$\begin{bmatrix} Q & (AQ+BY)^{\mathrm{T}} & Y^{\mathrm{T}} & (CQ)^{\mathrm{T}} \\ AQ+BY & Q & 0 & 0 \\ Y & 0 & R^{-1} & 0 \\ CQ & 0 & 0 & Q_1^{-1} \end{bmatrix} \geqslant 0 \tag{6-38}$$

采用与上节同样的转化方法，将控制与状态的约束条件转化为

$$\begin{cases} E_1 U \leqslant E_2 \\ F_1 HU \leqslant F_2 - F_1 Gx(k) \end{cases} \tag{6-39}$$

综上，反馈控制律的计算转化为如下最小化问题：

$$\min_{\gamma_1,\gamma_2,U,Q,Y} \gamma_1+\gamma_2 \quad \text{s.t. 式(6-28)、式(6-32)、式(6-38)、式(6-39)} \tag{6-40}$$

上式若存在可行解，则得到控制量系列 U，取第一个控制量作用于系统。

引理 6.2：若优化问题式（6-40）在 k 时刻存在可行解，则未来时刻 $t>k$，式（6-40）均存在可行解。

证明：假定在时刻 k，式（6-40）存在可行解，则与当前时刻状态相关的约束条件只有式（6-28）和式（6-32）。我们只需要证明对于 $k+1$ 时刻的跟踪误差状态

$e(k+1)$，这两个不等式均满足即可。

假设 $U^*(k)=[u(k),u(k+1/k),\cdots,u(k+N/k)]$ 为 k 时刻优化问题式（6-40）的最优解。相应的目标函数为

$$J_1^*(k)=\sum_{i=0}^{N-1}[\|s(k+i|k)\|_{Q_1}^2+\|u(k+i|k)\|_R^2]$$

在时刻 $k+1$，新的初始条件是 $e(k+1)=e(k+1/k)$，最优控制系列 $U(k)$ 的扩展系列

$$U^-(k+1)=[u(k+1/k),\ u(k+2/k),\ \cdots,\ u(k+M-1/k),\ \mathbf{0}]^{\mathrm{T}}$$

在 $k+1$ 时刻可行，因为 $U^-(k+1)$ 不是最优的，所以

$$J_1^*(k+1)\leqslant J_1^-(k+1)$$

因此

$$\begin{aligned}J_1^*(k)&=s^{\mathrm{T}}(k)Q_1s(k)+u^{\mathrm{T}}(k)Ru(k)+J_1^-(k+1)\\&\geqslant s^{\mathrm{T}}(k)Q_1s(k)+u^{\mathrm{T}}(k)Ru(k)+J_1^*(k+1)\\&\geqslant J_1^*(k+1)\end{aligned}$$

所以

$$J_1^*(k+1)\leqslant J_1^*(k)\leqslant\gamma_1$$

根据引理 6.1 即知 $k+1$ 时刻的状态 $e(k+1)$ 满足条件式（6-28）。

条件式（6-19）中，令 $i=N$，有

$$V(e(k+N+1/k))-V(e(k+N/k))\leqslant-[\|s(k+N|k)\|_{Q_1}^2+\|u(k+N|k)\|_R^2]\leqslant 0$$

因此

$$V(e(k+N+1/k))\leqslant V(e(k+N/k))$$

将式（6-18）代入上式，并由式（6-26）得

$$V(e(k+N+1/k))\leqslant V(e(k+N/k))\leqslant\gamma_2$$

因此，$k+1$ 时刻的状态 $e(k+1)$ 也满足条件式（6-32）。

综上，未来时刻 $t>k$ 优化问题式（6-40）均存在可行解。

定理 6.1：若优化问题式（6-40）存在初始可行解，则闭环系统是渐近稳定的。

证明：假设在 k 时刻，式（6-40）存在可行解 U,Q,Y，根据引理 6.2，在 $k+1$ 时刻，如下控制：

$$u(k+i+1/k+1)=u(k+i+1/k),\ i=0,\cdots,N-2$$

$$u(k+i+N/k+1)=YQ^{-1}x(k+i+N/k),\ i\geqslant 0$$

对于式（6-40）是可行的。

由式（6-17）、式（6-23）可得

$$\begin{aligned}\bar{J}(k+1)=&\sum_{i=0}^{N-1}[\|s(k+i+1|k+1)\|_{Q_1}^2+\|u(k+i+1|k+1)\|_R^2]+\\&V(e(k+1+N/k+1))\end{aligned}$$

$$= \sum_{i=1}^{N-1} [\ \| s(k+i \mid k) \|_{Q_1}^2 + \| u(k+i \mid k) \|_R^2] + \| s(k+N \mid k) \|_{Q_1}^2 + \\ \| u(k+N \mid k) \|_R^2 + V(e(k+1+N/k)) \tag{6-41}$$

由式（6-19）有

$$V(e(k+N+1/k)) - V(e(k+N/k)) \leqslant \\ -[\ \| s(k+N \mid k) \|_{Q_1}^2 + \| u(k+N \mid k) \|_R^2] \tag{6-42}$$

将式（6-41）代入式（6-42），得到

$$\bar{J}(k+1) \leqslant \sum_{i=1}^{N-1} [\ \| s(k+i \mid k) \|_{Q_1}^2 + \| u(k+i \mid k) \|_R^2] + \\ V(e(k+N/k)) \leqslant \bar{J}(k) \tag{6-43}$$

即 $\bar{J}(k)$ 是递减的，所以闭环系统是渐近稳定的。

6.3.3　仿真结果与分析

以第 2 章所述的高超声速飞行器纵向非线性模型为仿真对象，在 $V_0 = 4590.3\text{m/s}$，$h_0 = 33528\text{m}$，$\gamma = 0°$，$q = 0°$的平衡条件下，假定从 0 时刻起分别给定飞行速度及飞行高度参考信号为 $V_r = 30.48\text{m/s}$ 和 $h_r = 30.48\text{m}$ 的阶跃信号。考虑 6.2.3 节中同样的约束条件，在控制器设计中，选取滑模面加权矩阵为 $\boldsymbol{Q} = \text{diag}([1\ 1])$，输入加权矩阵为 $\boldsymbol{R} = \text{diag}([1\ 1])$，预测时域 $N = 10$。采用参考文献［67］中的滑模控制方法和参考文献［69］的预测控制方法进行对比仿真，仿真结果如图 6-3 所示。

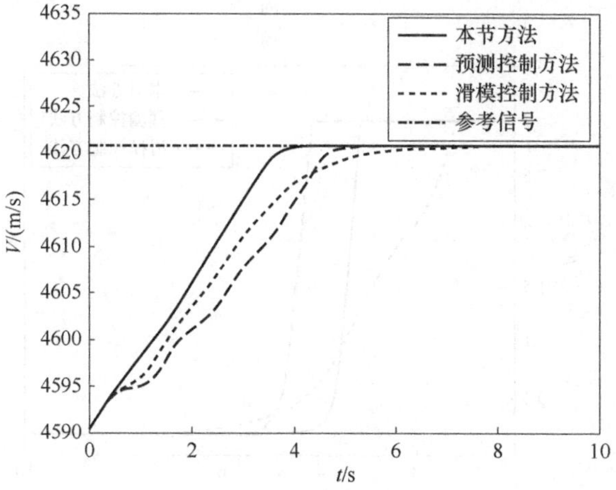

a)

图 6-3　多控制策略下系统响应

a）速度跟踪指令信号对比情况

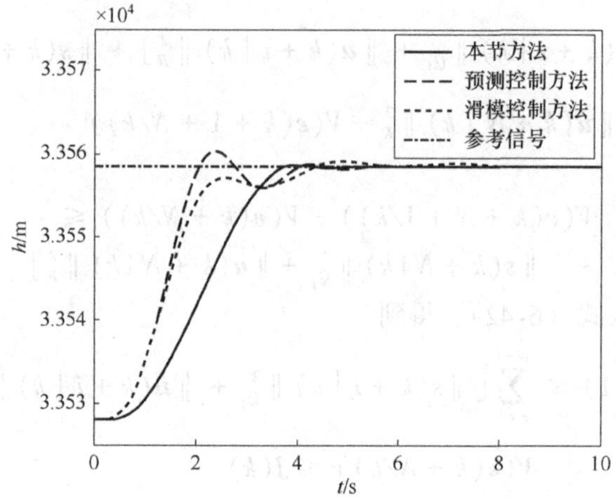

b)

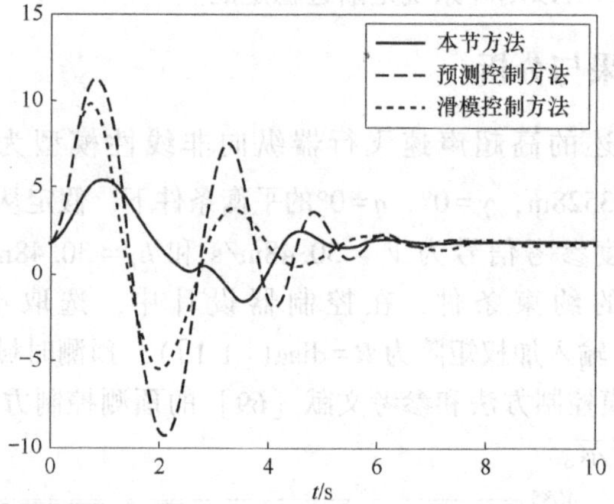

c)

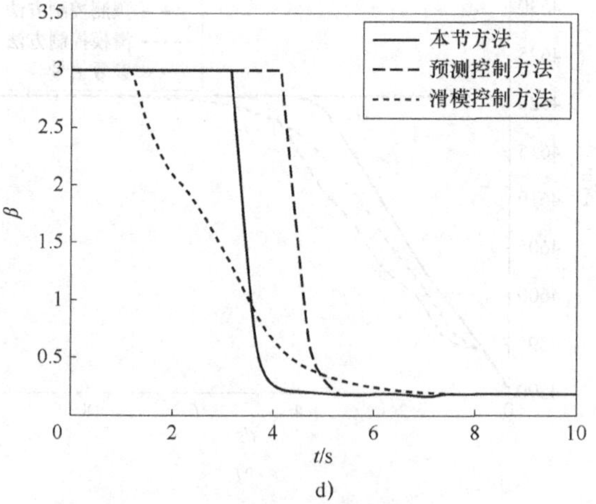

d)

图 6-3　多控制策略下系统响应（续）

b）高度跟踪指令信号对比情况　c）攻角响应信号对比情况　d）阀门开度随时间变化对比情况

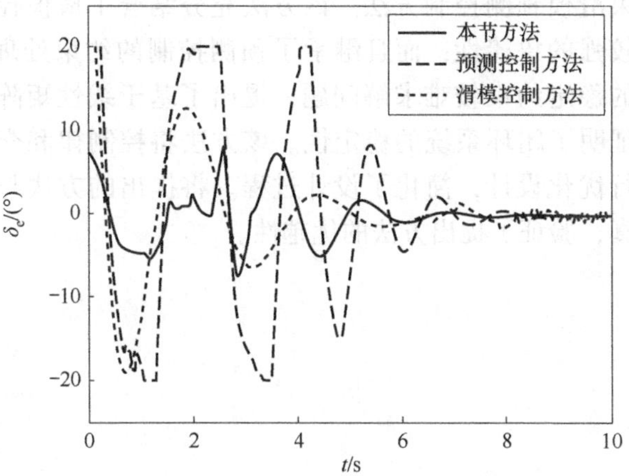

e)

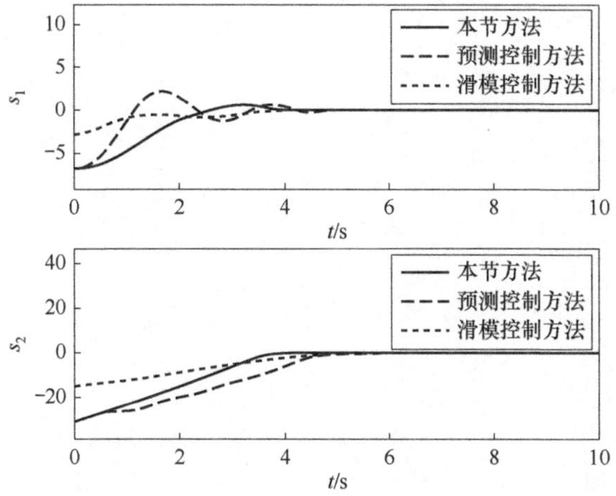

f)

图 6-3　多控制策略下系统响应（续）

e）舵偏角随时间变化对比情况　f）切换函数曲线随时间对比情况

从图 6-3 中可以看到，这三种方法的速度和高度均能跟踪上给定参考信号，滑模面均收敛到 0 的领域内。而采用本节方法速度具有更快的收敛速度，高度具有更平稳的跟踪性能，这是因为本文方法结合了滑模控制和预测控制的优势，使得到的控制作用更具针对性。此外，从图中还可以看到提出的方法消除了滑模控制的抖振现象，这是因为提出的方法是通过优化求解得到控制律，而无需像滑模控制那样对控制律进行切换。

6.4　本章小结

针对高超声速飞行器受到的约束条件和滑模控制的抖振现象，提出了基于状态空间模型的约束滑模预测控制方法。该方法充分结合了滑模控制和预测控制的优势，不仅具有较强的鲁棒性，而且继承了预测控制的约束处理能力。此外，针对滑模预测控制的稳定约束较难求解问题，提出了基于线性矩阵不等式的滑模预测控制方法，并证明了闭环系统的稳定性。该方法将控制律和李雅普诺夫函数的加权矩阵同时进行优化设计，简化了设计过程。将提出的方法与滑模控制和预测控制进行对比仿真，验证了提出方法的优越性。

第7章　基于干扰观测器的高超声速飞行器预测控制

高超声速飞行器飞行环境复杂多变，时刻受到外部干扰的影响，如阵风，电磁等。此外，对于控制器设计而言，所建立的模型是作了一定的简化，忽略了一些次要因素。同时，在飞行过程中，存在燃油的消耗、气动参数的变化等参数摄动情况。综上所述，一个较完整描述高超声速飞行器的运动方程既包括了未建模动态、参数摄动，又包括了外部干扰。因此，要保证飞行器的性能，需要设计一个具有强鲁棒性的控制系统。系统的鲁棒性通常来源于两方面，一是依靠算法本身调节机制，二是在控制器设计时主动考虑系统的不确定性。由于算法本身的调节能力有限，所以仅依靠算法自身调节机制的系统鲁棒性会受到一定的限制。为了设计增强系统的鲁棒性，在控制系统设计时需要对不确定性进行补偿，即采用主动抗干扰控制策略[70]。

基于干扰观测器的控制设计是常用的主动抗干扰控制策略[71]，本章利用干扰观测器对系统不确定性进行估计，然后利用估计值进行主动抗干扰控制，具体包括对模型进行修正、直接反馈补偿和设计干扰补偿器三方面，以减少或消除不确定性对闭环系统的影响。

7.1　匹配与不匹配不确定性

本章的一个主要贡献在于通过设计控制律和扰动补偿策略消除稳态条件下不匹配干扰对高超声速飞行器输出的影响。因此，首先给出非线性系统的匹配和不匹配干扰的概念。按照非线性系统的不确定性与其控制输入之间的关系，可以将不确定性分为匹配不确定性和不匹配不确定性。

考虑如下不确定仿射非线性系统

$$\begin{cases}\dot{\boldsymbol{x}}=\boldsymbol{f}(\boldsymbol{x})+\Delta\boldsymbol{f}(\boldsymbol{x})+[\boldsymbol{g}(\boldsymbol{x})+\Delta\boldsymbol{g}(\boldsymbol{x})]\boldsymbol{u}+\boldsymbol{d}(\boldsymbol{x})\\ \boldsymbol{y}=\boldsymbol{h}(\boldsymbol{x})\end{cases}\tag{7-1}$$

式中，$\boldsymbol{x}\in\boldsymbol{R}^n$、$\boldsymbol{u}\in\boldsymbol{R}^m$、$\boldsymbol{y}\in\boldsymbol{R}^l$ 分别为非线性系统的状态、输入和输出向量；$\boldsymbol{f}(\boldsymbol{x})\in\boldsymbol{R}^n$、$\boldsymbol{h}(\boldsymbol{x})\in\boldsymbol{R}^l$ 为已知的非线性函数向量，$\boldsymbol{g}(\boldsymbol{x})\in\boldsymbol{R}^{n\times m}$ 为已知的非线性函数

矩阵，$\boldsymbol{d}(\boldsymbol{x})\in\boldsymbol{R}^n$ 为加在系统上的未知外部干扰，$\Delta\boldsymbol{f}(\boldsymbol{x})$、$\Delta\boldsymbol{g}(\boldsymbol{x})$ 为具有相应维数的系统建模不确定性。

对系统式（7-1）中的不确定性及未知干扰的特性，有如下定义：

定义 7.1（匹配条件）[72]：对任意 $\boldsymbol{x}\in\boldsymbol{R}^n$，若有下面的关系

$$\begin{cases}\Delta\boldsymbol{f}(\boldsymbol{x})=\boldsymbol{g}(\boldsymbol{x})\Delta\boldsymbol{F}(\boldsymbol{x})\\ \Delta\boldsymbol{g}(\boldsymbol{x})=\boldsymbol{g}(\boldsymbol{x})\Delta\boldsymbol{G}(\boldsymbol{x})\\ \boldsymbol{d}(\boldsymbol{x})=\boldsymbol{g}(\boldsymbol{x})\boldsymbol{D}(\boldsymbol{x})\end{cases}\tag{7-2}$$

式中，$\Delta\boldsymbol{G}(\boldsymbol{x})=\mathrm{diag}[\boldsymbol{G}_i(\boldsymbol{x})],i=1,2,\cdots,m$；$\Delta\boldsymbol{F}(\boldsymbol{x})$ 为不确定未知有界函数向量；$\boldsymbol{G}_i(\boldsymbol{x})$ 为不确定未知有界标量函数；$\boldsymbol{D}(\boldsymbol{x})$ 为不确定未知有界函数向量。

定义 7.2（匹配不确定非线性系统）[72]：若系统式（7-1）不满足定义 7.1，则系统式（7-1）为匹配不确定非线性系统。

显然，匹配系统的不确定性与控制处在同一通道中，可以通过采取合适的控制作用直接抵消不确定性的影响。对不匹配系统，系统不确定性与控制不在同一通道中，不能直接设计控制律抵消不确定性的影响。因此，相对而言，系统受到非匹配干扰时的控制比匹配干扰时的控制要复杂得多。一般情况下，不能通过设计扰动补偿消除不匹配干扰对系统状态的影响[73]，本章通过设计两种扰动补偿方式消除稳态时扰动对系统输出的影响。

7.2 问题描述

考虑高超声速飞行器在存在外部干扰和参数不确定条件下的纵向运动方程

$$\begin{cases}\dot{V}=\dfrac{(T\cos\alpha-D)}{m}-\dfrac{\mu\sin\gamma}{r^2}+d_1\\ \dot{\gamma}=\dfrac{L+T\sin\alpha}{mV}-\dfrac{(\mu-V^2r)\cos\gamma}{Vr^2}+d_2\\ \dot{h}=V\sin\gamma+d_3\\ \dot{\alpha}=q-\dot{\gamma}+d_4\\ \dot{q}=\dfrac{M_{yy}}{I_{yy}}+d_5\end{cases}\tag{7-3}$$

式中，$d_i(i=1,\cdots,5)$ 表示系统受到的外部干扰，其他变量定义如 2.3 节所述。由于控制只出现在力和力矩的表达式中，所以，式（7-3）的干扰包含匹配和不匹配干扰。

为了突出提出方法的强鲁棒性，考虑如下参数不确定性：

$$
\begin{gathered}
m = m_0(1 + \Delta m)\\
I_{yy} = I_0(1 + \Delta I)\\
S = S_0(1 + \Delta S)\\
\bar{c} = \bar{c}_0(1 + \Delta \bar{c})\\
\rho = \rho_0(1 + \Delta \rho)\\
c_e = 0.0292(1 + \Delta c_e)\\
C_M(\alpha) = -0.035\alpha^2 + 0.036617(1 + \Delta C_{M\alpha})\alpha + 5.3261 \times 10^{-6}
\end{gathered}
$$

考虑参数不确定的最大值为

$$
\begin{cases}
\| \Delta m \| \leqslant 0.4\\
\| \Delta I \| \leqslant 0.4\\
\| \Delta S \| \leqslant 0.4\\
\| \Delta \bar{c} \| \leqslant 0.4\\
\| \Delta \rho \| \leqslant 0.4\\
\| \Delta c_e \| \leqslant 0.4\\
\| \Delta C_{M\alpha} \| \leqslant 0.4
\end{cases} \tag{7-4}
$$

注 7.1：为了充分说明本文提出方法的强鲁棒性，考虑参数不确定干扰的最大值为 0.4，远大于参考文献［17］和参考文献［74］中的参数不确定性。

为了便于问题描述，采用向量形式来表示受扰高超声速飞行器模型式（7-3），则有

$$
\begin{cases}
\dot{\boldsymbol{x}} = \boldsymbol{f}(\boldsymbol{x}) + \boldsymbol{g}_1(\boldsymbol{x})\boldsymbol{u} + \boldsymbol{g}_2\boldsymbol{d}\\
\boldsymbol{y} = \boldsymbol{C}\boldsymbol{x}
\end{cases} \tag{7-5}
$$

式中，$\boldsymbol{x}=[V,\gamma,h,\alpha,q]^{\mathrm{T}}$ 为状态向量；$\boldsymbol{u}=[\beta,\delta_e]^{\mathrm{T}}$ 为控制向量；$\boldsymbol{y}=[V,h]^{\mathrm{T}}$ 为输出向量；$\boldsymbol{d}$ 代表外部干扰和参数不确定性组合成的复合干扰。

控制目标是在存在外部干扰（包括匹配和不匹配干扰）和参数不确定情况下，设计控制律保证系统输出准确地跟踪给定参考信号。

7.3　基于非线性干扰观测器的预测控制规则

7.3.1　模型转化

为了进行控制器设计，首先要对非线性模型式（7-5）进行简化。忽略干扰 $\boldsymbol{d}$，由于在整个巡航飞行中，弹道倾角 γ 很小，因此 $\sin\gamma \approx \gamma$。而且在平衡状态节流阀设定值 $\beta<1$，所以在进行简化时只考虑 $\beta<1$ 时的推力系数 C_T。因此，我们得到状态相关的简化的状态空间模型

$$\begin{cases}\dot{\boldsymbol{x}}=\bar{\boldsymbol{f}}(\boldsymbol{x})\boldsymbol{x}+\boldsymbol{g}_1(\boldsymbol{x})\boldsymbol{u}\\ \boldsymbol{y}=\boldsymbol{C}\boldsymbol{x}\end{cases}\tag{7-6}$$

式中，

$$\bar{\boldsymbol{f}}(\boldsymbol{x})=\begin{bmatrix}-\dfrac{0.5\rho VS\cdot 0.003772}{m} & -\dfrac{\mu}{r^2} & 0 & -\dfrac{QS(0.645\alpha+0.0043378)}{m} & 0\\ \dfrac{\cos\gamma}{r} & 0 & -\dfrac{\mu\cos\gamma}{Vr^2h} & \dfrac{0.5\rho VS\cdot 0.6203}{m} & 0\\ 0 & V & 0 & 0 & 0\\ -\dfrac{\cos\gamma}{r} & 0 & \dfrac{\mu\cos\gamma}{Vr^2h} & -\dfrac{0.5\rho VS\cdot 0.6203}{m} & 1\\ \dfrac{0.5\rho VS\bar{c}\cdot 5.3261\times10^{-6}}{I_{yy}} & 0 & 0 & a_{54} & a_{55}\end{bmatrix};$$

$$\boldsymbol{g}_1(\boldsymbol{x})=\begin{bmatrix}\dfrac{QS\cdot 0.02576\cos\alpha}{m} & 0\\ \dfrac{QS\cdot 0.02576\sin\alpha}{mV} & 0\\ 0 & 0\\ -\dfrac{QS\cdot 0.02576\sin\alpha}{mV} & 0\\ 0 & \dfrac{QS\bar{c}c_e}{I_{yy}}\end{bmatrix};\ \boldsymbol{C}=\begin{bmatrix}1&0&0&0&0\\0&0&1&0&0\end{bmatrix}。$$

$$a_{54}=\frac{QS\bar{c}\ (-0.0035\alpha+0.036617-c_e)}{I_{yy}}$$

$$a_{55}=\frac{0.5\rho VS\bar{c}^2\ (-6.796\alpha^2+0.3015\alpha-0.2289)}{2I_{yy}}$$

另外，$Q=0.5\rho V^2$ 表示动压。

对式（7-6）离散化得到预测模型

$$\begin{cases}\boldsymbol{x}(k+1)=\boldsymbol{A}(\boldsymbol{x}(k))\boldsymbol{x}(k)+\boldsymbol{B}(\boldsymbol{x}(k))\boldsymbol{u}(k)\\ \boldsymbol{y}(k)=\boldsymbol{C}\boldsymbol{x}(k)\end{cases}\tag{7-7}$$

注 7.2：在式（7-6）中，$\bar{\boldsymbol{f}}(\boldsymbol{x})$ 和 $\boldsymbol{g}_1(\boldsymbol{x})$ 是与状态相关的矩阵，根据不同的分解方式，可以得到不同的矩阵形式。在下面叙述中，为了简化，采用 $\bar{\boldsymbol{f}},\boldsymbol{g}_1,\boldsymbol{A},\boldsymbol{B}$ 表示 $\bar{\boldsymbol{f}}(\boldsymbol{x}),\boldsymbol{g}_1(\boldsymbol{x}),\boldsymbol{A}(\boldsymbol{x}(k)),\boldsymbol{B}(\boldsymbol{x}(k))$。

7.3.2　基于线性矩阵不等式的鲁棒跟踪预测控制

预测控制跟踪算法一般是在每一时刻最小化某一时域内的跟踪误差和控制的加权和，其一般形式为

$$\begin{cases} \min\limits_{\boldsymbol{u}(k+i),i=0,1,\cdots,H_u} J \\ J=\sum\limits_{i=1}^{H_p}\|\boldsymbol{y}(k+i\mid k)-\boldsymbol{y}_r(k+i\mid k)\|_{\boldsymbol{Q}(i)}^2+\sum\limits_{i=0}^{H_u-1}\|\boldsymbol{u}(k+i\mid k)\|_{\boldsymbol{R}(i)}^2 \\ \text{s.t. 式(5-4)} \end{cases} \tag{7-8}$$

上式中，当不存在约束条件时，控制律形式为 $\boldsymbol{u}(k)=\boldsymbol{K}(\boldsymbol{x}(k))\boldsymbol{x}(k)$。当存在约束条件时，其控制律是关于状态的分段仿射线性函数，而不是关于状态的完全线性形式[75]。具有完全线性形式的反馈控制律才能保证在干扰存在的条件下实现无静差跟踪控制，在下文中将给出证明。因此，为了得到完全线性的反馈控制形式，拟采用基于线性矩阵不等式的方法来设计预测控制律。

首先把参考信号 $\boldsymbol{y}_r$ 对系统的影响转移到平移设定值 $\boldsymbol{x}_s$、$\boldsymbol{u}_s$，即在稳态时有

$$\begin{cases} \boldsymbol{x}_s=\boldsymbol{A}\boldsymbol{x}_s+\boldsymbol{B}\boldsymbol{u}_s \\ \boldsymbol{y}=\boldsymbol{C}\boldsymbol{x}_s=\boldsymbol{y}_r \end{cases} \tag{7-9}$$

给定参考信号 $\boldsymbol{y}_r$，可以得到平移设定值为

$$\begin{bmatrix} \boldsymbol{x}_s \\ \boldsymbol{u}_s \end{bmatrix}=\begin{bmatrix} \boldsymbol{I}-\boldsymbol{A} & -\boldsymbol{B} \\ \boldsymbol{C} & \boldsymbol{0} \end{bmatrix}^{-1}\begin{bmatrix} \boldsymbol{0} \\ \boldsymbol{y}_r \end{bmatrix} \tag{7-10}$$

对于连续系统式（7-6），平移设定值同样可以采用下式计算得到。

$$\begin{bmatrix} \boldsymbol{x}_s \\ \boldsymbol{u}_s \end{bmatrix}=\begin{bmatrix} \bar{\boldsymbol{f}} & \boldsymbol{g}_1 \\ \boldsymbol{C} & \boldsymbol{0} \end{bmatrix}^{-1}\begin{bmatrix} \boldsymbol{0} \\ \boldsymbol{y}_r \end{bmatrix} \tag{7-11}$$

注 7.3：严格来讲，由于系统的非线性特性，式（7-10）中的矩阵 $\boldsymbol{A},\boldsymbol{B}$ 和式（7-11）中的矩阵 $\bar{\boldsymbol{f}},\boldsymbol{g}_1$ 均与稳态情况下的设定状态 $\boldsymbol{x}_s$ 相关，不能根据式（7-10）和式（7-11）计算得到平移设定点。在计算设定点时，采用当前时刻状态 $\boldsymbol{x}_k$ 近似设定点 $\boldsymbol{x}_s$ 来计算矩阵 $\boldsymbol{A}$、$\boldsymbol{B}$、$\bar{\boldsymbol{f}}$、$\boldsymbol{g}_1$，从而根据式（7-10）或者式（7-11）计算得到平移设定点。采取这样的近似是可行的，因为，我们研究的是高超声速飞行器较小范围的巡航跟踪，所以当前时刻矩阵 $\boldsymbol{A}(\boldsymbol{x}_k)$、$\boldsymbol{B}(\boldsymbol{x}_k)$、$\bar{\boldsymbol{f}}(\boldsymbol{x}_k)$、$\boldsymbol{g}_1(\boldsymbol{x}_k)$ 与稳态条件下的矩阵 $\boldsymbol{A}(\boldsymbol{x}_s)$、$\boldsymbol{B}(\boldsymbol{x}_s)$、$\bar{\boldsymbol{f}}(\boldsymbol{x}_s)$、$\boldsymbol{g}_1(\boldsymbol{x}_s)$ 差别不大。根据采样定理，通过式（7-10）和式（7-11）计算得到的平移设定值是相等的。

在计算得到设定值后，令 $\bar{\boldsymbol{x}}=\boldsymbol{x}-\boldsymbol{x}_s$，$\bar{\boldsymbol{u}}=\boldsymbol{u}-\boldsymbol{u}_s$，根据式（7-7）、式（7-9）得到预测模型

$$\bar{\boldsymbol{x}}(k+1)=\boldsymbol{A}\bar{\boldsymbol{x}}(k)+\boldsymbol{B}\bar{\boldsymbol{u}}(k) \tag{7-12}$$

在设计预测控制规则时，将采用平移模型式（7-12）作为预测模型，把式（7-8）中的性能指标函数改为

$$J_{\infty}(k) = \sum_{i=0}^{\infty}[\|\boldsymbol{C}\boldsymbol{x}(k+i/k) - \boldsymbol{C}\boldsymbol{x}_s\|_{\boldsymbol{Q}}^2 + \|\boldsymbol{u}(k+i/k) - \boldsymbol{u}_s\|_{\boldsymbol{R}}^2] \tag{7-13}$$

选取函数 $V(\bar{\boldsymbol{x}}) = \bar{\boldsymbol{x}}^{\mathrm{T}}\boldsymbol{P}\bar{\boldsymbol{x}}, \boldsymbol{P}>\boldsymbol{0}$，使其满足

$$V(\bar{\boldsymbol{x}}(k+i+1/k)) - V(\bar{\boldsymbol{x}}(k+i/k)) \leqslant -[\|\boldsymbol{C}\bar{\boldsymbol{x}}(k+i/k)\|_{\boldsymbol{Q}}^2 + \|\bar{\boldsymbol{u}}(k+i/k)\|_{\boldsymbol{R}}^2] \tag{7-14}$$

与 6.2.1 节相似的转化过程，把控制器的设计过程转化为求解如下线性矩阵不等式问题：

$$\min_{\gamma, \boldsymbol{Q}_t, \boldsymbol{X}_t, \boldsymbol{Y}_t, \boldsymbol{Z}_t} \gamma \tag{7-15}$$

$$\text{s.t.} \begin{bmatrix} 1 & \bar{\boldsymbol{x}}(k/k)^{\mathrm{T}} \\ \bar{\boldsymbol{x}}(k/k) & \boldsymbol{Q}_t \end{bmatrix} \geqslant 0 \tag{7-16}$$

$$\begin{bmatrix} \boldsymbol{Q}_t & \boldsymbol{Q}_t\boldsymbol{A}^{\mathrm{T}} + \boldsymbol{Y}_t^{\mathrm{T}}\boldsymbol{B}^{\mathrm{T}} & \boldsymbol{Q}_t(\boldsymbol{C}^{\mathrm{T}}\boldsymbol{Q}\boldsymbol{C})^{1/2} & \boldsymbol{Y}_t^{\mathrm{T}}\boldsymbol{R}^{1/2} \\ \boldsymbol{A}\boldsymbol{Q}_t + \boldsymbol{B}\boldsymbol{Y}_t & \boldsymbol{Q}_t & \boldsymbol{0} & \boldsymbol{0} \\ (\boldsymbol{C}^{\mathrm{T}}\boldsymbol{Q}\boldsymbol{C})^{1/2}\boldsymbol{Q}_t & \boldsymbol{0} & \gamma\boldsymbol{I} & \boldsymbol{0} \\ \boldsymbol{R}^{1/2}\boldsymbol{Y}_t & \boldsymbol{0} & \boldsymbol{0} & \gamma\boldsymbol{I} \end{bmatrix} \geqslant 0 \tag{7-17}$$

控制约束和状态约束也可以转化为如下线性矩阵不等式：

$$\begin{bmatrix} \boldsymbol{X}_t & \boldsymbol{Y}_t \\ \boldsymbol{Y}_t^{\mathrm{T}} & \boldsymbol{Q}_t \end{bmatrix} \geqslant \boldsymbol{0},\ \boldsymbol{X}_{t,rr} \leqslant \boldsymbol{u}_{r,\max}^2,\ r = 1,2,\cdots,n_u \tag{7-18}$$

$$\boldsymbol{Z}_t - \boldsymbol{Q}_t \geqslant \boldsymbol{0},\ \boldsymbol{Z}_{t,jj} \leqslant \boldsymbol{x}_{j,\max}^2,\ j = 1,2,\cdots,n_x \tag{7-19}$$

在约束条件式（7-16）~式（7-19）下优化式（7-15）得到作用于实际系统的控制律为

$$\boldsymbol{u}(k) = \boldsymbol{u}_s + \boldsymbol{F}(\boldsymbol{x}(k) - \boldsymbol{x}_s) \tag{7-20}$$

7.3.3 干扰观测器

对于非线性系统式（7-5），采用如下方法设计非线性干扰观测器估计系统的未知干扰 $\boldsymbol{d}$[73]。

$$\begin{cases} \hat{\boldsymbol{d}} = \boldsymbol{z} + \boldsymbol{p}(\boldsymbol{x}) \\ \dot{\boldsymbol{z}} = -\boldsymbol{l}(\boldsymbol{x})(\boldsymbol{g}_2\hat{\boldsymbol{d}} + \boldsymbol{f}(\boldsymbol{x}) + \boldsymbol{g}_1(\boldsymbol{x})\boldsymbol{u}) \end{cases} \tag{7-21}$$

式中，$\hat{\boldsymbol{d}}$ 和 $\boldsymbol{z}$ 分别为扰动的估计值和非线性干扰观测器的内部状态；$\boldsymbol{p}(\boldsymbol{x})$ 为待设计的非线性向量值函数。$\boldsymbol{l}(\boldsymbol{x})$ 定义为

$$\boldsymbol{l}(\boldsymbol{x})=\frac{\partial \boldsymbol{p}(\boldsymbol{x})}{\partial \boldsymbol{x}} \tag{7-22}$$

假设 7.1：假设系统式（7-5）中的未知干扰 $\boldsymbol{d}$ 为慢时变的，即 $\dot{\boldsymbol{d}} \approx \boldsymbol{0}$。

根据式（7-5）、式（7-21）、式（7-22）可得

$$\begin{cases}\dot{\boldsymbol{e}}(t)+\dfrac{\partial \boldsymbol{p}(\boldsymbol{x})}{\partial \boldsymbol{x}}\boldsymbol{g}_2\boldsymbol{e}(t)=\boldsymbol{0}\\ \boldsymbol{e}=\boldsymbol{d}-\hat{\boldsymbol{d}}\end{cases} \tag{7-23}$$

可以通过选取合适的 $\boldsymbol{l}(\boldsymbol{x})$ 使得式（7-23）的扰动估计误差是渐近收敛的。

7.3.4　组合控制规则设计

假定对于受扰动非线性系统式（7-5），设计的组合控制律为

$$\boldsymbol{u}=\boldsymbol{a}(\boldsymbol{x})+\boldsymbol{b}(\boldsymbol{x})\hat{\boldsymbol{d}} \tag{7-24}$$

式中，$\boldsymbol{a}(\boldsymbol{x})$ 为标称控制律；$\boldsymbol{b}(\boldsymbol{x})$ 为待设计的扰动补偿增益；$\hat{\boldsymbol{d}}$ 为式（7-21）的扰动估计。

下面设计的扰动补偿只有在闭环系统稳定的情况下，才能实现输出对参考信号的无静差跟踪。闭环系统的稳定性必须满足一定的条件，因此，引入如下引理说明闭环系统需满足的稳定性条件。

引理 7.1[76]：把外部扰动作为输入信号，把系统状态和估计误差作为闭环系统的状态，即 $\bar{\boldsymbol{x}}=\begin{bmatrix}\boldsymbol{x}\\ \boldsymbol{e}\end{bmatrix}$，并且令 $\boldsymbol{F}(\bar{\boldsymbol{x}})=\begin{bmatrix}\boldsymbol{f}(\boldsymbol{x})+\boldsymbol{g}_1(\boldsymbol{x})\boldsymbol{a}(\boldsymbol{x})-\boldsymbol{g}_1(\boldsymbol{x})\boldsymbol{b}(\boldsymbol{x})\boldsymbol{e}\\ -\boldsymbol{l}(\boldsymbol{x})\boldsymbol{g}_2(\boldsymbol{x})\boldsymbol{e}\end{bmatrix}$。由非线性系统式（7-5）、组合控制律式（7-24）和非线性干扰观测器式（7-21）组成的闭环系统是输入-状态稳定的，如果满足如下条件：

1）非线性系统式（7-5）在标称情况下，在标称控制律 $\boldsymbol{a}(\boldsymbol{x})$ 的作用下是全局渐近稳定的。

2）选取非线性向量值函数 $\boldsymbol{p}(\boldsymbol{x})$ 保证干扰观测器式（7-21）的观测误差是全局渐近稳定的。

3）扰动补偿增益 $\boldsymbol{b}(\boldsymbol{x})$ 满足如下条件

$$\boldsymbol{g}_2(\boldsymbol{x})+\boldsymbol{g}_1(\boldsymbol{x})\boldsymbol{b}(\boldsymbol{x})=\boldsymbol{H}(\bar{\boldsymbol{x}})\boldsymbol{M}(\bar{\boldsymbol{x}})$$

式中，$\boldsymbol{H}(\bar{\boldsymbol{x}})$ 是任意矩阵；$\boldsymbol{M}(\bar{\boldsymbol{x}})$ 应保证如下系统

$$\dot{\bar{\boldsymbol{x}}}=\boldsymbol{F}(\bar{\boldsymbol{x}})+\begin{bmatrix}\boldsymbol{H}(\bar{\boldsymbol{x}})\boldsymbol{M}(\bar{\boldsymbol{x}})\\ \boldsymbol{0}\end{bmatrix}\boldsymbol{d}$$

是输入-状态稳定的。

7.3.5　两种补偿方式

为了消除干扰对系统输出的影响，提出两种补偿方式，分别是采用扰动补偿

增益和直接反馈补偿的方式。

1. 设计扰动补偿增益[77]

对于系统式（7-5），基于非线性干扰观测器的无静差鲁棒预测控制律为

$$\boldsymbol{u}=\boldsymbol{u}_s+\boldsymbol{F}(\boldsymbol{x}-\boldsymbol{x}_s)+\boldsymbol{b}(\boldsymbol{x})\hat{\boldsymbol{d}} \tag{7-25}$$

式中，$\boldsymbol{u}_s+\boldsymbol{F}(\boldsymbol{x}-\boldsymbol{x}_s)$ 为式（7-2）的标称控制律；$\hat{\boldsymbol{d}}$ 为式（7-21）的扰动估计；$\boldsymbol{b}(\boldsymbol{x})$为扰动补偿增益矩阵，可以采用如下公式计算得到。

$$\boldsymbol{b}(\boldsymbol{x})=-[\boldsymbol{C}(\bar{\boldsymbol{f}}+\boldsymbol{g}_1\boldsymbol{F})^{-1}\boldsymbol{g}_1]^{-1}\boldsymbol{C}(\bar{\boldsymbol{f}}+\boldsymbol{g}_1\boldsymbol{F})^{-1}\boldsymbol{g}_2 \tag{7-26}$$

定理 7.1：非线性系统式（7-5）在满足$\boldsymbol{f}=\bar{\boldsymbol{f}}\boldsymbol{x}$的条件下，如果闭环系统是输入-状态稳定的，则在控制律式（7-25）的作用下，可以保证对输出的无静差跟踪。

证明：把式（7-25）代入式（7-5），得到

$$\dot{\boldsymbol{x}}=\boldsymbol{f}(\boldsymbol{x})+\boldsymbol{g}_1(\boldsymbol{u}_s+\boldsymbol{F}(\boldsymbol{x}-\boldsymbol{x}_s)+\boldsymbol{b}(\boldsymbol{x})\hat{\boldsymbol{d}})-\boldsymbol{g}_2\boldsymbol{d} \tag{7-27}$$

由式（7-6）得到$\boldsymbol{f}(\boldsymbol{x})=\bar{\boldsymbol{f}}\boldsymbol{x}$，因此

$$\boldsymbol{x}=(\bar{\boldsymbol{f}}+\boldsymbol{g}_1\boldsymbol{F})^{-1}[\dot{\boldsymbol{x}}-\boldsymbol{g}_1(\boldsymbol{u}_s-\boldsymbol{F}\boldsymbol{x}_s+\boldsymbol{b}(\boldsymbol{x})\hat{\boldsymbol{d}})-\boldsymbol{g}_2\boldsymbol{d}] \tag{7-28}$$

于是可得

$$\boldsymbol{y}=\boldsymbol{C}(\bar{\boldsymbol{f}}+\boldsymbol{g}_1\boldsymbol{F})^{-1}[\dot{\boldsymbol{x}}-\boldsymbol{g}_1(\boldsymbol{u}_s-\boldsymbol{F}\boldsymbol{x}_s+\boldsymbol{b}(\boldsymbol{x})\hat{\boldsymbol{d}})-\boldsymbol{g}_2\boldsymbol{d}] \tag{7-29}$$

将式（7-26）代入式（7-29），有

$$\begin{aligned}\boldsymbol{y}=\;&\boldsymbol{C}(\bar{\boldsymbol{f}}+\boldsymbol{g}_1\boldsymbol{F})^{-1}\\&[\dot{\boldsymbol{x}}-\boldsymbol{g}_1(\boldsymbol{u}_s-\boldsymbol{F}\boldsymbol{x}_s-[\boldsymbol{C}(\bar{\boldsymbol{f}}+\boldsymbol{g}_1\boldsymbol{F})^{-1}\boldsymbol{g}_1]^{-1}\boldsymbol{C}(\bar{\boldsymbol{f}}+\boldsymbol{g}_1\boldsymbol{F})^{-1}\boldsymbol{g}_2\hat{\boldsymbol{d}})-\boldsymbol{g}_2\boldsymbol{d}]\end{aligned} \tag{7-30}$$

$$\begin{aligned}=\;&\boldsymbol{C}(\bar{\boldsymbol{f}}+\boldsymbol{g}_1\boldsymbol{F})^{-1}(\dot{\boldsymbol{x}}-\boldsymbol{g}_1(\boldsymbol{u}_s-\boldsymbol{F}\boldsymbol{x}_s))+\\&\boldsymbol{C}(\bar{\boldsymbol{f}}+\boldsymbol{g}_1\boldsymbol{F})^{-1}\boldsymbol{g}_1[\boldsymbol{C}(\bar{\boldsymbol{f}}+\boldsymbol{g}_1\boldsymbol{F})^{-1}\boldsymbol{g}_1]^{-1}\boldsymbol{C}(\bar{\boldsymbol{f}}+\boldsymbol{g}_1\boldsymbol{F})^{-1}\boldsymbol{g}_2\hat{\boldsymbol{d}}-\\&\boldsymbol{C}(\bar{\boldsymbol{f}}+\boldsymbol{g}_1\boldsymbol{F})^{-1}\boldsymbol{g}_2\boldsymbol{d}\end{aligned} \tag{7-31}$$

$$\begin{aligned}=\;&\boldsymbol{C}(\bar{\boldsymbol{f}}+\boldsymbol{g}_1\boldsymbol{F})^{-1}(\dot{\boldsymbol{x}}-\boldsymbol{g}_1(\boldsymbol{u}_s-\boldsymbol{F}\boldsymbol{x}_s))+\boldsymbol{C}(\bar{\boldsymbol{f}}+\boldsymbol{g}_1\boldsymbol{F})^{-1}\boldsymbol{g}_2\hat{\boldsymbol{d}}-\\&\boldsymbol{C}(\bar{\boldsymbol{f}}+\boldsymbol{g}_1\boldsymbol{F})^{-1}\boldsymbol{g}_2\boldsymbol{d}\end{aligned} \tag{7-32}$$

把式（7-23）代入式（7-32），可得

$$\boldsymbol{y}=\boldsymbol{C}(\bar{\boldsymbol{f}}+\boldsymbol{g}_1\boldsymbol{F})^{-1}(\dot{\boldsymbol{x}}-\boldsymbol{g}_1(\boldsymbol{u}_s-\boldsymbol{F}\boldsymbol{x}_s))-\boldsymbol{C}(\bar{\boldsymbol{f}}+\boldsymbol{g}_1\boldsymbol{F})^{-1}\boldsymbol{g}_2\boldsymbol{e} \tag{7-33}$$

因为闭环系统是稳定的，所以其状态存在一个稳定状态，有$\lim\limits_{t\to\infty}\dot{\boldsymbol{x}}\to 0$，式（7-33）成为

$$\boldsymbol{y}=-\boldsymbol{C}(\bar{\boldsymbol{f}}+\boldsymbol{g}_1\boldsymbol{F})^{-1}\boldsymbol{g}_1(\boldsymbol{u}_s-\boldsymbol{F}\boldsymbol{x}_s)-\boldsymbol{C}(\bar{\boldsymbol{f}}+\boldsymbol{g}_1\boldsymbol{F})^{-1}\boldsymbol{g}_2\boldsymbol{e} \tag{7-34}$$

因为可以通过选取$\boldsymbol{l}(\boldsymbol{x})$使得干扰观测器稳定，所以扰动的估计误差将收敛到0。因此，式（7-34）变为

$$y = -C(\bar{f} + g_1F)^{-1}g_1(u_s - Fx_s) \tag{7-35}$$

采用分块矩阵求逆公式

$$\begin{bmatrix} A & B \\ C & D \end{bmatrix}^{-1} = \begin{bmatrix} A^{-1} + A^{-1}B(D - CA^{-1}B)^{-1}CA^{-1} & -A^{-1}B(D - CA^{-1}B)^{-1} \\ -(D - CA^{-1}B)^{-1}CA^{-1} & (D - CA^{-1}B)^{-1} \end{bmatrix} \tag{7-36}$$

由式（7-11）可得

$$\begin{bmatrix} x_s \\ u_s \end{bmatrix} = \begin{bmatrix} \bar{f} & g_1 \\ C & 0 \end{bmatrix}^{-1} \begin{bmatrix} 0 \\ y_r \end{bmatrix} = \begin{bmatrix} \bar{f}^{-1}g_1(C\bar{f}^{-1}g_1)^{-1}y_r \\ -(C\bar{f}^{-1}g_1)^{-1}y_r \end{bmatrix} \tag{7-37}$$

把式（7-37）代入式（7-35），则有

$$\begin{aligned} y &= -C(\bar{f} + g_1F)^{-1}g_1(-(C\bar{f}^{-1}g_1)^{-1}y_r - F\bar{f}^{-1}g_1(C\bar{f}^{-1}g_1)^{-1}y_r) \\ &= C(\bar{f} + g_1F)^{-1}g_1(I + F\bar{f}^{-1}g_1)(C\bar{f}^{-1}g_1)^{-1}y_r \\ &= C(\bar{f} + g_1F)^{-1}(I + g_1F\bar{f}^{-1})g_1(C\bar{f}^{-1}g_1)^{-1}y_r \\ &= C(\bar{f} + g_1F)^{-1}(\bar{f} + g_1F)\bar{f}^{-1}g_1(C\bar{f}^{-1}g_1)^{-1}y_r \\ &= C\bar{f}^{-1}g_1(C\bar{f}^{-1}g_1)^{-1}y_r \\ &= y_r \end{aligned}$$

所以，扰动对系统输出的影响被完全消除，即在稳态时实现对输出的无静差跟踪。

上面的证明中，只有在闭环系统是稳定的情况下才能保证输出对参考信号的无静差跟踪，下面对闭环系统的稳定性进行证明。在证明稳定性之前引入一个引理。

引理 7.2[78]：考虑非线性系统 $\dot{x} = H(x, d), x \in R^n$，$d \in R^m$ 满足 $H(0,0) = 0$，假设在平衡状态 $x = 0$ 处满足 $\dot{x} = H(x, 0)$ 是全局渐近稳定的，则存在 $m \times m$ 非奇异矩阵 $M(x), \forall x \in R$，使得 $\dot{x} = H(x, M(x)d)$ 是从输入到状态稳定的。

定理 7.2：系统式（7−5）在组合控制规则式（7−25）的作用下，是从输入到状态稳定的。

证明：把外部扰动作为输入信号，把系统状态和估计误差作为闭环系统的状态，即

$$\bar{x} = \begin{bmatrix} x \\ e \end{bmatrix}$$

根据式（7-5）、式（7-23）和式（7-25）可得闭环系统

$$\dot{\bar{x}} = \left[\bar{f}x + g_1(u_s + F(x - x_s) + b(x)\hat{d}) + g_2d - l(x)g_2e\right] =$$

$$\left[\bar{f}x + g_1(u_s + F(x - x_s) + b(x)\hat{d}) - l(x)g_2e\right] + \begin{bmatrix} g_2 \\ 0 \end{bmatrix} d$$

由式（7-37）可知平移设定值只与参考信号有关。由于参考信号为常值参考信号，对闭环系统的稳定性没有影响。因此，可以忽略参考信号的影响。于是可导出

$$\dot{\bar{x}} = \begin{bmatrix} (\bar{f} + g_1F)x + g_1b(x)e \\ -l(x)g_2e \end{bmatrix} + \begin{bmatrix} g_1b(x) + g_2 \\ 0 \end{bmatrix} d$$

当 $d=0$ 时，由引理 7.1 可知可以通过选取合适的估计器增益 $l(x)$、控制规则 F 和扰动补偿增益 $b(x)$，可以保证系统是渐近稳定的。而当 $d\neq 0$ 时，根据引理 7.2，存在关于 x 的非奇异光滑函数矩阵 $g_1b(x)+g_2$，使得闭环系统是输入-状态稳定的。

2. 直接反馈补偿[79]

通过扰动补偿增益的方式尽管可以实现无静差跟踪，但是设计扰动补偿增益有时候需要求解高阶导数或者需要对比较高维的矩阵求逆，求解过程比较复杂。因此，下面提出一种直接反馈补偿的方式实现无静差跟踪。

在计算平移设定值时直接考虑扰动的影响，把式（7-11）变为

$$\begin{bmatrix} x_s \\ u_s \end{bmatrix} = \begin{bmatrix} \bar{f} & g_1 \\ C & 0 \end{bmatrix}^{-1} \begin{bmatrix} -g_2\hat{d} \\ y_r \end{bmatrix} \tag{7-38}$$

干扰观测器设计和控制规则的设计与 7.3.2 节、7.3.3 节的设计方法相同。下面的定理表明采用这种补偿策略也可以保证对输出的无静差跟踪。

定理 7.3：非线性系统式（7-5）在满足条件 $f=\bar{f}x$ 的条件下，如果闭环系统是输入-状态稳定的，在控制律式（7-20）（其中的平移设定值由式（7-38）计算得到）的作用下，能保证对输出的无静差跟踪。

证明：采用式（7-36）计算式（7-38）的平移设定点，有

$$\begin{cases} x_s = (\bar{f}^{-1}g_1(C\bar{f}^{-1}g_1)^{-1}C\bar{f}^{-1} - \bar{f}^{-1})g_2\hat{d} + \bar{f}^{-1}g_1(C\bar{f}^{-1}g_1)^{-1}y_r \\ u_s = -(C\bar{f}^{-1}g_1)^{-1}C\bar{f}^{-1}g_2\hat{d} - (C\bar{f}^{-1}g_1)^{-1}y_r \end{cases} \tag{7-39}$$

把控制律式（7-20）代入系统式（7-5）有

$$\dot{x} = \bar{f}x + g_1(u_s + F(x - x_s)) + g_2d \tag{7-40}$$

所以

$$x = (\bar{f} + g_1F)^{-1}(\dot{x} - g_1(u_s - Fx_s) - g_2d) \tag{7-41}$$

把式（7-39）代入式（7-41），可得

$$x = (\bar{f} + g_1F)^{-1}\dot{x} + (\bar{f} + g_1F)^{-1}g_1((C\bar{f}^{-1}g_1)^{-1} + F\bar{f}^{-1}g_1(C\bar{f}^{-1}g_1)^{-1})y_r +$$

$$(\bar{f}+g_1F)^{-1}g_1((I+F\bar{f}^{-1}g_1)(C\bar{f}^{-1}g_1)^{-1}C\bar{f}^{-1}-F\bar{f}^{-1})g_2\hat{d}-(\bar{f}+g_1F)^{-1}g_2d$$

因此

$$y=Cx=C(\bar{f}+g_1F)^{-1}\dot{x}+C(\bar{f}+g_1F)^{-1}g_1((C\bar{f}^{-1}g_1)^{-1}+F\bar{f}^{-1}g_1(F\bar{f}^{-1}g_1)^{-1})y_r+$$
$$C(\bar{f}+g_1F)^{-1}g_1((I+F\bar{f}^{-1}g_1)(C\bar{f}^{-1}g_1)^{-1}C\bar{f}^{-1}-F\bar{f}^{-1})g_2\hat{d}-C(\bar{f}+g_1F)^{-1}g_2d$$

从上式可以看到，输出主要受 $\dot{x}$、$\hat{d}$、y_r、d 影响。对于上式中的第三项，有

$$\begin{aligned}
&C(\bar{f}+g_1F)^{-1}g_1((I+F\bar{f}^{-1}g_1)(C\bar{f}^{-1}g_1)^{-1}C\bar{f}^{-1}-F\bar{f}^{-1})g_2\hat{d}\\
&=C(\bar{f}+g_1F)^{-1}g_1(I+F\bar{f}^{-1}g_1)(C\bar{f}^{-1}g_1)^{-1}C\bar{f}^{-1}g_2\hat{d}-C(\bar{f}+g_1F)^{-1}g_1F\bar{f}^{-1}g_2\hat{d}\\
&=C(\bar{f}+g_1F)^{-1}(I+g_1F\bar{f}^{-1})g_1(C\bar{f}^{-1}g_1)^{-1}C\bar{f}^{-1}g_2\hat{d}-C(\bar{f}+g_1F)^{-1}g_1F\bar{f}^{-1}g_2\hat{d}\\
&=C(\bar{f}+g_1F)^{-1}(\bar{f}+g_1F)\bar{f}^{-1}g_1(C\bar{f}^{-1}g_1)^{-1}C\bar{f}^{-1}g_2\hat{d}-C(\bar{f}+g_1F)^{-1}g_1F\bar{f}^{-1}g_2\hat{d}\\
&=C\bar{f}^{-1}g_1(C\bar{f}^{-1}g_1)^{-1}C\bar{f}^{-1}g_2\hat{d}-C(\bar{f}+g_1F)^{-1}g_1F\bar{f}^{-1}g_2\hat{d}\\
&=C\bar{f}^{-1}g_2\hat{d}-C(\bar{f}+g_1F)^{-1}g_1F\bar{f}^{-1}g_2\hat{d}\\
&=C(\bar{f}+g_1F)^{-1}(\bar{f}+g_1F-g_1F)\bar{f}^{-1}g_2\hat{d}\\
&=C(\bar{f}+g_1F)^{-1}g_2\hat{d}
\end{aligned}$$

进一步地

$$\begin{aligned}
y&=C(\bar{f}+g_1F)^{-1}\dot{x}+C(\bar{f}+g_1F)^{-1}g_2\hat{d}-C(\bar{f}+g_1F)^{-1}g_2d+\\
&\quad C(\bar{f}+g_1F)^{-1}g_1((C\bar{f}^{-1}g_1)^{-1}+F\bar{f}^{-1}g_1(C\bar{f}^{-1}g_1)^{-1})y_r\\
&=C(\bar{f}+g_1F)^{-1}\dot{x}-g_1(\bar{f}+g_1F)^{-1}g_2e+C(\bar{f}+g_1F)^{-1}g_1((C\bar{f}^{-1}g_1)^{-1}+\\
&\quad F\bar{f}^{-1}g_1(C\bar{f}^{-1}g_1)^{-1})y_r
\end{aligned}$$

考虑到 $\lim\limits_{t\to\infty}\dot{x}\to 0$，$\lim\limits_{t\to\infty}e\to 0$，在稳态时有

$$\begin{aligned}
y_s&=C(\bar{f}+g_1F)^{-1}g_1((C\bar{f}^{-1}g_1)^{-1}+F\bar{f}^{-1}g_1(C\bar{f}^{-1}g_1)^{-1})y_r\\
&=C(\bar{f}+g_1F)^{-1}g_1(I+F\bar{f}^{-1}g_1)(C\bar{f}^{-1}g_1)^{-1}y_r\\
&=C(\bar{f}+g_1F)^{-1}(I+g_1F\bar{f}^{-1})g_1(C\bar{f}^{-1}g_1)^{-1}y_r\\
&=C(\bar{f}+g_1F)^{-1}(\bar{f}+g_1F)\bar{f}^{-1}g_1(C\bar{f}^{-1}g_1)^{-1}y_r\\
&=C\bar{f}^{-1}g_1(C\bar{f}^{-1}g_1)^{-1}y_r\\
&=y_r
\end{aligned}$$

所以，只要闭环系统是稳定的，即可保证输出在稳态时无静差地跟踪给定的参考信号。

类似于补偿方式一，采用直接补偿方式也可以采用引理 7.1、引理 7.2 对系统进行稳定性证明。

定理 7.4：系统式（7-5）在组合控制规则式（7-20）的作用下，是从输入到状态稳定的，其中式（7-20）的平移设定值由式（7-38）计算得到。

证明：把外部扰动作为输入信号，把系统状态和估计误差作为闭环系统的状态，即

$$\bar{\boldsymbol{x}}=\begin{bmatrix}\boldsymbol{x}\\ \boldsymbol{e}\end{bmatrix}$$

根据式（7-5）、式（7-20）和式（7-21）可得闭环系统为

$$\dot{\bar{\boldsymbol{x}}}=\begin{bmatrix}\bar{\boldsymbol{f}}\boldsymbol{x}+\boldsymbol{g}_1(\boldsymbol{u}_s+\boldsymbol{F}(\boldsymbol{x}-\boldsymbol{x}_s))+\boldsymbol{g}_2\boldsymbol{d}\\ -\boldsymbol{l}(\boldsymbol{x})\boldsymbol{g}_2\boldsymbol{e}\end{bmatrix}=\begin{bmatrix}\bar{\boldsymbol{f}}\boldsymbol{x}+\boldsymbol{g}_1(\boldsymbol{u}_s+\boldsymbol{F}(\boldsymbol{x}-\boldsymbol{x}_s))\\ -\boldsymbol{l}(\boldsymbol{x})\boldsymbol{g}_2\boldsymbol{e}\end{bmatrix}+\begin{bmatrix}\boldsymbol{g}_2\\ \boldsymbol{0}\end{bmatrix}\boldsymbol{d}$$

由于参考信号对系统稳定性没有影响，忽略参考信号的影响，即令 $\boldsymbol{y}_r=\boldsymbol{0}$，将式（7-39）代入上式，有

$$\dot{\bar{\boldsymbol{x}}}=\begin{bmatrix}(\bar{\boldsymbol{f}}+\boldsymbol{g}_1\boldsymbol{F})\boldsymbol{x}+\boldsymbol{g}_1\boldsymbol{G}\boldsymbol{g}_2\boldsymbol{e}\\ -\boldsymbol{l}(\boldsymbol{x})\boldsymbol{g}_2\boldsymbol{e}\end{bmatrix}+\begin{bmatrix}-(\boldsymbol{g}_1\boldsymbol{G}+\boldsymbol{I})\boldsymbol{g}_2\\ \boldsymbol{0}\end{bmatrix}\boldsymbol{d}$$

式中，$\boldsymbol{G}=(\bar{\boldsymbol{h}}\bar{\boldsymbol{f}}^{-1}\boldsymbol{g}_1)^{-1}\bar{\boldsymbol{h}}\bar{\boldsymbol{f}}^{-1}+\boldsymbol{F}\bar{\boldsymbol{f}}^{-1}\boldsymbol{g}_1(\bar{\boldsymbol{h}}\bar{\boldsymbol{f}}^{-1}\boldsymbol{g}_1)^{-1}\bar{\boldsymbol{h}}\bar{\boldsymbol{f}}^{-1}+\boldsymbol{F}\bar{\boldsymbol{f}}^{-1}$。当 $\boldsymbol{d}=\boldsymbol{0}$ 时，根据引理 7.1，可以通过选取合适的估计器增益 $\boldsymbol{l}(\boldsymbol{x})$ 和控制规则 $\boldsymbol{F}$ 保证系统是渐近稳定的。而当 $\boldsymbol{d}\neq\boldsymbol{0}$ 时，根据引理 7.2，存在关于 $\boldsymbol{x}$ 的非奇异光滑函数矩阵 $(\boldsymbol{g}_1\boldsymbol{G}+\boldsymbol{I})\boldsymbol{g}_2$，使得闭环系统是从输入-状态稳定的。

注 7.4：在证明文中提出的两种补偿方式可以实现输出对参考信号的无静差跟踪特性时，没有对干扰观测器的形式作任何假设，因此只要采用的干扰观测器能保证干扰信号的估计误差是收敛的，即可以保证输出对参考信号的无静差跟踪。也就是说，采用任何一种有效的干扰观测器结合提出的预测控制方法和两种补偿方式即可以保证输出对参考信号的无静差跟踪。为了验证这一点，在仿真中，采用参考文献［80］中的扩张状态观测器结合所提出的预测控制方法进行仿真试验。

7.3.6 仿真结果与分析

为了验证提出方法的有效性，考虑系统在存在外部干扰和参数不确定性条件下分别进行仿真。假设速度和高度的参考信号分别为从标称平衡条件 $V=4590.3\text{m/s}$，$h=33528\text{m}$ 下进行 30.48m/s，30.48m 的阶跃机动信号。考虑控制和攻角的约束条件为 $0\leqslant\beta\leqslant3$，$-20°\leqslant\delta_e\leqslant20°$，$-8°\leqslant\alpha\leqslant8°$。为了说明算法的强鲁棒性，采用标称预测控制算法进行对比仿真分析。仿真中预测控制加权矩阵取为 $\boldsymbol{Q}=\boldsymbol{I}$，$\boldsymbol{R}=\boldsymbol{I}$，非线性干扰观测器的观测器增益取 $\boldsymbol{l}(\boldsymbol{x})=50\boldsymbol{I}$。

1. 外部干扰情况

考虑 $t=10\text{s}$ 时外部干扰信号 $d_1=-5$，$d_3=10$，$t=20\text{s}$ 时 $d_2=0.001\sin(0.2\pi t)$，$d_4=0.05$，$d_5=0.2+0.1\sin(0.3\pi t+\pi)$，仿真结果如图 7-1 所示。从图 7-1a、b 可以看到：前 10s，三条仿真曲线基本重合。说明提出的算法基本保持了预测控制良好的标称控制性能。当加上干扰信号后，采用单纯的预测控制方法不能实现对速度和高度的良好跟踪，呈现震荡发散的形式；而采用本章提出的两种补偿方式均能准确地跟踪给定的速度和高度参考信号，消除了稳态情况下干扰对系统输出的影响。从图 7-1c、d、e 可以看到攻角和控制量均在给定约束范围内，说明提出的算法保持了预测控制的约束处理能力。

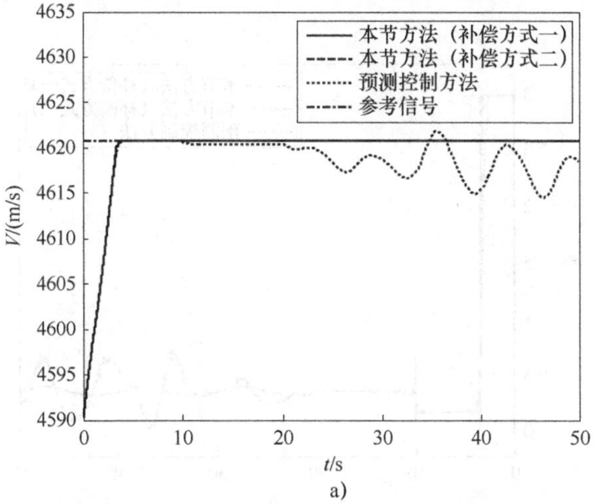

a)

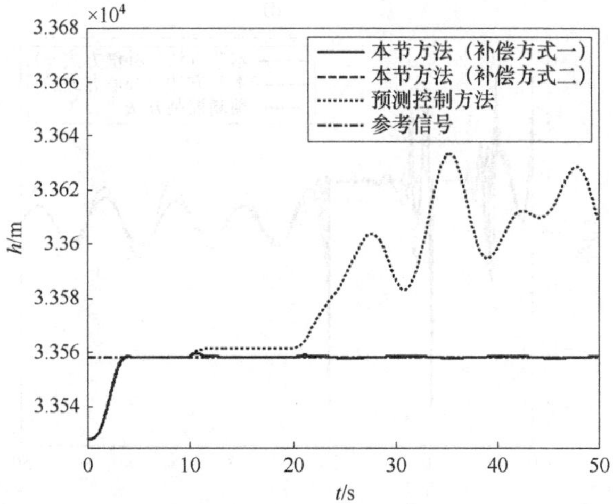

b)

图 7-1　基于干扰补偿的系统响应（存在外部干扰）

a）速度跟踪对比情况　b）高度跟踪对比情况

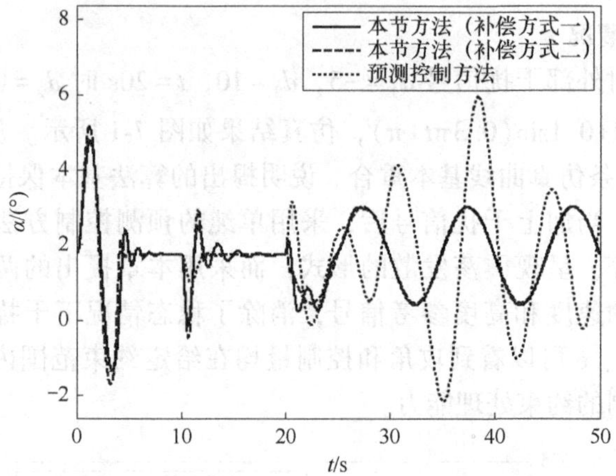

c)

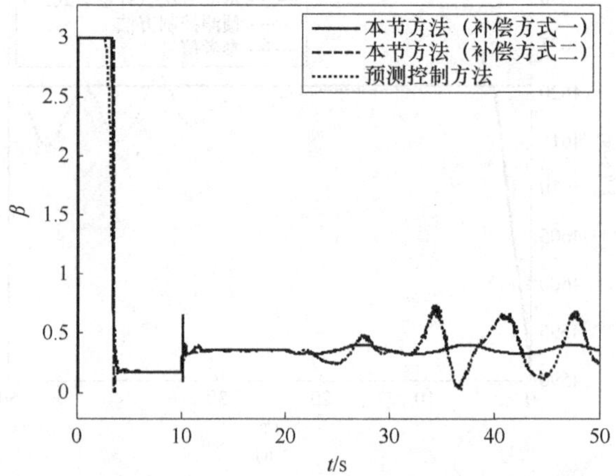

d)

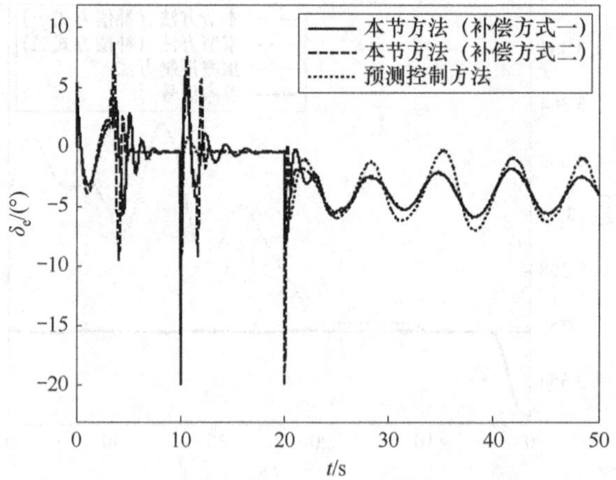

e)

图 7-1　基于干扰补偿的系统响应（存在外部干扰）（续）

c）攻角响应对比情况　d）阀门开度对比情况　e）舵偏角对比情况

2. 参数不确定情况

取 7.2.1 节中参数不确定为其最大值，即 $\Delta=0.4$，仿真结果如图 7-2 所示。从图 7-2a、b 可以看到采用单纯的预测控制方法，基本能跟踪上给定的速度参考信号，但是高度存在稳态跟踪误差，说明预测控制本身具有一定的鲁棒性；采用本章提出的两种补偿方式均能实现速度和高度对其参考信号的无静差跟踪。

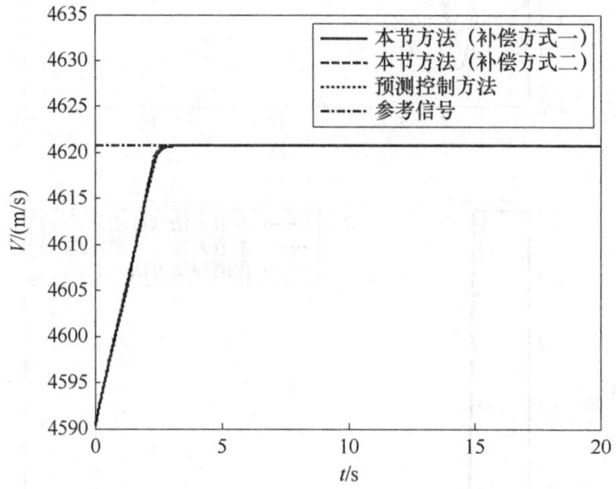

a)

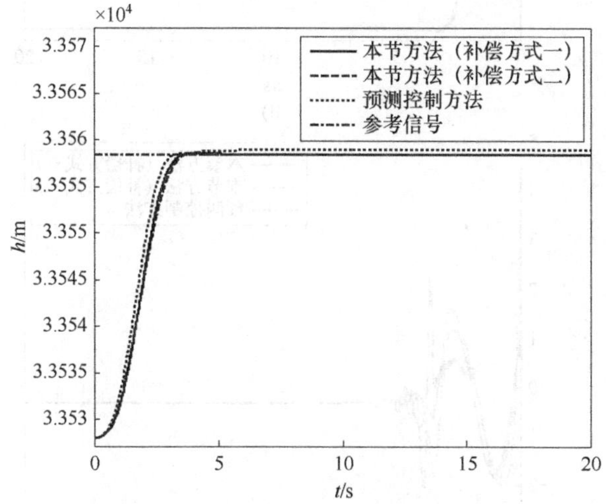

b)

图 7-2　基于干扰补偿的系统响应（存在正参数不确定性）

a）速度跟踪对比情况　b）高度跟踪对比情况

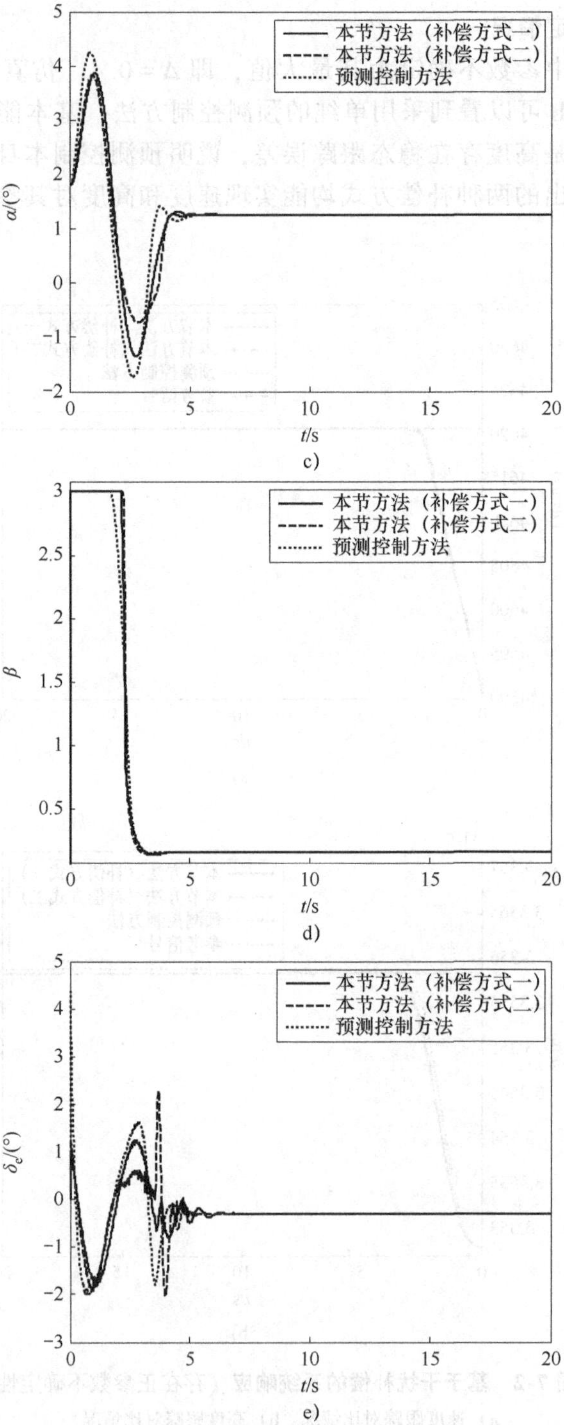

图 7-2　基于干扰补偿的系统响应（存在正参数不确定性）（续）

c）攻角响应对比情况　d）阀门开度对比情况　e）舵偏角对比情况

取 7.2.1 节中参数不确定为其负的最大值，即 $\Delta=-0.4$，仿真结果如图 7-3 所示。从图 7-3a、b、c 可以看到，采用单纯的预测控制方法，系统发散，说明该条件下的参数不确定性对系统的影响较大。即使在这种极端情况下，本章提出的两种无静差跟踪预测控制补偿方法仍然能实现对速度和高度的准确跟踪，充分验证了所提出方法的强鲁棒性。

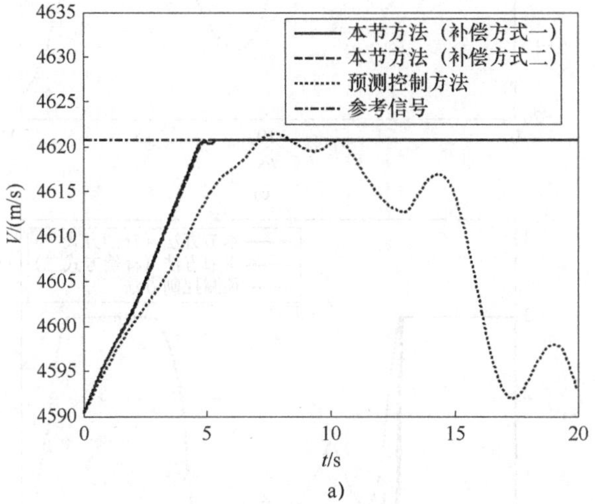

a)

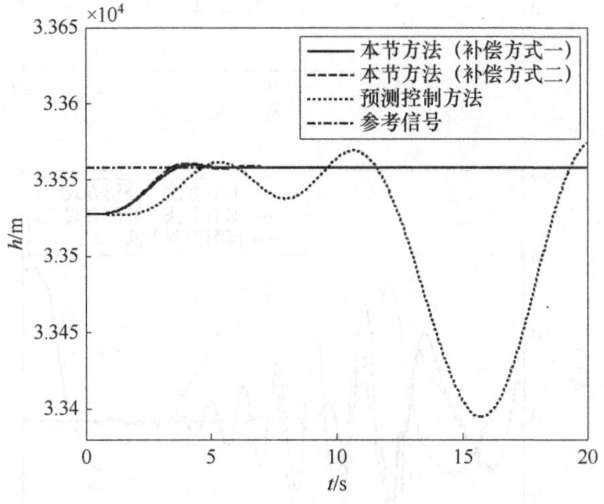

b)

图 7-3　基于干扰补偿的系统响应（存在负参数不确定性）

a）速度跟踪对比情况　b）高度跟踪对比情况

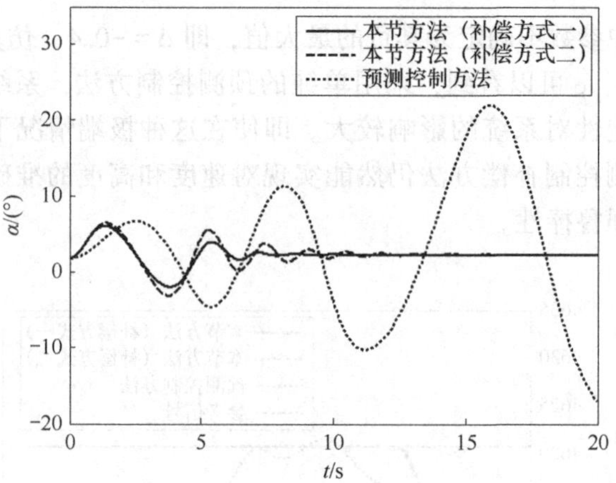

c)

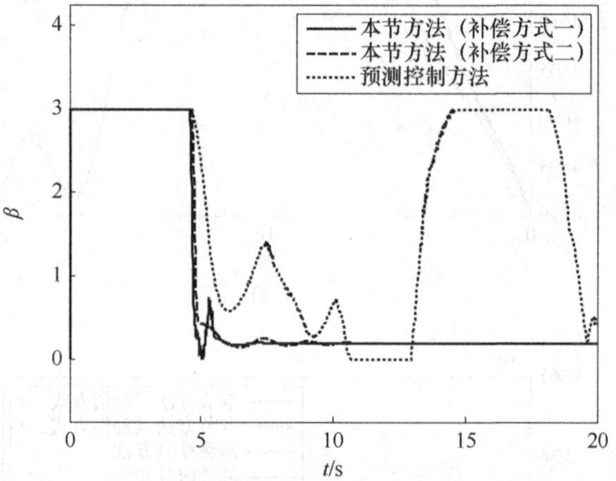

d)

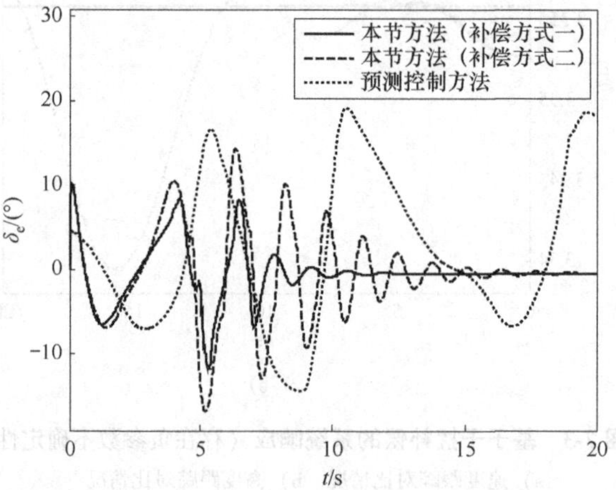

e)

图 7-3　基于干扰补偿的系统响应（存在负参数不确定性）（续）

c）攻角响应对比情况　d）阀门开度对比情况　e）舵偏角对比情况

扩张状态观测器利用观测器形式的微分跟踪器形式，只要选取适当的非线性函数和相应的参数，即可以很好地跟踪不确定对象的扩张状态。通过一定的变换可以采用扩张状态观测器来估计系统的干扰信号[81]。为了验证提出的方法对观测器形式没有要求，只要观测器的误差是收敛的，即可以保证无静差跟踪特性，采用如下的扩张状态观测器估计参数不确定和外部干扰组成的复合干扰信号。其中标称控制律和补偿方式采用 7.3 节所述的完全相同的设计方法。

对于高超声速飞行器受扰系统式（7-3），设计如下扩张状态观测器估计高超声速飞行器受到的复合干扰信号：

$$\begin{cases} \boldsymbol{e} = \boldsymbol{\xi} - \boldsymbol{x} \\ \dot{\boldsymbol{\xi}} = \boldsymbol{f} + \boldsymbol{g}_1\boldsymbol{u} + \boldsymbol{\zeta} - \boldsymbol{\phi e} \\ \dot{\boldsymbol{\zeta}} = -\boldsymbol{\varphi fal}(e_i, \varepsilon_i, \delta_i), i = 1,2,\cdots,5 \end{cases} \tag{7-42}$$

式中，$\boldsymbol{x}$ 为高超声速飞行器的状态量；$\boldsymbol{f}, \boldsymbol{g}_1$ 为式（7-5）对应的高超声速飞行器的非线性模型。$\boldsymbol{\phi} = \mathrm{diag}\{\beta_1, \beta_2, \beta_3, \beta_4, \beta_5\}$，$\boldsymbol{\varphi} = \mathrm{diag}\{\beta_6, \beta_7, \beta_8, \beta_9, \beta_{10}\}$ 为待设计的增益矩阵。$\boldsymbol{fal} = \{fal_1, fal_2, fal_3, fal_4, fal_5\}$ 为由非线性函数组成的函数向量。其中非线性函数 $fal_i, i=1,2,\cdots,5$ 定义为

$$fal_i(e_i, \varepsilon_i, \delta_i) = \begin{cases} |e_i|^{\varepsilon_i}\mathrm{sign}(e_i) & |e_i| > \delta_i \\ e_i/\delta_i^{1-\varepsilon_i} & |e_i| \leqslant \delta_i \end{cases},\ i = 1,2,\cdots,5 \tag{7-43}$$

式中，$\delta_i>0$，$0<\varepsilon_i<1$ 为待设计的参数。参数的意义参见参考文献［80］，通过合适地选取参数 $\boldsymbol{\phi}$、$\boldsymbol{\varphi}$、ε_i、δ_i 可以使得 $\boldsymbol{\xi} \to \boldsymbol{x}$，$\boldsymbol{\zeta} \to \boldsymbol{d}$。

所有的仿真条件设置与采用非线性干扰观测器时相同，同样分三种情况进行仿真验证。其中扩张状态观测器的参数选取为：$\beta_i = 15, i = 1, \cdots, 10$，$\varepsilon_i = 0.5$，$\delta_i = 0.01$。

1. 外部干扰情形

考虑仿真条件 A 相同的外部干扰情况，采用基于扩张状态观测器的预测控制方法对高超声速飞行器进行控制器设计，部分仿真结果如图 7-4 所示。从图中可以看到采用扩张状态观测器结合我们提出的两种补偿方法，输出均能准确地跟踪上给定参考信号。

2. 参数不确定情形

参数不确定条件设置与仿真条件 B 相同，仿真结果如图 7-5、图 7-6 所示。其中图 7-5 为参数不确定值设置为正的情形，图 7-6 为参数不确定值设置为负的情形。从图中可以看到两种参数不确定情形，输出均能实现对参考信号的无静差跟踪。

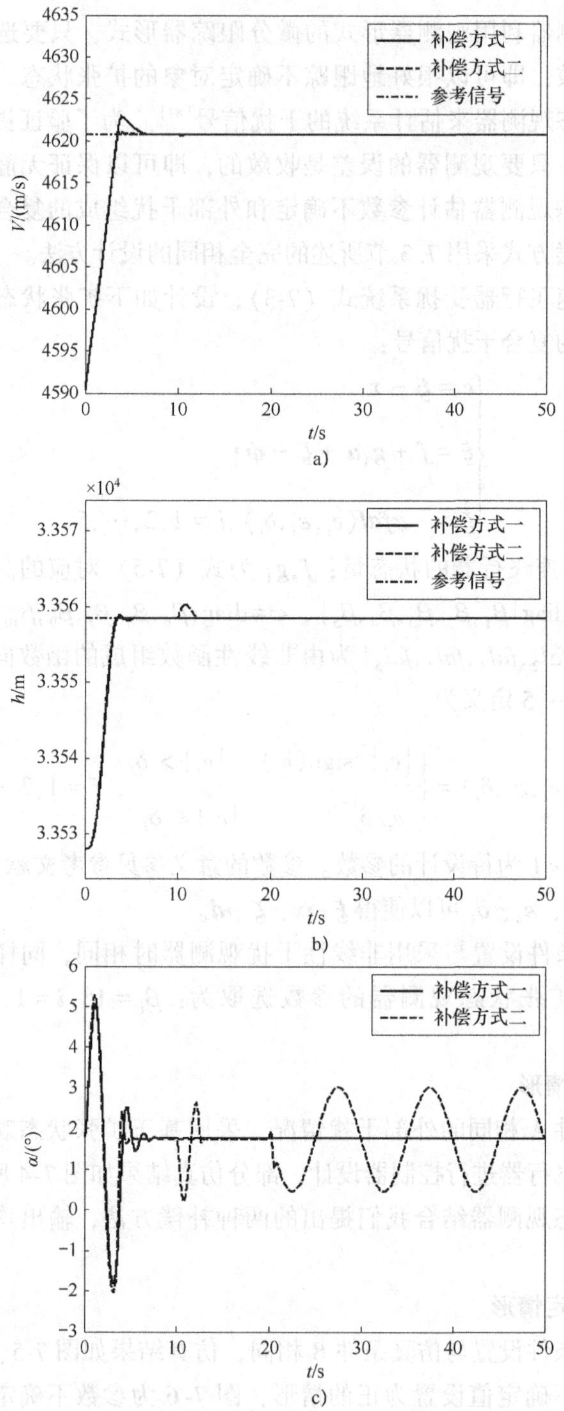

图 7-4　基于状态观测器的系统响应（存在外部干扰情况）

a）速度跟踪对比情况　b）高度跟踪对比情况　c）攻角响应对比情况

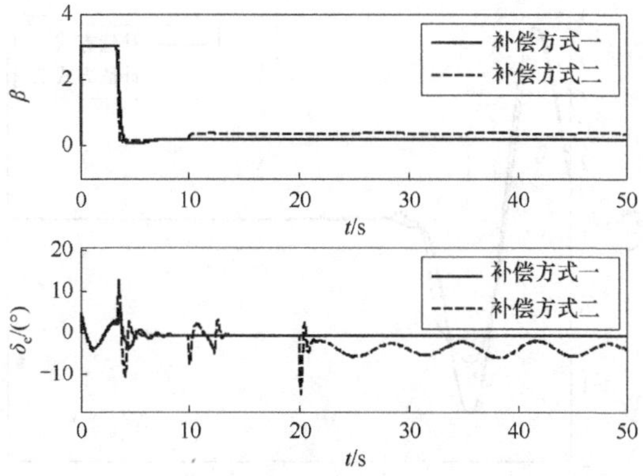

d)

图 7-4　基于状态观测器的系统响应（存在外部干扰情况）（续）

d）控制量对比情况

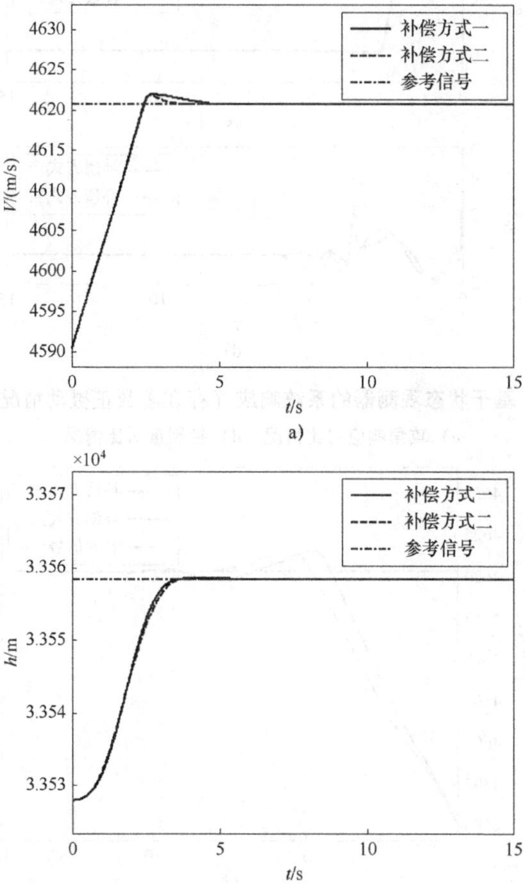

b)

图 7-5　基于状态观测器的系统响应（存在参数正摄动情况）

a）速度跟踪对比情况　b）高度跟踪对比情况

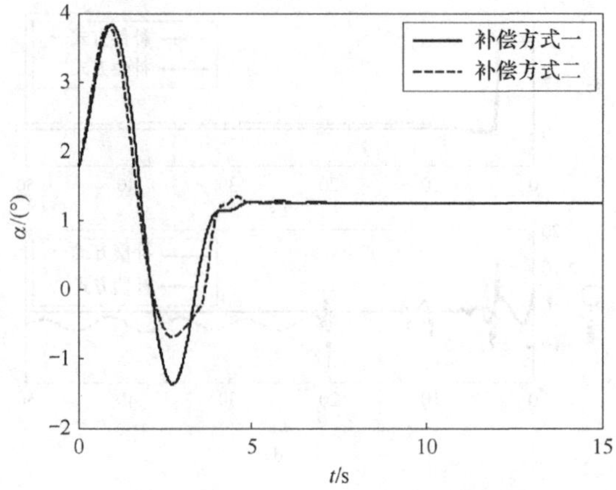

c)

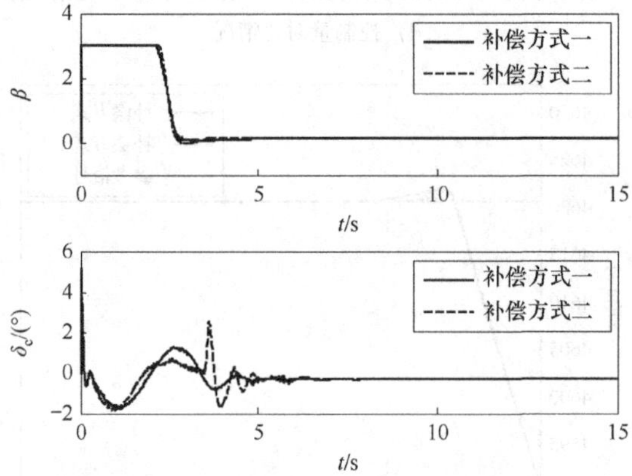

d)

图 7-5　基于状态观测器的系统响应（存在参数正摄动情况）（续）

c）攻角响应对比情况　d）控制量对比情况

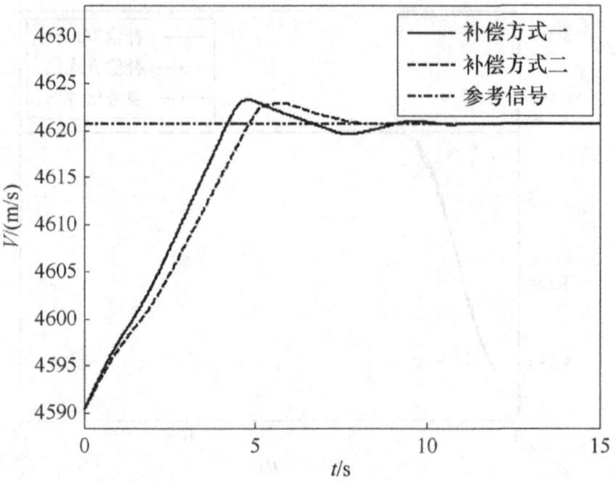

a)

图 7-6　基于状态观测器的系统响应（存在参数负摄动情况）

a）速度跟踪对比情况

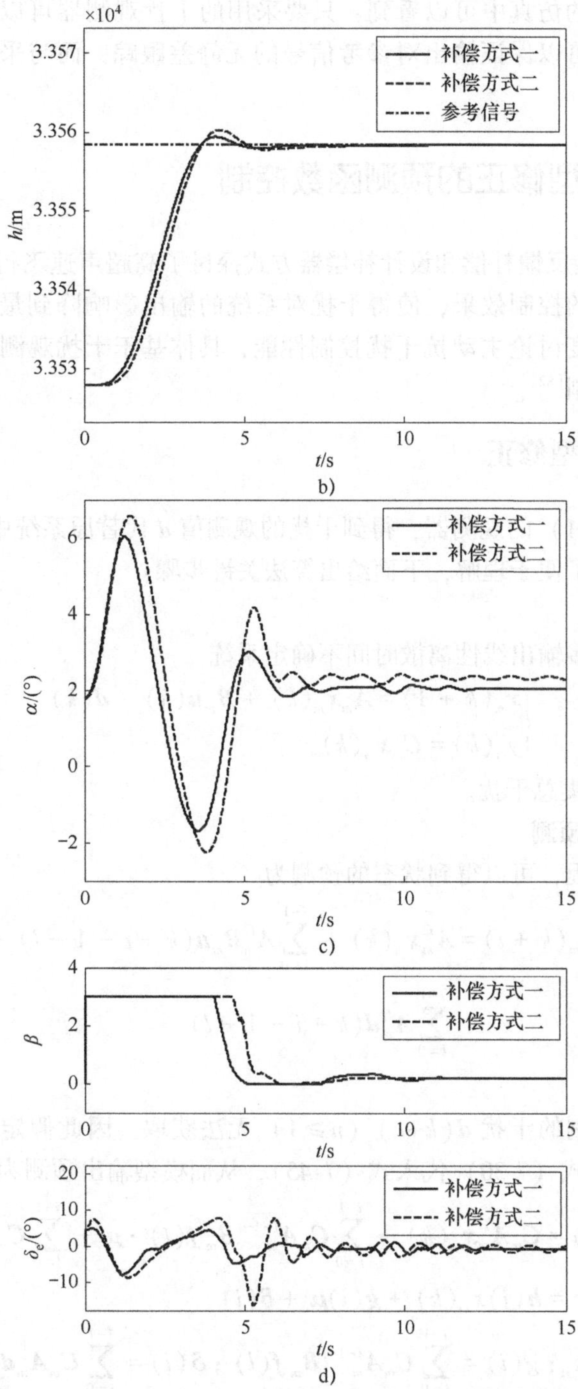

图 7-6　基于状态观测器的系统响应（存在参数负摄动情况）（续）

b）高度跟踪对比情况　c）攻角响应对比情况　d）控制量对比情况

从四种情况的仿真中可以看到：只要采用的干扰观测器可以保证干扰估计误差是收敛的，即可以保证输出对参考信号的无静差跟踪，而与采用的干扰观测器的形式无关。

7.4 基于模型修正的预测函数控制

7.3节从直接反馈补偿和设计补偿器方式探讨了高超声速飞行器主动抗干扰控制，取得了很好的控制效果，使得干扰对系统的输出影响降到最小。本节则从预测模型的修正角度讨论主动抗干扰控制性能，具体基于干扰观测器的高超声速飞行器预测函数控制[82]。

7.4.1 输出模型修正

利于式（7-21）的观测器，得到干扰的观测值 $\hat{d}$ 代替原系统中的 d，然后对输出进行预测。为了便于理解，下面给出算法关键步骤：

1. 预测模型

考虑多输入多输出线性离散时间不确定系统

$$\begin{cases}\boldsymbol{x}_m(k+1)=\boldsymbol{A}_m\boldsymbol{x}_m(k)+\boldsymbol{B}_m\boldsymbol{u}(k)+\boldsymbol{d}(k)\\ \boldsymbol{y}_m(k)=\boldsymbol{C}_m\boldsymbol{x}_m(k)\end{cases} \tag{7-44}$$

式中，$\boldsymbol{d}(k)$表示集总干扰。

2. 模型输出预测

根据状态方程，可以得到状态的预测为

$$\begin{aligned}\boldsymbol{x}_m(k+i)=\boldsymbol{A}_m^i\boldsymbol{x}_m(k)+\sum_{l=0}^{i-1}\boldsymbol{A}_m^l\boldsymbol{B}_m\boldsymbol{u}(k+i-1-l)+\\ \sum_{l=0}^{i-1}\boldsymbol{A}_m^l\boldsymbol{d}(k+i-1-l)\end{aligned} \tag{7-45}$$

由于未来时刻的干扰 $\boldsymbol{d}(k+n)$（$n\geqslant1$）无法获取，因此假定 $\boldsymbol{d}(k+n)\approx\boldsymbol{d}(k)$（$n\geqslant1$），将控制式（7-30）代入式（7-45），从而模型输出预测为

$$\begin{aligned}\boldsymbol{y}_m(k+i)&=\boldsymbol{C}_m\boldsymbol{A}_m^i\boldsymbol{x}_m(k)+\sum_{l=0}^{i-1}\boldsymbol{C}_m\boldsymbol{A}_m^{i-1-l}\boldsymbol{B}_m\boldsymbol{f}(l)\cdot\boldsymbol{\mu}+\sum_{l=0}^{i-1}\boldsymbol{C}_m\boldsymbol{A}_m^l\boldsymbol{d}(k)\\ &=\boldsymbol{h}(i)\boldsymbol{x}_m(k)+\boldsymbol{g}(i)\boldsymbol{\mu}+\boldsymbol{\delta}(i)\end{aligned} \tag{7-46}$$

式中，$\boldsymbol{h}(i)=\boldsymbol{C}_m\boldsymbol{A}_m^i$；$\boldsymbol{g}(i)=\sum_{l=0}^{i-1}\boldsymbol{C}_m\boldsymbol{A}_m^{i-1-l}\boldsymbol{B}_m\boldsymbol{f}(l)$；$\boldsymbol{\delta}(i)=\sum_{l=0}^{i-1}\boldsymbol{C}_m\boldsymbol{A}_m^l\boldsymbol{d}(k)$。

3. 性能函数及控制求解

同样定义如下性能函数：

$$J=\sum_{h_i\in Hc}[\boldsymbol{y}_p(k+h_i)-\boldsymbol{y}_r(k+h_i)]^{\mathrm{T}}\boldsymbol{q}(h_i)[\boldsymbol{y}_p(k+h_i)-\boldsymbol{y}_r(k+h_i)] \tag{7-47}$$

定义 $\boldsymbol{\Psi}=\begin{bmatrix}\boldsymbol{\delta}(h_1)\\ \boldsymbol{\delta}(h_2)\\ \vdots\\ \boldsymbol{\delta}(h_c)\end{bmatrix}$，则性能函数可以表示为

$$J=\|\boldsymbol{H}\boldsymbol{x}_m(k)+\boldsymbol{G}\boldsymbol{\mu}+\boldsymbol{E}+\boldsymbol{\Psi}-\boldsymbol{Y}_r\|_Q^2 \tag{7-48}$$

再令 $\boldsymbol{\xi}=\boldsymbol{Y}_r-\boldsymbol{H}\boldsymbol{x}_m(k)-\boldsymbol{E}-\boldsymbol{\Psi}$，则上式变为

$$\begin{aligned}J&=\|\boldsymbol{G}\boldsymbol{\mu}-\boldsymbol{\xi}\|_Q^2\\&=(\boldsymbol{G}\boldsymbol{\mu}-\boldsymbol{\xi})^{\mathrm{T}}\boldsymbol{Q}(\boldsymbol{G}\boldsymbol{\mu}-\boldsymbol{\xi})\\&=\boldsymbol{\mu}^{\mathrm{T}}\boldsymbol{G}^{\mathrm{T}}\boldsymbol{Q}\boldsymbol{G}\boldsymbol{\mu}-\boldsymbol{\mu}^{\mathrm{T}}\boldsymbol{G}^{\mathrm{T}}\boldsymbol{Q}\boldsymbol{\xi}-\boldsymbol{\xi}^{\mathrm{T}}\boldsymbol{Q}\boldsymbol{G}\boldsymbol{\mu}+\boldsymbol{\xi}^{\mathrm{T}}\boldsymbol{Q}\boldsymbol{\xi}\\&=\boldsymbol{\mu}^{\mathrm{T}}\boldsymbol{M}\boldsymbol{\mu}-2\boldsymbol{\mu}^{\mathrm{T}}\boldsymbol{N}+\boldsymbol{\xi}^{\mathrm{T}}\boldsymbol{Q}\boldsymbol{\xi}\end{aligned} \tag{7-49}$$

其中，$\boldsymbol{M}=\boldsymbol{G}^{\mathrm{T}}\boldsymbol{Q}\boldsymbol{G}$；$\boldsymbol{N}=\boldsymbol{G}^{\mathrm{T}}\boldsymbol{Q}\boldsymbol{\xi}$。

同样最小化 J，求得加权系数向量 $\boldsymbol{\mu}$，最终得到控制：

$$\boldsymbol{u}(k)=\boldsymbol{f}(0)\boldsymbol{\mu}=\boldsymbol{f}(0)(\boldsymbol{M})^{-1}\boldsymbol{N} \tag{7-50}$$

7.4.2 仿真结果与分析

采样本章完全线性化的飞行器模型式（7-6），基于非线性观测器和模型修正的预测函数控制进行控制器设计，需要指出的是，在控制计算时用 $\hat{d}$ 代替 d。同样考虑加性参数摄动，摄动的范围是 20%，即 $\Delta=\pm0.2$，进一步增强外部干扰作用，取 $d_1=3\sin(0.5t)$，$d_2=0.0008\sin(0.2t)$，$d_3=\sin(0.2t)$，$d_4=0$，$d_5=0.3\sin(0.3t)$，仿真参数为 $H_C=[50\quad100\quad150\quad200]$，$T_{r1}=0.5\mathrm{s}$，$T_{r2}=4\mathrm{s}$，$f_{11}(\cdot)=1$，$f_{21}(\cdot)=1$，结果如下：

1. 理想情形（见图 7-7）

从图 7-7 可以看出，在没有干扰的情形下，这时所设计的预测控制器能够很好地实现输出的快速跟踪。但对于速度和高度同时跟踪，速度输出有一个回落过程。

2. 存在参数摄动情形

考虑参数作最大的摄动，分别研究速度和高度的跟踪性能。图 7-8 和图 7-9 结果表明，速度跟踪时能够快速无偏跟踪期望信号，高速也能迅速调节到零。而对于高度跟踪，同样能达到快速无偏差的性能，在参数负摄动时，方向舵在开始阶段达到了最大值。

3. 存在外部干扰情形（见图 7-10）

这里需要指出的是，干扰起作用时间是 $t\geqslant30\mathrm{s}$。

根据图 7-10 的结果，速度和高度同时跟踪期望输出，存在较强外部干扰的时候，两者的跟踪过程中伴随着轻微波动，同时，舵偏角在干扰起作用后也在零范

围进行波动。

4. 同时存在参数摄动和外部干扰情形

假定参数摄动在区间［-0.1　0.1］服从均匀分布，干扰起作用时间同样是 $t\geqslant30\mathrm{s}$。从图 7-11 可以看出，结果和存在外部干扰相似，就是速度和高度跟踪期望输出过程中有轻微的波动，特别是高度跟踪。由于需要抑制均匀分布的噪声，舵偏角作小幅度的正弦运动。

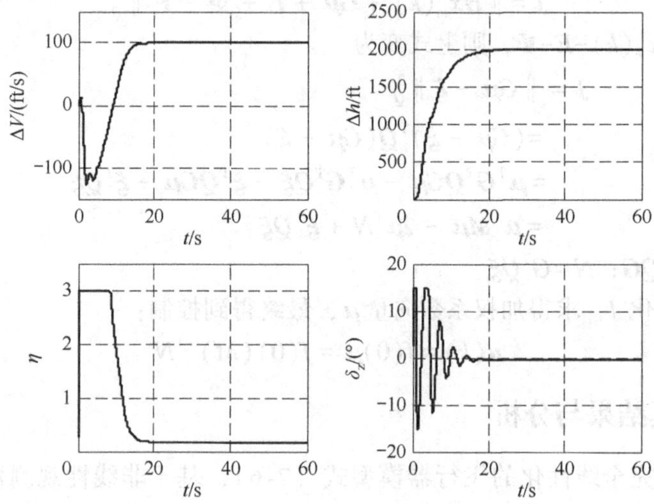

图 7-7　输出跟踪和控制量随时间变化情况

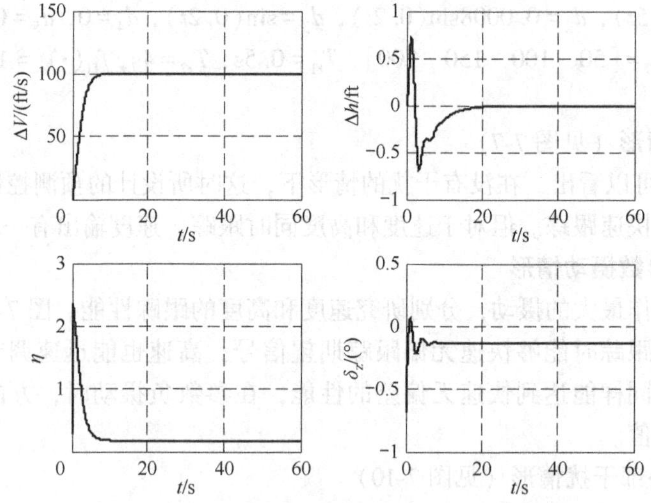

a)

图 7-8　速度输出跟踪和控制量随时间变化情况

a) $\Delta=0.2$

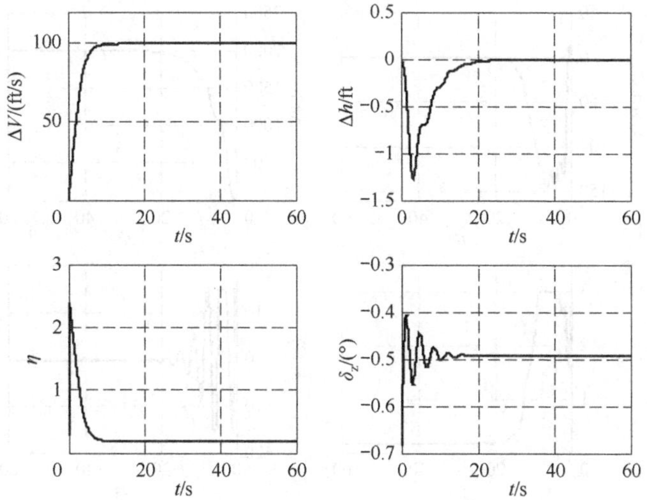

b)

图 7-8　速度输出跟踪和控制量随时间变化情况（续）

b) $\Delta=-0.2$

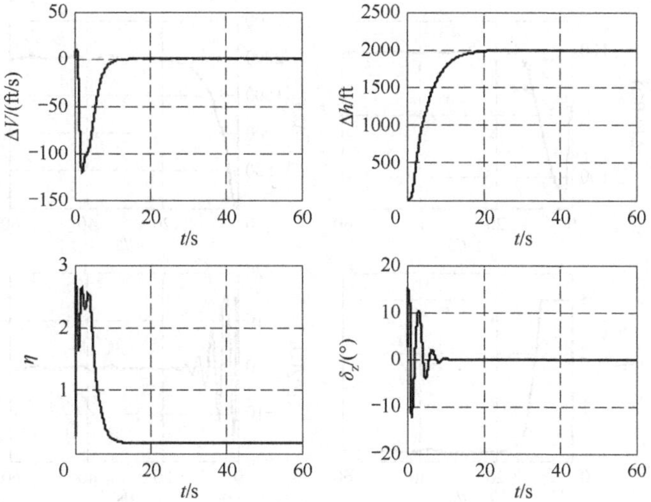

a)

图 7-9　高度输出跟踪和控制量随时间变化情况

a) $\Delta=0.2$

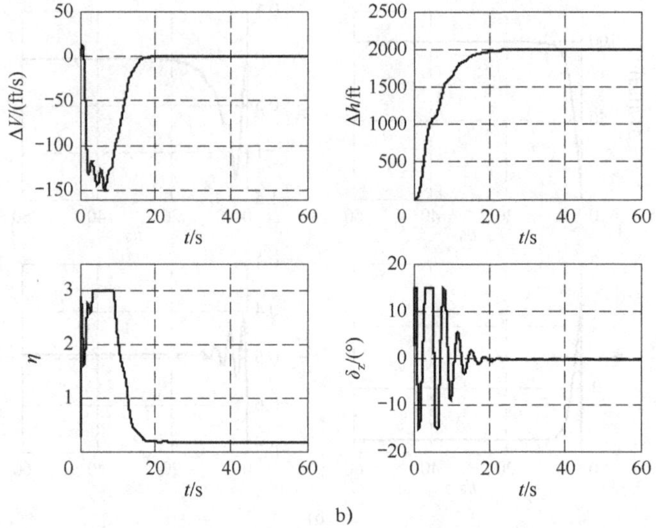

图 7-9　高度输出跟踪和控制量随时间变化情况（续）

b）$\Delta=-0.2$

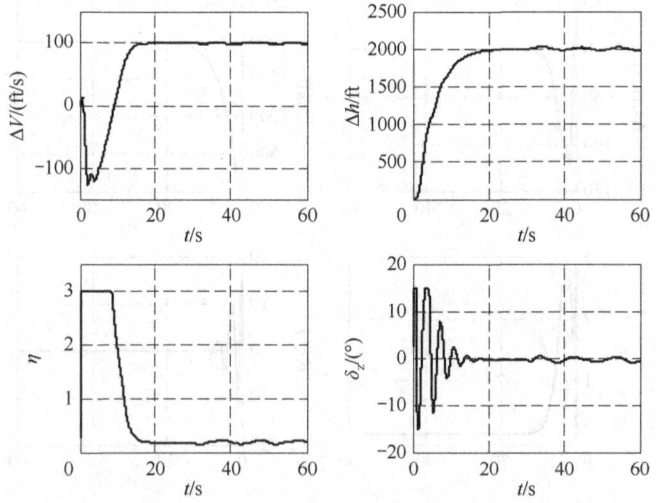

图 7-10　输出跟踪和控制量随时间变化情况（存在外部干扰情况）

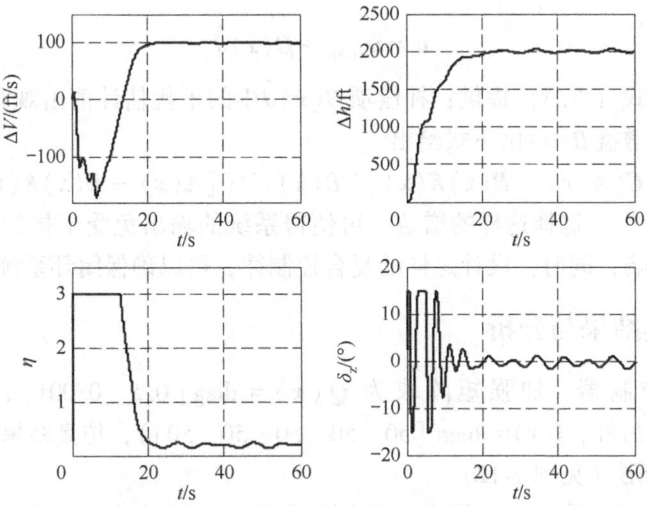

图 7-11　输出跟踪和控制量随时间变化情况（存在外部干扰+参数均匀摄动）

7.5 基于干扰补偿的最优跟踪控制

在 7.3 节中设计扰动补偿器对干扰进行补偿，取得很好的干扰抑制效果。这种方式下，控制器设计通常分为：基于确定模型，设计一控制器，使得闭环系统达到期望性能指标；采用观测器对集总干扰进行估计；联合标称控制器和干扰估计值，设计一复合控制律使得系统具有强的鲁棒性。在这里，同样是基于完全线性化飞行器模型条件下，采用最优控制理论进行标称控制设计[83]。

7.5.1 最优控制器设计

采用如下性能函数：

$$J=\frac{1}{2}\int_0^{\infty}[\boldsymbol{e}^{\mathrm{T}}\boldsymbol{Q}(x)\boldsymbol{e}+\boldsymbol{u}^{\mathrm{T}}\boldsymbol{R}(x)\boldsymbol{u}]\mathrm{d}t \tag{7-51}$$

式中，$\boldsymbol{e}=\boldsymbol{y}-\boldsymbol{y}_r$ 为输出误差；$\boldsymbol{Q}(x)$ 和 $\boldsymbol{R}(x)$ 是加权矩阵，并且满足 $\boldsymbol{Q}(x)\geqslant 0$，$\boldsymbol{R}(x)>0$。根据极小值原理，可得状态相关最优控制律为

$$\boldsymbol{u}_{SDRE}=-\boldsymbol{K}(\boldsymbol{x})\boldsymbol{x}+\boldsymbol{H}(\boldsymbol{x})\boldsymbol{y}_r \tag{7-52}$$

式中，$\boldsymbol{H}(\boldsymbol{x})=-\boldsymbol{R}^{-1}(\boldsymbol{x})\boldsymbol{B}^{\mathrm{T}}(\boldsymbol{x})[\boldsymbol{A}^{\mathrm{T}}(\boldsymbol{x})-\boldsymbol{P}(\boldsymbol{x})\boldsymbol{B}(\boldsymbol{x})\boldsymbol{R}^{-1}(\boldsymbol{x})\boldsymbol{B}^{\mathrm{T}}(\boldsymbol{x})]^{-1}\boldsymbol{C}^{\mathrm{T}}\boldsymbol{Q}(\boldsymbol{x})$；$\boldsymbol{K}(\boldsymbol{x})=\boldsymbol{R}^{-1}(\boldsymbol{x})\boldsymbol{B}^{\mathrm{T}}(\boldsymbol{x})\boldsymbol{P}(\boldsymbol{x})$；$\boldsymbol{P}(\boldsymbol{x})$ 为如下方程式（7-51）的唯一、对称、正定解。

$$\begin{aligned}&\boldsymbol{A}^{\mathrm{T}}(\boldsymbol{x})\boldsymbol{P}(\boldsymbol{x})+\boldsymbol{P}(\boldsymbol{x})\boldsymbol{A}(\boldsymbol{x})-\boldsymbol{P}(\boldsymbol{x})\boldsymbol{B}(\boldsymbol{x})\boldsymbol{R}^{-1}(\boldsymbol{x})\boldsymbol{B}^{\mathrm{T}}(\boldsymbol{x})\boldsymbol{P}(\boldsymbol{x})+\\&\boldsymbol{C}^{\mathrm{T}}\boldsymbol{Q}(\boldsymbol{x})\boldsymbol{C}=0\end{aligned} \tag{7-53}$$

7.5.2 复合控制器设计

为了能够对干扰进行抑制，设计如下的控制律：

$$\boldsymbol{u}=\boldsymbol{u}_{SDRE}+\boldsymbol{\beta}(\boldsymbol{x})\hat{\boldsymbol{d}} \tag{7-54}$$

式中，$\boldsymbol{u}_{SDRE}$由式（7-54）提供；补偿项$\boldsymbol{\beta}(\boldsymbol{x})\hat{\boldsymbol{d}}$中的干扰估计值由观测器式（7-52）提供，而补偿增益$\boldsymbol{\beta}(\boldsymbol{x})$由下式给出。

$$\boldsymbol{\beta}(\boldsymbol{x})=-\{\boldsymbol{C}[\boldsymbol{A}(\boldsymbol{x})-\boldsymbol{B}(\boldsymbol{x})\boldsymbol{K}(\boldsymbol{x})]^{-1}\boldsymbol{B}(\boldsymbol{x})\}^{-1}\boldsymbol{C}[\boldsymbol{A}(\boldsymbol{x})-\boldsymbol{B}(\boldsymbol{x})\boldsymbol{K}(\boldsymbol{x})]^{-1} \tag{7-55}$$

可以证明[84]：选择这样的增益，可使得系统的输出免受干扰的影响，包括不匹配干扰的影响；同时，设计这样的复合控制律，可以确保闭环系统的稳定性。

7.5.3 仿真结果与分析

对标称控制器，加强矩阵取为 $\boldsymbol{Q}(\boldsymbol{x})=\mathrm{diag}[0.5\quad 0.001]$，$\boldsymbol{R}(\boldsymbol{x})=\mathrm{diag}[100\quad 100]$，另外，$\boldsymbol{l}(\boldsymbol{x})=\mathrm{diag}([50\quad 50\quad 50\quad 50\quad 50])$，仿真结果如下：

1. 理想情形（见图 7-12）

从图 7-12 可以看出，在没有干扰的情形下，这时完全由标称控制器起作用，控制在约束的范围内，系统的跟踪性能相当好。

2. 存在参数摄动情形

为了显示采用状态相关黎卡提方程（SDRE）策略的优势，将其与克里格控制（Kriging Control，KC）[58] 进行比较，考虑参数(m,μ,I_{yy},S)摄动 3%，即$\Delta=0.03$，结果如图 7-13 所示。

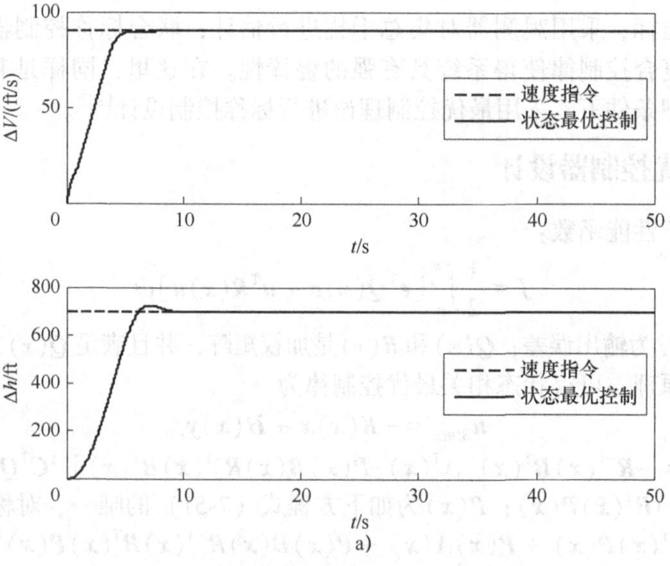

图 7-12 输出跟踪和控制量随时间变化情况

a）输出跟踪随时间变化情况

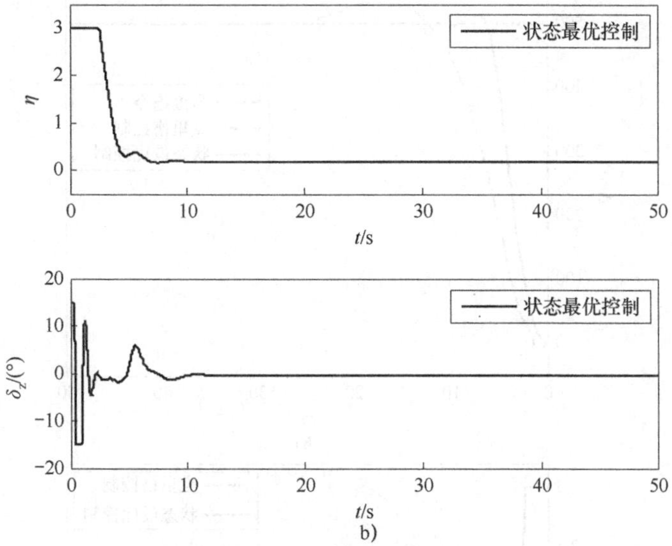

b)

图 7-12　输出跟踪和控制量随时间变化情况（续）

b）控制量随时间变化情况

从比较结果图 7-13 可看出，SDRE 控制的系统比 KC 控制系统的响应速度要快得多，对于速度跟踪，前者大约 5s，后者大约 38s；对于高度跟踪，前者大约 10s，后者大约 28s，这对于高速飞行是非常有利的。为到达快速的响应速度，付出的代价是需要更大的控制作用。虽然面对轻微的不确定性，SDRE 控制系统能取得较满意的效果，但是，当遇到较强的干扰时，如 $d_1=5\sin(0.5t)$，$d_2=0.001\sin(0.2t)$，$d_3=2\sin(0.2t)$，$d_4=0$ 和 $d_5=0.5\sin(0.3t)$，仿真结果如图 7-14 所示。

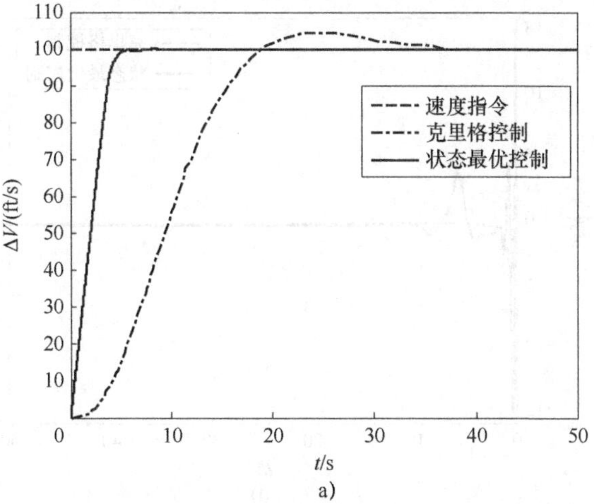

a)

图 7-13　不同控制策略下系统响应（存在参数摄动情形）

a）速度跟踪情况

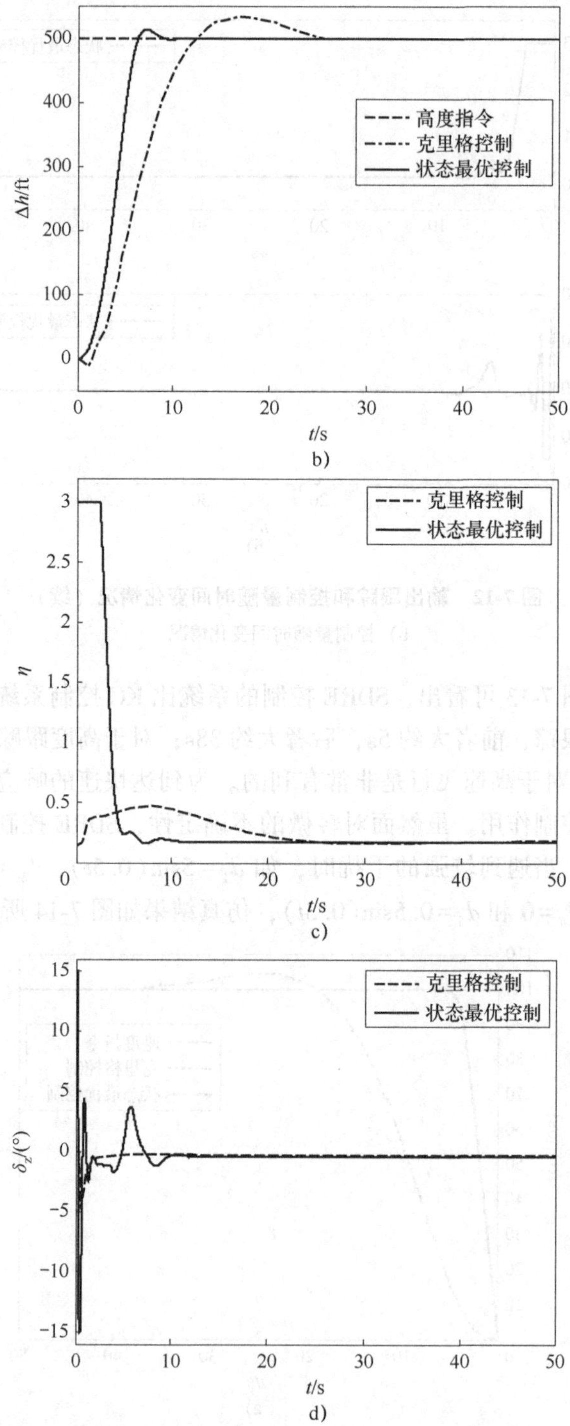

图 7-13 不同控制策略下系统响应（存在参数摄动情形）（续）

b）高度跟踪随时间情况　c）阀门开度随时间变化情况　d）舵偏角随时间变化情况

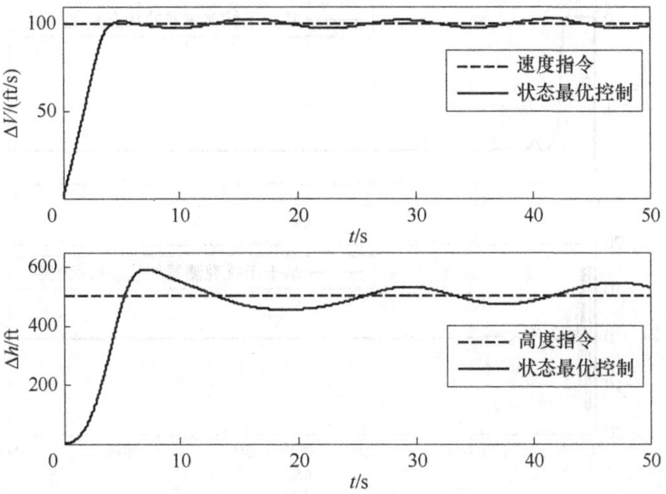

图 7-14　在 SDRE 控制下输出跟踪随时间变化情况（存在外部干扰情形）

由图 7-14 可看到，由于较强干扰的影响，系统在控制的作用下已不能够很好对干扰进行抑制，系统的输出在跟踪信号上下进行波动，因此下面引入控制补偿作用。同样考虑加性参数摄动，但是摄动的范围扩大到 40%，即 $\Delta=\pm0.4$，结果如图 7-15、图 7-16 所示。

从图 7-15 和图 7-16 可以看出，在大范围参数摄动情形下，在复合控制律的作用下，把摄动对输出的影响能够很好地消除。

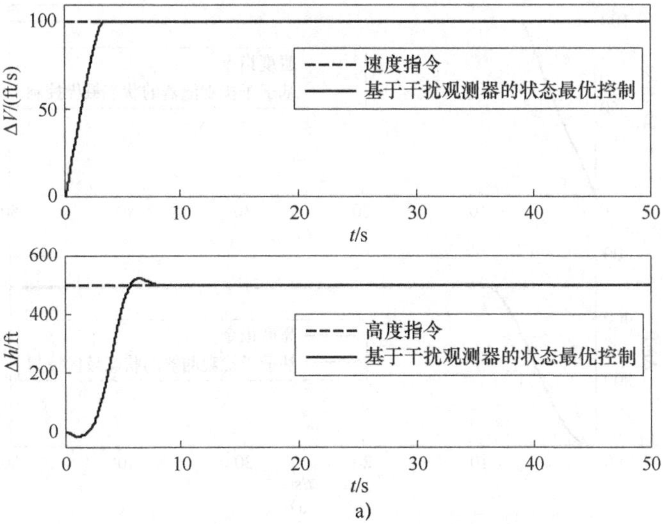

图 7-15　基于干扰补偿的最优控制系统响应（$\Delta=0.4$）

a）输出跟踪随时间变化情况

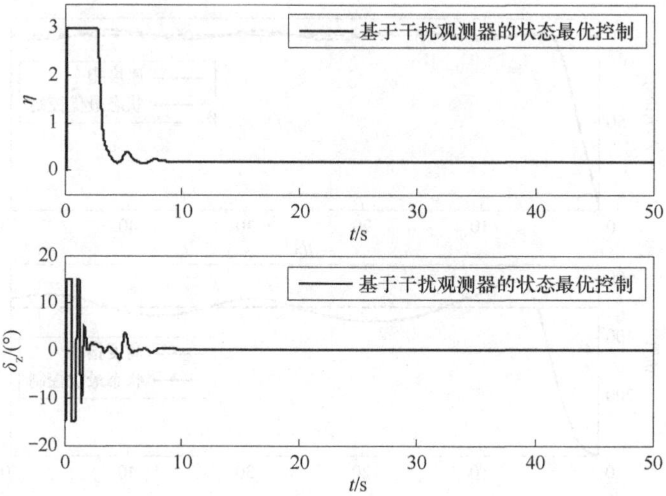

b)

图 7-15　基于干扰补偿的最优控制系统响应（$\Delta=0.4$）（续）

b）控制量随时间变化情况

3. 存在外部干扰情形

取外部干扰 $d_1=5\sin(0.5t)$，$d_2=0.001\sin(0.2t)$，$d_3=2\sin(0.2t)$，$d_4=0$，$d_5=0.5\sin(0.3t)$，仿真结果如图 7-17 所示。从图可以看出，在大的外部干扰作用下，通过前馈作用，能够很好地对干扰进行补偿以消除其对系统输出的影响，同时控制作用没有超出容许范围。

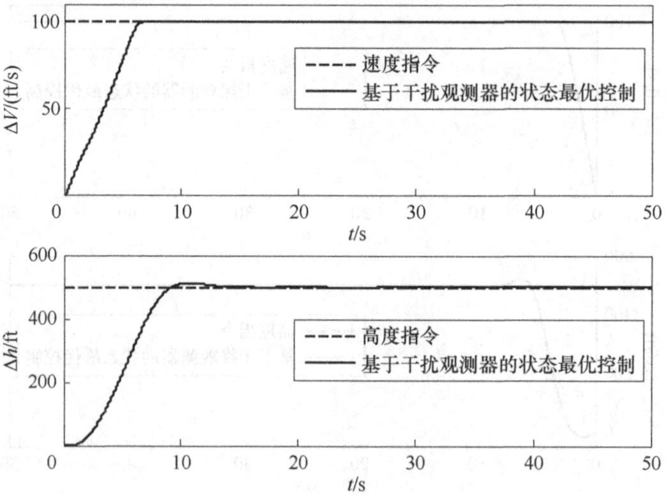

a)

图 7-16　基于干扰补偿的最优控制系统响应（$\Delta=-0.4$）

a）输出跟踪随时间变化情况

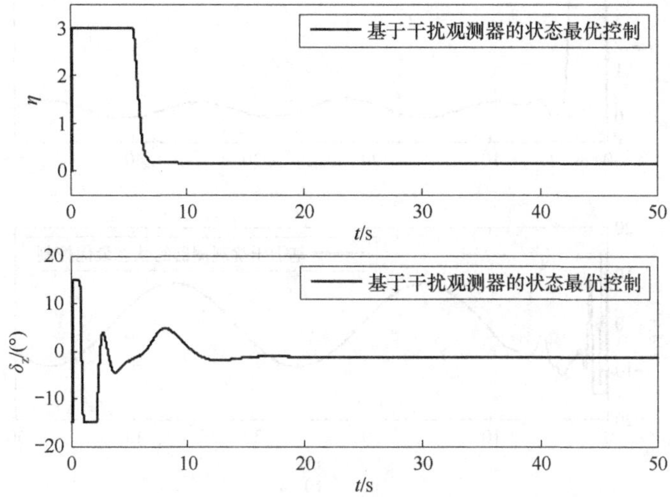

b)

图 7-16　基于干扰补偿的最优控制系统响应（$\Delta=-0.4$）（续）

b）控制量随时间变化情况

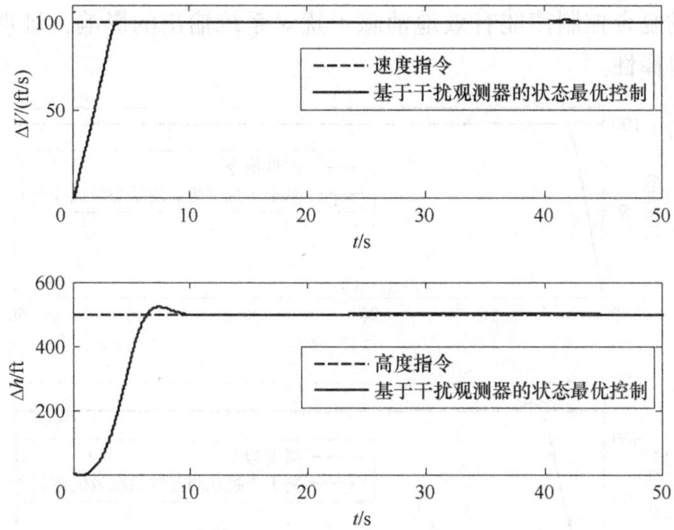

a)

图 7-17　基于干扰补偿的最优控制系统响应（存在外部干扰情形）

a）输出跟踪随时间变化情况

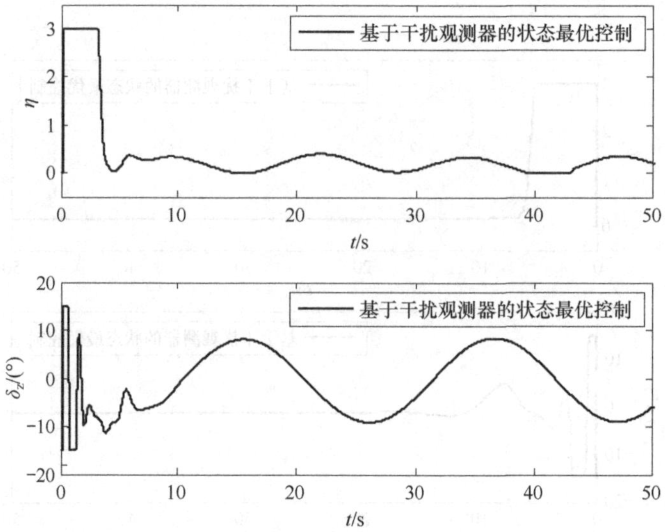

b)

图 7-17　基于干扰补偿的最优控制系统响应（存在外部干扰情形）（续）

b）控制量随时间变化情况

4. 同时存在参数摄动和外部干扰情形

综合图 7-18 和图 7-19 的结果，可以看出，当同时存在参数摄动和外部干扰时，所设计的复合控制律能有效地消除干扰对系统输出的影响，证明了闭环系统具有很强的鲁棒性。

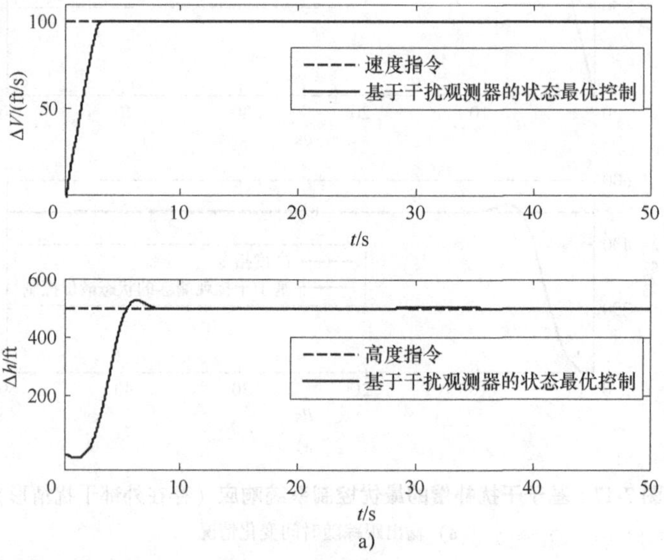

a)

图 7-18　输出跟踪和控制量随时间变化情况（外部干扰+$\Delta=0.4$）

a）输出跟踪随时间变化情况

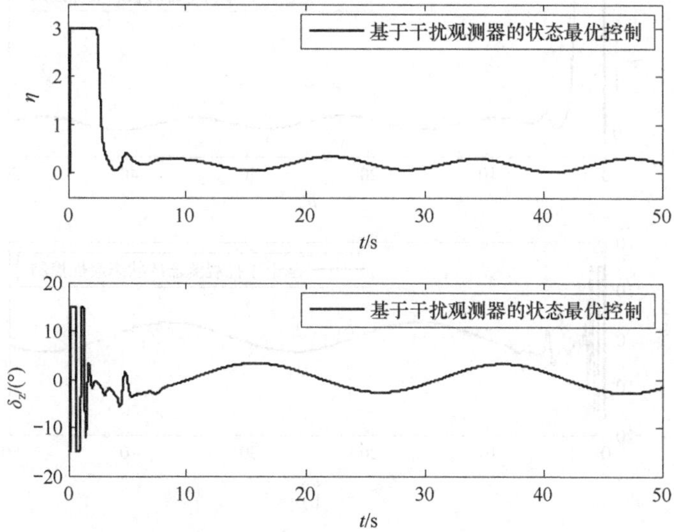

b)

图 7-18　输出跟踪和控制量随时间变化情况（外部干扰+Δ=0.4）（续）

b）控制量随时间变化情况

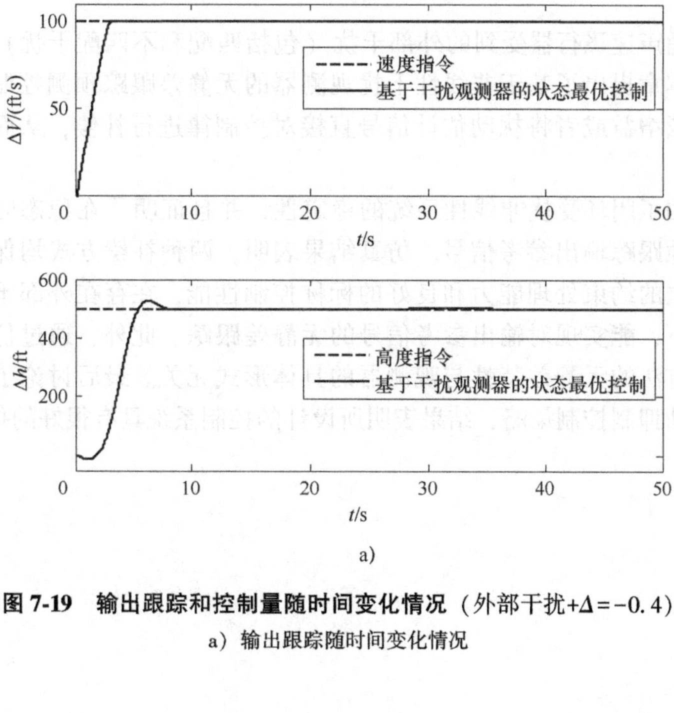

a)

图 7-19　输出跟踪和控制量随时间变化情况（外部干扰+Δ=−0.4）

a）输出跟踪随时间变化情况

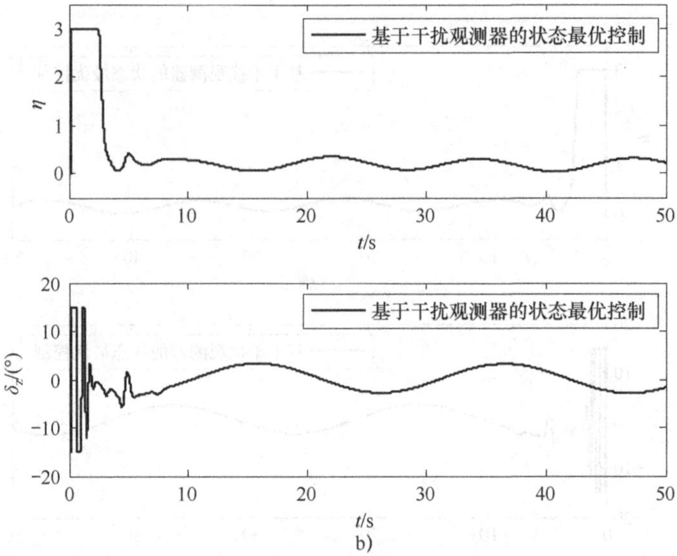

图 7-19　输出跟踪和控制量随时间变化情况（外部干扰+Δ=−0.4）（续）

b）控制量随时间变化情况

7.6　本章小结

针对高超声速飞行器受到的外部干扰（包括匹配和不匹配干扰）和参数不确定性问题，本章提出了基于非线性干扰观测器的无静差跟踪预测控制算法。通过引入扰动补偿增益或者将扰动估计信号直接对控制律进行补偿，从而消除扰动对输出的影响。

文中证明了闭环受扰非线性系统的稳定性，并且证明了在稳态时两种补偿方式均能完全地跟踪输出参考信号。仿真结果表明，两种补偿方式均保持了单纯的预测控制算法的约束处理能力和良好的标称控制性能，在存在外部干扰和参数不确定的情况下，能实现对输出参考信号的无静差跟踪。此外，通过仿真实验初步验证了提出方法的无静差特性与观测器的具体形式无关。最后讨论了基于最优控制的干扰主动抑制控制策略，结果表明所设计的控制系统具有很好的鲁棒性。

第8章　高超声速飞行器输出反馈预测控制

前面章节中均假设高超声速飞行器的状态是可测的，但是实际飞行中由于高超声速飞行器所处的飞行环境很复杂，由此引起的气动加热等现象使得一般的大气数据传感器无法工作。嵌入式大气数据系统（Flush Air Data System，FADS）作为一种可选的方案，在高超声速飞行中要承受较大的压力和较高的成本。FADS测量的准确度还依赖于气动加热过程的准确模型，而建立气动加热准确的模型仍然是一个有待解决的难题。目前，针对于高超声速飞行器部分状态可测的控制器设计研究比较少。参考文献［17］提出了自适应滑模输出反馈控制方法，该方法具有较强的鲁棒性，但是在设计中没有考虑约束条件限制，只能通过调节控制器设计参数试凑地满足相关约束，这是以牺牲部分控制性能来换取的。此外，参考文献［17］提出基于反步法的输出反馈控制，该方法在进行控制器设计中也没有考虑约束条件限制，且控制器设计过程比较繁琐。

高超声速飞行器在飞行中受到各种外部干扰和参数不确定的影响，可能导致系统控制性能恶化或者使控制系统不稳定。因此，高超声速飞行器控制系统的鲁棒性也必须重视。对于高超声速飞行器在飞行中受到的干扰信号，一般是通过引入干扰观测器消除扰动对系统的影响。但是，干扰观测器的设计通常要求系统状态是完全可测的。另外，高超声速飞行器的一些状态量，如攻角 α、弹道倾角 γ 等，是很难准确测量的或者测量成本很高。因此，在系统状态不完全可测的情况下，研究高超声速飞行器的输出反馈控制是一个具有挑战性的问题。

模型预测控制方法以它的约束处理能力著称，它可以在保持控制和状态约束的同时具有局部最优的控制性能，但模型预测控制方法一般也是以状态反馈的形式出现的。考虑系统的状态不可测问题，Wan[86] 针对一般离散非线性系统提出了一种计算有效的调度输出反馈预测控制方法，仿真表明了良好的控制性能，但是仅考虑了标称系统。预测控制本身具有滚动优化和反馈校正的策略，具有一定的鲁棒性。但对于外部较强干扰情况，不能保证控制律优化时一定可以找到可行解。在预测控制鲁棒性问题研究中，一般假设扰动为常值干扰，采用将扰动模型与系统模型组成一个增广系统的形式来增强鲁棒性[87]。通过引入干扰模型，可以实现对输出的无静差跟踪。

受无静差预测控制方法的启发，本章将无静差跟踪预测控制方法与输出反馈预测控制相结合，提出了一种适用于高超声速飞行器的无静差输出反馈预测控制方法[88]。该方法首先将一个假定的外部常值干扰模型与系统模型组成一个扩维系统，然后设计一个非线性观测器估计扩维系统的状态，通过求解一个优化问题得到平移设定值，最后通过求解一个关于线性矩阵不等式约束的优化问题得到控制律。整个设计过程无需进行参数调节，简单易行。为了说明提出方法的优越性，将本章提出的方法与 Xu[17] 提出的自适应滑模输出反馈控制方法进行了对比仿真。

8.1 问题描述

考虑外部干扰和参数不确定性，高超声速飞行器纵向运动方程为

$$\begin{cases}\dot{V} = \dfrac{(T\cos\alpha - D)}{m} - \dfrac{\mu\sin\gamma}{r^2} + d_1 \\ \dot{\gamma} = \dfrac{L + T\sin\alpha}{mV} - \dfrac{(\mu - V^2 r)\cos\gamma}{Vr^2} + d_2 \\ \dot{h} = V\sin\gamma + d_3 \\ \dot{\alpha} = q - \dot{\gamma} + d_4 \\ \dot{q} = \dfrac{M_{yy}}{I_{yy}} + d_5\end{cases} \tag{8-1}$$

式中，$d_i(i=1,\cdots,5)$ 表示系统受到的由外部干扰和参数不确定性组成的复合干扰，其他变量如 2.3 节所述。

非线性运动方程式 (8-1) 可以表示为

$$\dot{\boldsymbol{x}} = \boldsymbol{f}(\boldsymbol{x},\boldsymbol{u}) + \boldsymbol{g}\boldsymbol{d}_s \tag{8-2}$$

式中，$\boldsymbol{u}=[\beta,\delta_e]^{\mathrm{T}}$ 是控制量；$\boldsymbol{x}=[V,\gamma,h,\alpha,q]^{\mathrm{T}}$ 是状态量；$\boldsymbol{d}_s$ 代表外部干扰和参数不确定性组成的复合干扰。

考虑到高超声速飞行器的一些状态量，如攻角 α，弹道倾角 γ 等，很难准确测量或者测量成本很高。因此，假设只有高超声速飞行器的速度 V、高度 h 和俯仰角速度 q 是可测的，输出量和被控量分别为

$$\begin{cases}\boldsymbol{y} = \boldsymbol{C}\boldsymbol{x} \\ \boldsymbol{z} = \boldsymbol{H}\boldsymbol{y}\end{cases} \tag{8-3}$$

式中，$\boldsymbol{y}=[V,h,q]^{\mathrm{T}}$ 是输出量；$\boldsymbol{z}=[V,h]^{\mathrm{T}}$ 是被控量。输出矩阵 $\boldsymbol{C}=\begin{bmatrix}1 & 0 & 0 & 0 & 0\\ 0 & 0 & 1 & 0 & 0\\ 0 & 0 & 0 & 0 & 1\end{bmatrix}$，

被控输出矩阵 $\boldsymbol{H}=\begin{bmatrix}1 & 0 & 0\\ 0 & 1 & 0\end{bmatrix}$。

控制目标是在存在外部干扰和参数不确定情况下，设计输出反馈控制器，使得高超声速飞行器准确地跟踪给定的速度和高度参考指令信号，并且使控制信号在给定约束范围内。

8.2　高超声速飞行器输出反馈预测控制器设计

8.2.1　构造设计模型

根据参考文献［89］，如果非线性系统的平衡点不在原点，采用小扰动线性化得到的模型不是严格线性的，而是关于控制的仿射线性形式。利用 Teixeira[89] 提出的近似严格的线性化模型的方法用于高超声速飞行器的纵向非线性模型。首先把标称条件下的高超声速纵向非线性模型式（8-2）写成关于控制的仿射形式，即

$$\dot{\boldsymbol{x}}=\boldsymbol{f}(\boldsymbol{x})+\boldsymbol{g}(\boldsymbol{x})\boldsymbol{u} \tag{8-4}$$

在给定工作点（不一定是平衡点）$(\boldsymbol{x}_0,\boldsymbol{u}_0)$，可以采用下面的方法得到 $(\boldsymbol{x}_0,\boldsymbol{u}_0)$ 领域内的近似线性模型：

$$\begin{cases}\dot{\boldsymbol{x}}=\boldsymbol{f}(\boldsymbol{x})+\boldsymbol{g}(\boldsymbol{x})\boldsymbol{u}\approx \boldsymbol{A}\boldsymbol{x}+\boldsymbol{B}\boldsymbol{u}, & \forall \boldsymbol{u}\\ \dot{\boldsymbol{x}}=\boldsymbol{f}(\boldsymbol{x}_0)+\boldsymbol{g}(\boldsymbol{x}_0)\boldsymbol{u}=\boldsymbol{A}\boldsymbol{x}_0+\boldsymbol{B}\boldsymbol{u}, & \forall \boldsymbol{u}\end{cases} \tag{8-5}$$

式中，$\boldsymbol{B}=\boldsymbol{g}(\boldsymbol{x}_0)$；$\boldsymbol{a}_i=\Delta f_i(\boldsymbol{x}_0)+\dfrac{f_i(\boldsymbol{x}_0)-\boldsymbol{x}_0^{\mathrm{T}}\Delta f_i(\boldsymbol{x}_0)}{\|\boldsymbol{x}_0\|^2}\boldsymbol{x}_0$；$\boldsymbol{a}_i$ 为矩阵 $\boldsymbol{A}$ 的第 i 列。

8.2.2　扰动模型和观测器设计

为了在稳态时消除干扰信号对被控输出（飞行速度和高度）的影响，借鉴无静差跟踪预测控制的思想，将高超声速飞行器的外部干扰当作常值干扰，并与系统状态组成一个扩维系统：

$$\begin{cases}\begin{bmatrix}\dot{\boldsymbol{x}}\\ \dot{\boldsymbol{d}}\end{bmatrix}=\begin{bmatrix}\boldsymbol{A} & \boldsymbol{B}_d\\ \boldsymbol{0} & \boldsymbol{0}\end{bmatrix}\begin{bmatrix}\boldsymbol{x}\\ \boldsymbol{d}\end{bmatrix}+\begin{bmatrix}\boldsymbol{B}\\ \boldsymbol{0}\end{bmatrix}\boldsymbol{u}\\ \boldsymbol{y}=[\boldsymbol{C}\quad \boldsymbol{C}_d]\begin{bmatrix}\boldsymbol{x}\\ \boldsymbol{d}\end{bmatrix}\\ \boldsymbol{z}=\boldsymbol{H}\boldsymbol{y}\end{cases} \tag{8-6}$$

式中，$\boldsymbol{B}_d$，$\boldsymbol{C}_d$ 为待设计的扰动模型。

从式（8-6）中可以看出扰动 $\boldsymbol{d}$ 是不可控的，要消除扰动对系统的影响，需要保证扰动 $\boldsymbol{d}$ 是可观测的。我们可以设计一个观测器来估计干扰，用估计的干扰信号对控制律进行补偿，从而消除扰动对系统的影响。

注 8.1：为了满足扰动 $\boldsymbol{d}$ 的可观测性，扰动的维数需满足条件：$\mathrm{rank}(\boldsymbol{d}) \leqslant \mathrm{rank}(\boldsymbol{y})$。为了充分地估计高超声速飞行器的外部干扰信号，在设计扰动模型时，选取扰动的维数等于可测输出的维数，即 $\mathrm{rank}(\boldsymbol{d}) = \mathrm{rank}(\boldsymbol{y})$。

由于假设高超声速飞行器的状态不是完全可测的，因此需要对高超声速飞行器的状态进行估计。这里，需要对状态和干扰组成的扩维系统设计状态观测器。对于扩维系统式（8-6），设计一个全阶的类 Luenberger 观测器来估计扰动和不可测状态：

$$\begin{cases}\begin{bmatrix}\dot{\hat{\boldsymbol{x}}}\\ \dot{\hat{\boldsymbol{d}}}\end{bmatrix}=\begin{bmatrix}\boldsymbol{A} & \boldsymbol{B}_d\\ \boldsymbol{0} & \boldsymbol{0}\end{bmatrix}\begin{bmatrix}\hat{\boldsymbol{x}}\\ \hat{\boldsymbol{d}}\end{bmatrix}+\begin{bmatrix}\boldsymbol{B}\\ \boldsymbol{0}\end{bmatrix}\boldsymbol{u}+\boldsymbol{L}(\boldsymbol{y}-\hat{\boldsymbol{y}})\\ \hat{\boldsymbol{y}}=[\boldsymbol{C}\quad \boldsymbol{C}_d]\begin{bmatrix}\hat{\boldsymbol{x}}\\ \hat{\boldsymbol{d}}\end{bmatrix}\\ \hat{\boldsymbol{z}}=\boldsymbol{H}\hat{\boldsymbol{y}}\end{cases} \tag{8-7}$$

式中，$\boldsymbol{L}$ 是设计的观测器增益；$\hat{\boldsymbol{x}}$，$\hat{\boldsymbol{d}}$ 分别为状态和扰动的估计值；$\boldsymbol{y}$，$\hat{\boldsymbol{y}}$ 分别为系统实际输出和观测器的输出。

由式（8-6）减去式（8-7），得

$$\dot{\boldsymbol{e}}=(\boldsymbol{A}_e-\boldsymbol{L}\boldsymbol{C}_e)\boldsymbol{e} \tag{8-8}$$

式中，$\boldsymbol{e}=\begin{bmatrix}\boldsymbol{x}-\hat{\boldsymbol{x}}\\ \boldsymbol{d}-\hat{\boldsymbol{d}}\end{bmatrix}$；$\boldsymbol{A}_e=\begin{bmatrix}\boldsymbol{A} & \boldsymbol{B}_d\\ \boldsymbol{0} & \boldsymbol{0}\end{bmatrix}$；$\boldsymbol{C}_e=[\boldsymbol{C}\quad \boldsymbol{C}_d]$。

基于线性矩阵不等式的方法来设计观测器的增益，要对系统进行离散化处理。将式（8-8）进行离散化，得

$$\boldsymbol{e}(k+1)=(\boldsymbol{A}_{ed}-\boldsymbol{L}_p\boldsymbol{C}_{ed})\boldsymbol{e}(k) \tag{8-9}$$

选取李雅普诺夫函数 $V(\boldsymbol{e}(k))=\boldsymbol{e}(k)^{\mathrm{T}}\boldsymbol{P}\boldsymbol{e}(k)$，若满足 $V(\boldsymbol{e}(k+1))\leqslant\theta^2V(\boldsymbol{e}(k))$，则观测器是指数稳定的[86]。由式（8-9），可知

$$\theta^2\boldsymbol{P}-(\boldsymbol{A}_{ed}-\boldsymbol{L}_p\boldsymbol{C}_{ed})^{\mathrm{T}}\boldsymbol{P}(\boldsymbol{A}_{ed}-\boldsymbol{L}_p\boldsymbol{C}_{ed})\geqslant\boldsymbol{0} \tag{8-10}$$

根据 Schur 补引理，式（8-10）等价于

$$\begin{bmatrix}\theta^2\boldsymbol{P} & \boldsymbol{A}_{ed}^{\mathrm{T}}\boldsymbol{P}-\boldsymbol{C}_{ed}^{\mathrm{T}}\boldsymbol{E}^{\mathrm{T}}\\ \boldsymbol{P}\boldsymbol{A}_{ed}-\boldsymbol{E}\boldsymbol{C}_{ed} & \boldsymbol{P}\end{bmatrix}\geqslant\boldsymbol{0} \tag{8-11}$$

式中，$\boldsymbol{E}=\boldsymbol{P}\boldsymbol{L}_p$。上式为线性矩阵不等式，根据给定的参数 $0<\theta<1$ 求解得到矩阵 $\boldsymbol{P}$、

$\boldsymbol{E}$，即可得到观测器增益 $\boldsymbol{L}_p=\boldsymbol{P}^{-1}\boldsymbol{E}$。

由于 $\boldsymbol{L}_p$ 为离散化后的系统观测器增益，需要经过转化后才能得到连续系统的观测器增益。采用欧拉法近似系统式（8-8），即 $(\boldsymbol{e}(k+1)-\boldsymbol{e}(k))/T_s=(\boldsymbol{A}_e-\boldsymbol{L}\boldsymbol{C}_e)\boldsymbol{e}(k)$，等价于

$$\boldsymbol{e}(k+1)=(\boldsymbol{I}+T_s(\boldsymbol{A}_e-\boldsymbol{L}\boldsymbol{C}_e))\boldsymbol{e}(k) \tag{8-12}$$

根据式（8-9）和式（8-12）的等价关系，有

$$\boldsymbol{A}_{ed}-\boldsymbol{L}_p\boldsymbol{C}_{ed}=\boldsymbol{I}+T_s(\boldsymbol{A}_e-\boldsymbol{L}\boldsymbol{C}_e) \tag{8-13}$$

因此，连续系统的观测器增益为

$$\boldsymbol{L}=(\boldsymbol{A}_e-(\boldsymbol{A}_{ed}-\boldsymbol{L}_p\boldsymbol{C}_{ed}-\boldsymbol{I})/T_s)\boldsymbol{C}_e^{\mathrm{T}}(\boldsymbol{C}_e\boldsymbol{C}_e^{\mathrm{T}})^{-1} \tag{8-14}$$

式中，T_s 为离散化时间。

8.2.3　控制器设计

为了消除干扰对系统的影响，首先应计算状态和控制的平移设定点。给定期望的参考信号 $\boldsymbol{y}_r=[V_r \quad h_r]^{\mathrm{T}}$，根据式（8-7）得到扰动估计 $\hat{\boldsymbol{d}}$，根据近似线性模型式（8-5），控制和状态的目标点可以通过求解如下的二次规划问题得到：

$$\begin{cases}\min\limits_{\boldsymbol{x}_t,\boldsymbol{u}_t}(\boldsymbol{u}_t-\bar{\boldsymbol{u}})^{\mathrm{T}}\tilde{\boldsymbol{R}}(\boldsymbol{u}_t-\bar{\boldsymbol{u}}) \\ \text{s.t.}\quad \begin{bmatrix}\boldsymbol{A} & \boldsymbol{B}\\ \boldsymbol{C} & \boldsymbol{0}\end{bmatrix}\begin{bmatrix}\boldsymbol{x}_t\\ \boldsymbol{u}_t\end{bmatrix}=\begin{bmatrix}-\boldsymbol{B}_d\hat{\boldsymbol{d}}\\ \boldsymbol{y}_r-\boldsymbol{C}_d\hat{\boldsymbol{d}}\end{bmatrix} \\ \boldsymbol{u}_{\min}\leqslant\boldsymbol{u}_t\leqslant\boldsymbol{u}_{\max}\end{cases} \tag{8-15}$$

若式（8-15）存在可行解，则有

$$\begin{cases}\boldsymbol{A}\boldsymbol{x}_t+\boldsymbol{B}\boldsymbol{u}_t+\boldsymbol{B}_d\hat{\boldsymbol{d}}=\boldsymbol{0}\\ \boldsymbol{C}\boldsymbol{x}_t+\boldsymbol{C}_d\hat{\boldsymbol{d}}=\boldsymbol{y}_r\end{cases} \tag{8-16}$$

由式（8-7）减去式（8-16），得到

$$\begin{cases}\dot{\boldsymbol{w}}=\boldsymbol{A}\boldsymbol{w}+\boldsymbol{B}\boldsymbol{v}+\boldsymbol{L}_1(\boldsymbol{C}\tilde{\boldsymbol{x}}+\boldsymbol{C}_d\tilde{\boldsymbol{d}})\\ \boldsymbol{\psi}=\boldsymbol{H}\boldsymbol{C}\boldsymbol{w}\end{cases} \tag{8-17}$$

式中，$\boldsymbol{w}=\hat{\boldsymbol{x}}-\boldsymbol{x}_t$，$\boldsymbol{v}=\boldsymbol{u}-\boldsymbol{u}_t$，$\boldsymbol{\psi}=z-z_r$，$\tilde{\boldsymbol{d}}=\boldsymbol{d}-\hat{\boldsymbol{d}}$，$\tilde{\boldsymbol{x}}=\boldsymbol{x}-\hat{\boldsymbol{x}}$；$\boldsymbol{L}_1$ 是观测器增益 $\boldsymbol{L}$ 中合适维数的分块矩阵。忽略式（8-17）中的扰动估计误差，离散化后可得如下预测模型：

$$\begin{cases}\overline{\boldsymbol{w}}(k+i+1/k)=\boldsymbol{A}\overline{\boldsymbol{w}}(k+i/k)+\boldsymbol{B}\boldsymbol{v}(k+i/k)\\ \overline{\boldsymbol{\psi}}(k+i/k)=\boldsymbol{H}\boldsymbol{C}\overline{\boldsymbol{w}}(k+i/k)\end{cases} \tag{8-18}$$

在每一时刻最小化如下的无穷时域性能指标

$$\min_{U(k)} J_\infty(k)$$
$$J_\infty(k) = \sum_{i=0}^{\infty} [\bar{w}(k+i/k)^{\mathrm{T}} Q_1 \bar{w}(k+i/k) + v(k+i/k)^{\mathrm{T}} R v(k+i/k)] \tag{8-19}$$

式中，$Q_1 = Q_1^{\mathrm{T}} > 0$，$R = R^{\mathrm{T}} > 0$；$U(k) = [v(k), v(k+1), \cdots]^{\mathrm{T}}$。

定义二次函数 $V(\bar{w}(k+i/k)) = \bar{w}(k+i/k)^{\mathrm{T}} P \bar{w}(k+i/k)$，如果满足条件

$$\begin{aligned} & V(\bar{w}(k+i+1/k)) - V(\bar{w}(k+i/k)) \leqslant \\ & -[\bar{w}(k+i/k)^{\mathrm{T}} Q_1 \bar{w}(k+i/k) + v(k+i/k)^{\mathrm{T}} R v(k+i/k)] \end{aligned} \tag{8-20}$$

则 $V(\bar{w}(k+i/k)) \to 0, i \to \infty$。把式（8-20）从 $i=0$ 加到 $i=\infty$，得到

$$\sum_{i=0}^{\infty} [\bar{w}(k+i/k)^{\mathrm{T}} Q_1 \bar{w}(k+i/k) + v(k+i/k)^{\mathrm{T}} R v(k+i/k)] \leqslant V(\bar{w}(k)) \tag{8-21}$$

即 $J_\infty(k) \leqslant V(\bar{w}(k))$

预测控制需要求解每一时刻在约束条件式（8-18）、式（8-20）下最小化性能指标的上界 $V(\bar{w}(k))$，根据线性矩阵不等式的 Schur 补引理，上述优化问题可以转化为

$$\min_{\varepsilon, Q, X, Y} \varepsilon \tag{8-22}$$

$$\text{s.t.} \begin{bmatrix} 1 & \bar{w}(k/k)^{\mathrm{T}} \\ \bar{w}(k/k) & Q \end{bmatrix} \geqslant 0 \tag{8-23}$$

$$\begin{bmatrix} Q & QA^{\mathrm{T}} + Y^{\mathrm{T}} B^{\mathrm{T}} & QQ_1^{1/2} & Y^{\mathrm{T}} R^{1/2} \\ AQ + BY & Q & 0 & 0 \\ Q_1^{1/2} Q & 0 & \varepsilon I & 0 \\ R^{1/2} Y & 0 & 0 & \varepsilon I \end{bmatrix} \geqslant 0 \tag{8-24}$$

若控制存在约束

$$|v_r(k+i/k)| \leqslant v_{r,\max}, i \geqslant 0, r = 1, 2, \cdots, n_u, v_{r,\max} = u_{r,\max} - u_{r,t} \tag{8-25}$$

可以转化为线性矩阵不等式

$$\begin{bmatrix} X & Y \\ Y^{\mathrm{T}} & Q \end{bmatrix} \geqslant 0, X_{jj} \leqslant v_{r,\max}^2, r = 1, 2, \cdots, n_u \tag{8-26}$$

在每一时刻求解优化问题：式（8-22）s.t. 式（8-23）~式（8-26），得到的控制律为

$$u(k) = u_t + F(\hat{x}(k) - x_t), \quad F = YQ^{-1} \tag{8-27}$$

定理 8.1：系统式（8-6）在控制律式（8-27）作用下，可以实现输出对参考信号的无静差跟踪，如果采用式（8-7）、式（8-14）设计增广系统的观测

器，式（8-15）计算平移设定值，且满足如下条件：

1）观测器设计问题式（8-11）存在可行解。

2）在每一时刻目标计算式（8-15）存在可行解$(\boldsymbol{x}_t(k),\boldsymbol{u}_t(k))$。

3）控制器优化问题式（8-22）~式（8-26）存在可行解$(\varepsilon,\boldsymbol{Q},\boldsymbol{X},\boldsymbol{Y})$。

4）闭环系统是渐近稳定的。

证明：假设$\hat{\boldsymbol{x}}(\infty)$、$\hat{\boldsymbol{d}}(\infty)$、$\boldsymbol{u}(\infty)$、$\boldsymbol{z}(\infty)$、$\boldsymbol{y}(\infty)$分别表示稳态条件下的估计状态、扰动的估计值、控制律、被控制输出和可测输出。如果条件 1）和 4）满足，则从增广观测器式（8-7）可知

$$\begin{cases}\boldsymbol{A}\hat{\boldsymbol{x}}(\infty)+\boldsymbol{B}_d\hat{\boldsymbol{d}}(\infty)+\boldsymbol{B}\boldsymbol{u}(\infty)+\boldsymbol{L}_1(\boldsymbol{y}(\infty)-\boldsymbol{C}\hat{\boldsymbol{x}}(\infty)-\boldsymbol{C}_d\hat{\boldsymbol{d}}(\infty))=\boldsymbol{0}\\ \boldsymbol{L}_2(\boldsymbol{y}(\infty)-\boldsymbol{C}\hat{\boldsymbol{x}}(\infty)-\boldsymbol{C}_d\hat{\boldsymbol{d}}(\infty))=\boldsymbol{0}\end{cases}\tag{8-28}$$

式中，$\boldsymbol{L}_1$，$\boldsymbol{L}_2$ 为合适维数的观测器增益的分块矩阵，即有 $\boldsymbol{L}=\begin{bmatrix}\boldsymbol{L}_1\\ \boldsymbol{L}_2\end{bmatrix}$。

在参考文献［90］中已经证明，如果扰动状态的维数等于输出的维数，则观测器增益是满秩的，所以有

$$\boldsymbol{y}(\infty)=\boldsymbol{C}\hat{\boldsymbol{x}}(\infty)+\boldsymbol{C}_d\hat{\boldsymbol{d}}(\infty)\tag{8-29}$$

$$\boldsymbol{A}\hat{\boldsymbol{x}}(\infty)+\boldsymbol{B}_d\hat{\boldsymbol{d}}(\infty)+\boldsymbol{B}\boldsymbol{u}(\infty)=\boldsymbol{0}\tag{8-30}$$

如果 2）满足，则有

$$\boldsymbol{A}\boldsymbol{x}_t+\boldsymbol{B}\boldsymbol{u}_t+\boldsymbol{B}_d\hat{\boldsymbol{d}}(\infty)=\boldsymbol{0}\tag{8-31}$$

式（8-30）减去式（8-31），有

$$\boldsymbol{A}(\hat{\boldsymbol{x}}(\infty)-\boldsymbol{x}_t)+\boldsymbol{B}(\boldsymbol{u}(\infty)-\boldsymbol{u}_t)=\boldsymbol{0}\tag{8-32}$$

如果条件 3）满足，则有反馈控制律式（8-27），将式（8-27）代入式（8-32），有

$$(\boldsymbol{A}+\boldsymbol{B}\boldsymbol{F})(\hat{\boldsymbol{x}}(\infty)-\boldsymbol{x}_t)=\boldsymbol{0}\tag{8-33}$$

如果条件 4）满足，则 $\boldsymbol{A}+\boldsymbol{B}\boldsymbol{F}$ 的特征根位于左半平面，式（8-33）的唯一解为 $\hat{\boldsymbol{x}}(\infty)-\boldsymbol{x}_t=\boldsymbol{0}$，且根据目标计算式（8-15），有

$$\boldsymbol{z}_r=\boldsymbol{H}\boldsymbol{C}\boldsymbol{x}_t+\boldsymbol{H}\boldsymbol{C}_d\hat{\boldsymbol{d}}(\infty)\tag{8-34}$$

稳态跟踪误差为

$$\boldsymbol{e}=\boldsymbol{z}-\boldsymbol{z}_r=\boldsymbol{H}\boldsymbol{C}(\hat{\boldsymbol{x}}(\infty)-\boldsymbol{x}_t)=\boldsymbol{0}$$

因此，闭环系统可以实现对输出的无静差跟踪。

8.2.4　仿真结果与分析

为了验证提出方法的有效性，将在标称条件、参数不确定条件及存在外部干

扰条件下，分别进行仿真验证。仿真中，假设高超声速飞行器的速度和高度参考信号分别为平衡巡航条件下的 100ft 和 100ft/s 的单位阶跃信号，控制约束条件为：$0\leqslant\beta\leqslant3$，$-20°/57.3\leqslant\delta_e\leqslant20°/57.3$。为了说明提出方法的优越性，将本方法与文献中广泛采用的自适应滑模控制方法进行对比仿真分析。自适应滑模控制方法引入了自适应规则，具有较强的鲁棒性[17]。

输出反馈预测控制器设计中，加权矩阵选取为 $\boldsymbol{Q}_1=\boldsymbol{I}_{5\times5}$，$\boldsymbol{R}=\boldsymbol{I}_{2\times2}$，观测器的衰减率选为 $\theta=0.5$。根据高超声速飞行器的耦合特性，把高度、攻角和弹道倾角通道的扰动当作一个整体，选择扰动模型为 $\boldsymbol{B}_d=\begin{bmatrix}1&0&0\\0&0&0\\0&1&0\\0&1&0\\0&0&1\end{bmatrix}$，$\boldsymbol{C}_d=0$。根据 8.2.3 节，扰动观测器增益为

$$\boldsymbol{L}=\begin{bmatrix}13.476 & -5.4465\times10^{-4} & -1.5821\\ -7.5729\text{e}\times10^{-3} & 3.5023\times10^{-3} & 1.7557\times10^{-3}\\ -13.251 & 13.706 & 2.9508\\ -0.87137 & 0.139 & 1.2252\\ -7.1196\times10^{-2} & -1.4872\times10^{-4} & 7.737\\ 9.6612 & 6.7062 & 0.38\\ -1.8329 & 2.3674\times10^{-3} & -1.1552\\ 6.7115\times10^{-2} & -8.3555\times10^{-2} & 15.296\end{bmatrix}$$

假设高超声速飞行器的初始状态为 $\boldsymbol{x}(0)=[15060\ 0\ 110000\ 1.78776\ 0]^{\mathrm{T}}$，初始估计为 $\hat{\boldsymbol{x}}(0)=[15060\ 0\ 110000\ 0.78776\ 0]^{\mathrm{T}}$，初始扰动估计为 $\hat{\boldsymbol{d}}(0)=[0\ 0\ 0]^{\mathrm{T}}$。

1. 标称情况

在标称条件下，将两种方法作用于高超声速飞行器纵向非线性模型，仿真结果如图 8-1 所示。从图中可以看到，速度和高度均能跟踪上给定参考信号；估计状态可以收敛到实际状态值；节流阀设定值和升降舵偏转角在给定约束范围内；估计的干扰收敛到扰动的真实值。

2. 参数不确定情况

为了验证方法的鲁棒性，在仿真中考虑参考文献［17］中的参数不确定性，部分响应曲线如图 8-2 所示。从图中可以看到，即使在参数不确定情况下，速度和高度均能跟踪上给定参考信号，攻角和弹道倾角的估计误差均比较小，控制量在给定约束范围内，扰动估计收敛到一个稳态值。

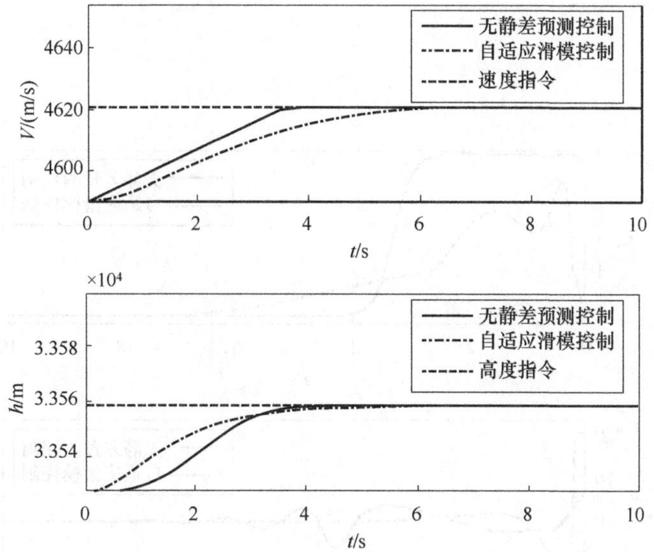

a)

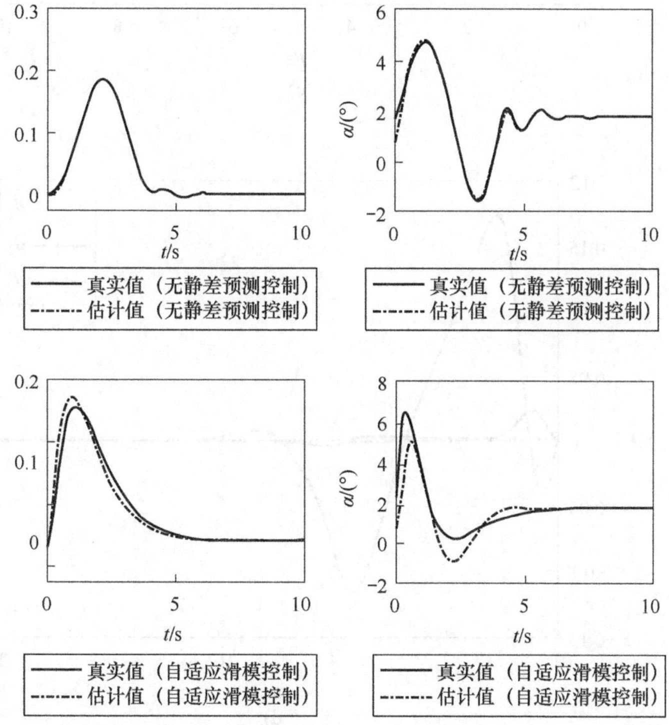

b)

图 8-1　输出反馈预测控制系统响应（标称情形）

a）速度和高度跟踪随时间变化情况　b）攻角和弹道倾角真实及估计随时间变化情况

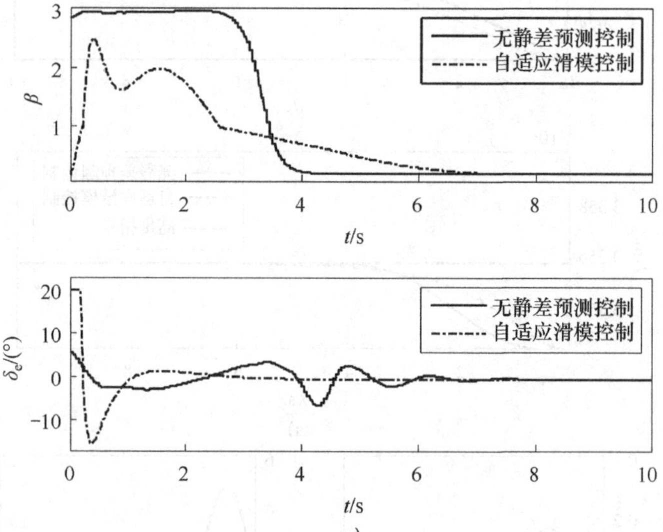

c)

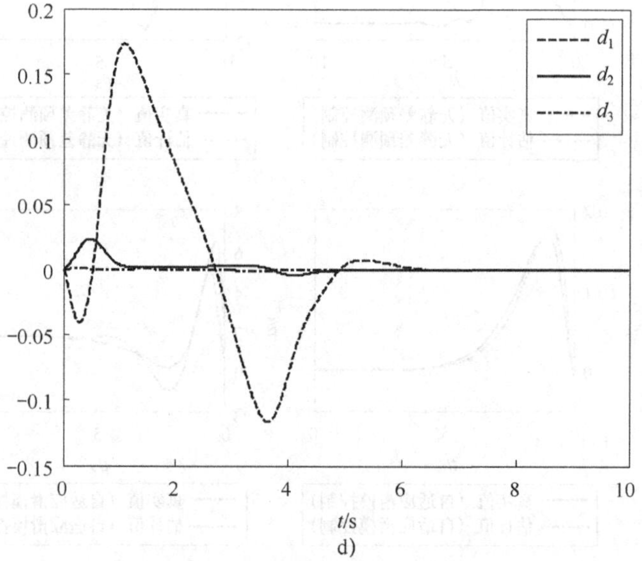

d)

图 8-1　输出反馈预测控制系统响应（标称情形）（续）

c）控制律随时间变化情况　d）扰动估计值随时间变化情况

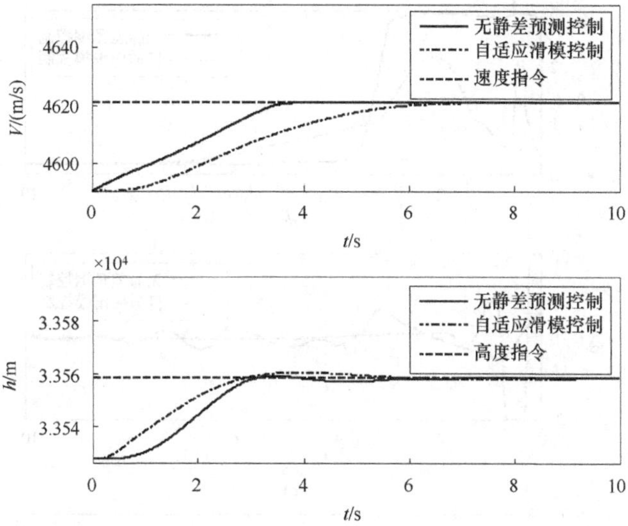

a)

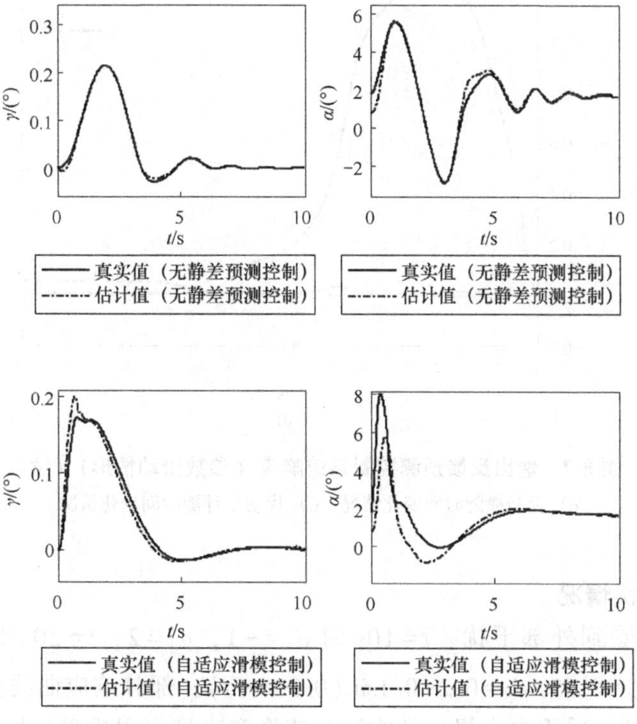

b)

图 8-2　输出反馈预测控制系统响应（参数摄动情形）

a）输出跟踪随时间变化情况　b）角度估计随时间变化情况

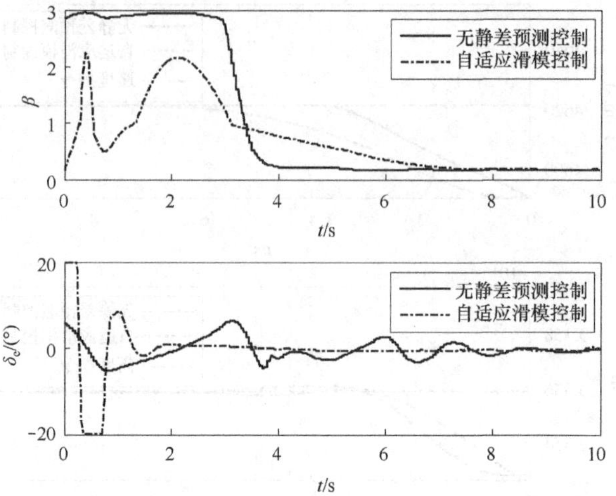

c)

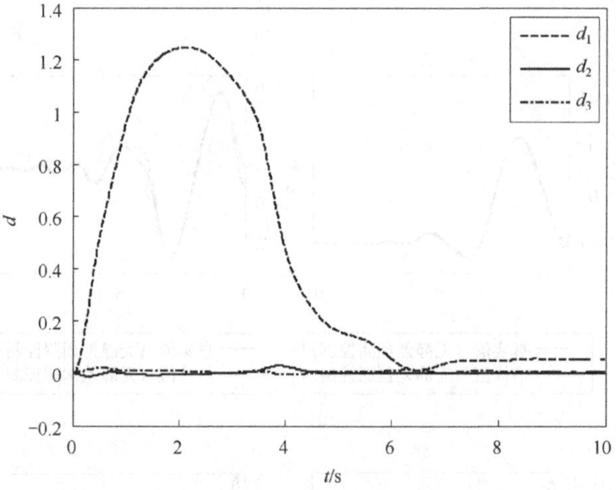

d)

图 8-2　输出反馈预测控制系统响应（参数摄动情形）（续）

c）控制律随时间变化情况　d）扰动估计随时间变化情况

3. 外部干扰情况

考虑系统受到外部干扰：$t=10\text{s}$ 时 $d_1=-1$，$d_3=2$；$t=20\text{s}$ 时 $d_2=0.001\sin(0.2\pi t)$，$d_4=0.05$，$d_5=0.2+0.1\sin(0.3\pi t+\pi)$，部分响应曲线如图 8-3 所示。从图中可以看到：采用本章提出的方法，速度和高度可以准确地跟踪给定参考信号，攻角和弹道倾角的估计误差很小（在 0.1°以内）；而采用滑模自适应控制方法，速度和高度存在一定的跟踪误差，且攻角和弹道倾角存在较大的估计误差。此外，可以看到，扰动估计 d_1，d_3 分别收敛到速度和俯仰角速度通道的真实干扰，

d_2 反映了高度和角度通道的整体干扰。

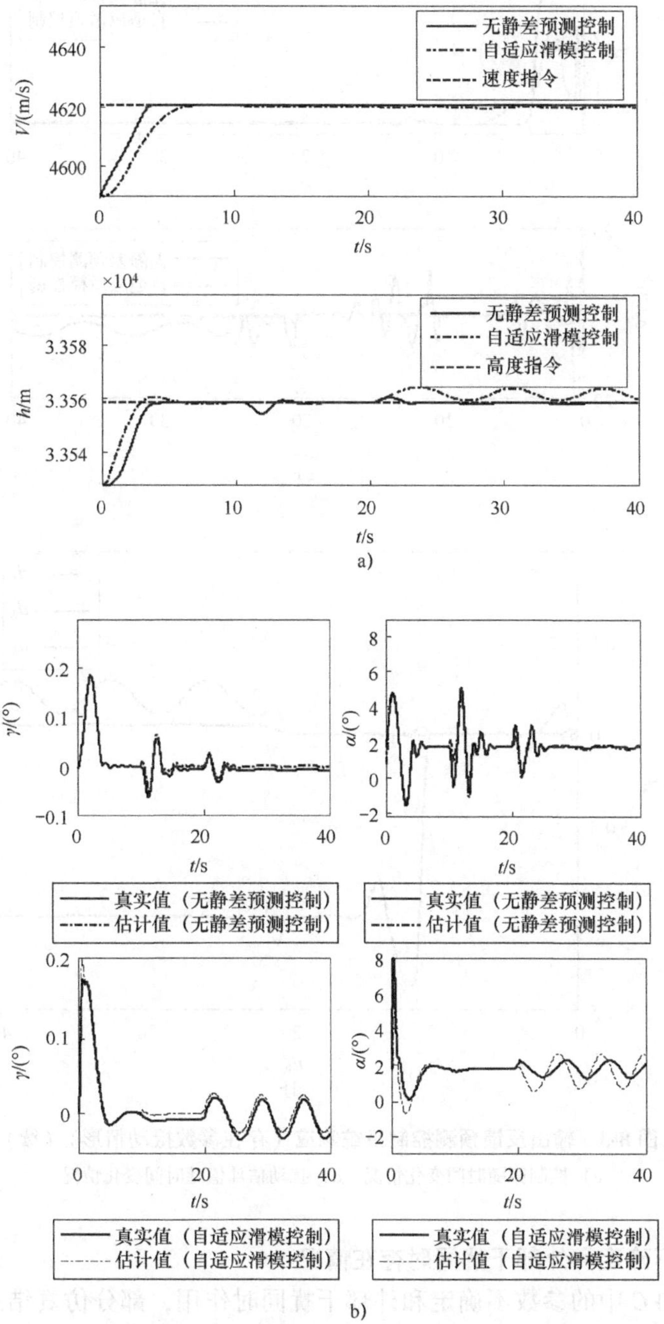

图 8-3　输出反馈预测控制系统响应（存在参数摄动情形）

a）输出跟踪随时间变化情况　b）角度估计值随时间变化情况

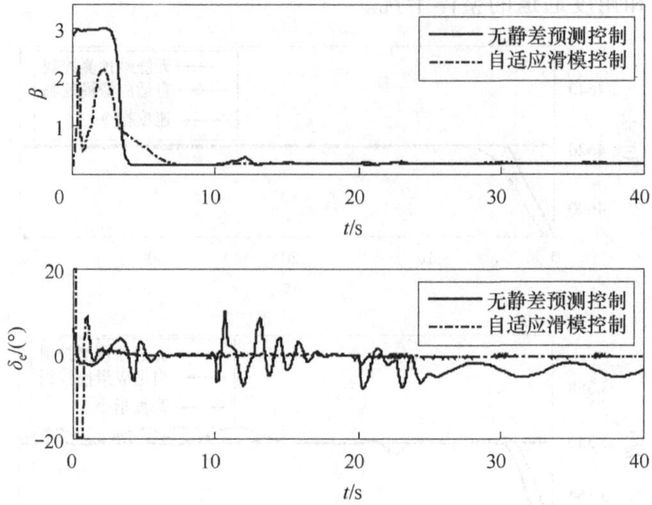

c)

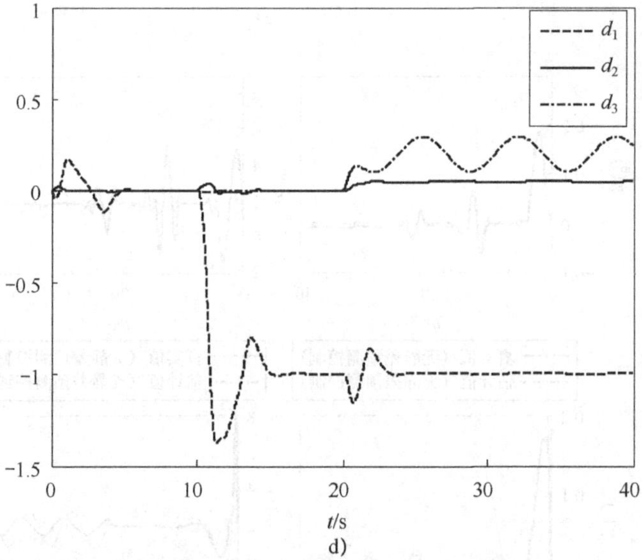

d)

图 8-3　输出反馈预测控制系统响应（存在参数摄动情形）（续）

c）控制律随时间变化情况　d）扰动估计值随时间变化情况

4. 参数不确定和外部干扰同时存在情况

考虑 B 和 C 中的参数不确定和外部干扰同时作用，部分仿真结果如图 8-4 所示。从图中可以看出，即使参数不确定和外部干扰同时作用条件下，速度和高度仍然能准确地跟踪上给定参考信号，控制和状态在给定约束范围内，且角度估计误差能收敛到一个很小的值。

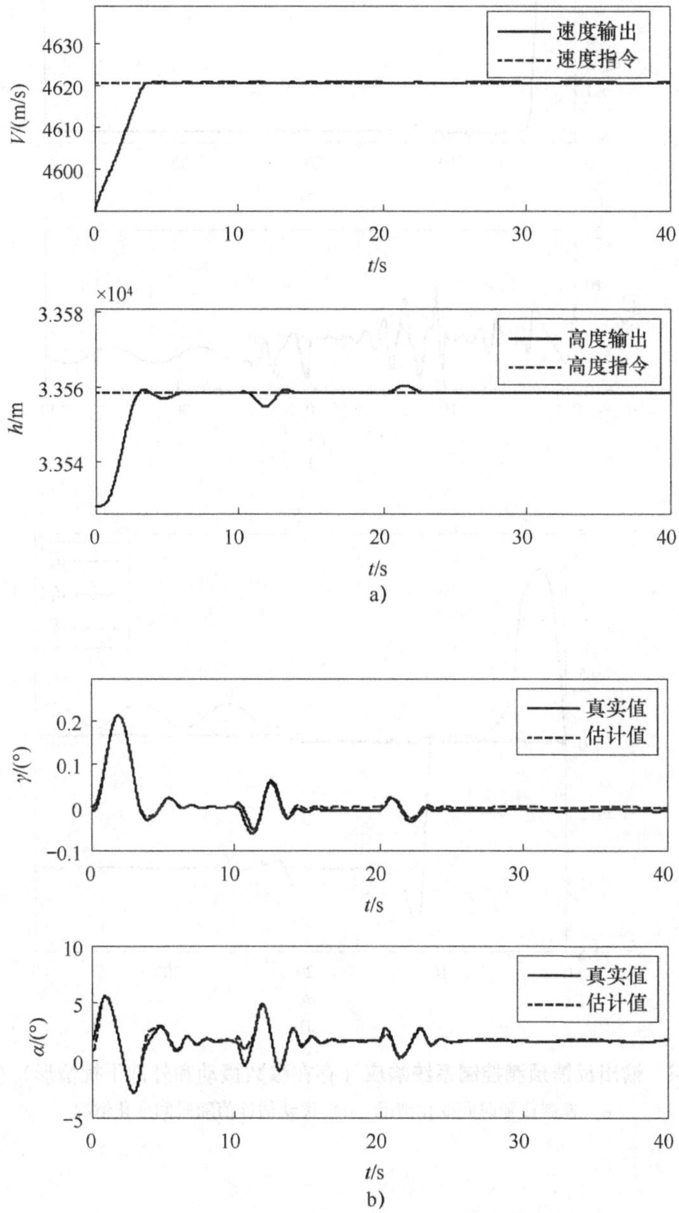

图 8-4　输出反馈预测控制系统响应（存在参数摄动和外部干扰情形）

a）输出跟踪随时间变化情况　b）角度估计值随时间变化情况

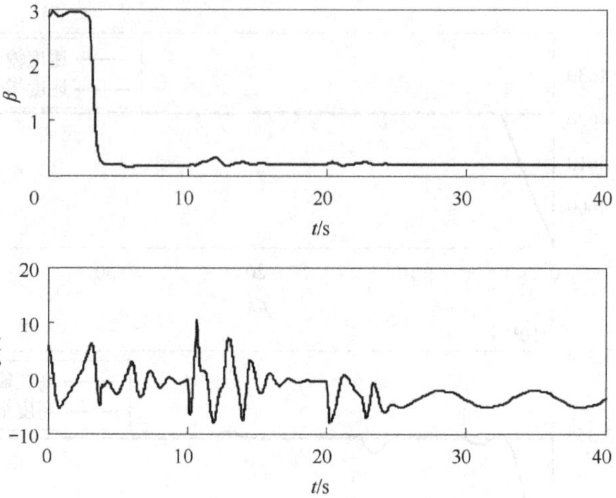

c)

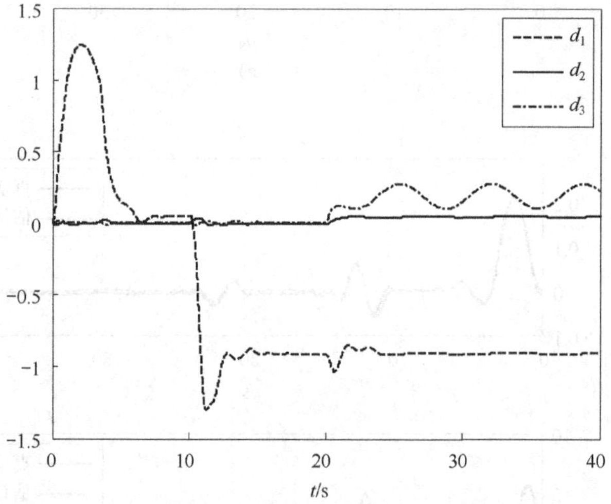

d)

图 8-4　输出反馈预测控制系统响应（存在参数摄动和外部干扰情形）（续）

c）控制律随时间变化情况　d）扰动估计值随时间变化情况

8.3　基于 PI 观测器的飞行器姿态输出反馈预测控制

8.3.1　姿态系统模型及其转换

考虑一个旋转刚体航天器，其动力学由运动学和动力学方程根据欧拉方程描述[91]。

$$J\dot{\omega} = S(\omega)J\omega + M \tag{8-35}$$

式中，$J=\begin{bmatrix} J_x & 0 & 0 \\ 0 & J_y & 0 \\ 0 & 0 & J_z \end{bmatrix}$为惯性矩阵；$S(\omega)=\begin{bmatrix} 0 & \omega_z & -\omega_y \\ -\omega_z & 0 & \omega_x \\ \omega_y & -\omega_x & 0 \end{bmatrix}$是斜对称矩阵；$\omega=[\omega_x \quad \omega_y \quad \omega_z]^{\mathrm{T}}$为角速度向量；$M=[M_x \quad M_y \quad M_z]^{\mathrm{T}}$为外部力矩向量。

运动学方程为

$$\omega = J(q)\dot{q} \tag{8-36}$$

式中，$J(q)=\begin{bmatrix} 1 & \sin\theta & 0 \\ 0 & \cos\theta\cos\gamma & \sin\gamma \\ 0 & -\cos\theta\sin\gamma & \cos\gamma \end{bmatrix}$；$q=\begin{bmatrix} \gamma \\ \psi \\ \theta \end{bmatrix}$。姿态角 γ，ψ，θ 分别为滚转、偏航和俯仰角。显然，式（8-35）、式（8-36）是强非线性的，并且俯仰、偏航和滚转三个通道之间存在耦合。

显然，将方程式（8-35）和式（8-36）作为预测模型对 MPC 控制器来说过于复杂。一方面会大大增加控制器设计的难度；另一方面，它会大大增加计算量。因此，有必要将系统简化为线性和降阶的系统，但它仍然能够表征系统的重要动态。为此，系统将分为三个子系统，它们分别是俯仰子系统、偏航子系统和滚转子系统，如后面所述。

假设 1：假设 γ 等于 0，这是因为航天器即使在大角度机动时也不需要绕纵轴滚动。

假设 2：假设区间 θ 之间存在$\left(-\dfrac{\pi}{2}, \dfrac{\pi}{2}\right)$内变化，这意味着可以避免奇点。

定义 $x_{1z}=\theta$，$x_{2z}=\dot{\theta}$，则二阶俯仰子系统可以描述为

$$\begin{bmatrix} \dot{x}_{1z} \\ \dot{x}_{2z} \end{bmatrix} = \begin{bmatrix} 0 & 1 \\ 0 & 0 \end{bmatrix}\begin{bmatrix} x_{1z} \\ x_{2z} \end{bmatrix} + \begin{bmatrix} 0 \\ 1/J_z \end{bmatrix} M_z + \begin{bmatrix} 0 \\ f_z \end{bmatrix} \tag{8-37}$$

$$y_z = \theta \tag{8-38}$$

式中，$f_z=\dfrac{J_x-J_y}{J_z}\omega_x\omega_y+\omega_y\dot{\gamma}$。类似地，定义 $x_{1y}=\psi$，$x_{2y}=\dot{\psi}$，$x_{1x}=\gamma$，$x_{2x}=\dot{\gamma}$，那么其他两个子系统可以表示为

$$\begin{bmatrix} \dot{x}_{1y} \\ \dot{x}_{2y} \end{bmatrix} = \begin{bmatrix} 0 & 1 \\ 0 & 0 \end{bmatrix}\begin{bmatrix} x_{1y} \\ x_{2y} \end{bmatrix} + \begin{bmatrix} 0 \\ 1/(J_y\cos\theta) \end{bmatrix} M_y + \begin{bmatrix} 0 \\ f_y \end{bmatrix} \tag{8-39}$$

$$y_y = \psi \tag{8-40}$$

$$\begin{bmatrix}\dot{x}_{1x}\\ \dot{x}_{2x}\end{bmatrix}=\begin{bmatrix}0&1\\0&0\end{bmatrix}\begin{bmatrix}x_{1x}\\x_{2x}\end{bmatrix}+\begin{bmatrix}0\\1/J_x\end{bmatrix}M_x+\begin{bmatrix}0\\f_x\end{bmatrix} \tag{8-41}$$

$$y_x=\gamma \tag{8-42}$$

式中，$f_y=\dfrac{(J_z-J_x)}{J_y\cos\theta}\omega_x\omega_z+\dfrac{\dot{\theta}\sin\theta}{\cos^2\theta}\omega_y-\dfrac{\dot{\gamma}\cos\theta}{\cos^2\theta}\omega_z$；$f_x=\dfrac{J_y-J_z}{J_z}\omega_y\omega_z-\sec^2\theta\omega_y-\tan\theta(\dot{\omega}_y-\dot{\gamma}\omega_z)$。

根据上述系统描述，若将 f_x、f_y、f_z 项视为扰动，则可以观察到俯仰和滚转子系统是线性解耦的，偏航子系统是类线性解耦的，这样有利于控制器设计。控制目标是使俯仰角和偏航角跟踪指定参考信号，而滚转角稳定到零。

8.3.2 预测控制器设计

根据前面 3 个子系统的表达式，进一步将其描述为

$$\begin{aligned}\dot{\boldsymbol{x}}_z&=\boldsymbol{A}\boldsymbol{x}_z+\boldsymbol{B}_zM_z+\boldsymbol{d}_z\\ y_z&=\boldsymbol{C}\boldsymbol{x}_z\end{aligned} \tag{8-43}$$

$$\begin{aligned}\dot{\boldsymbol{x}}_y&=\boldsymbol{A}\boldsymbol{x}_y+\boldsymbol{B}_yM_y+\boldsymbol{d}_y\\ y_y&=\boldsymbol{C}\boldsymbol{x}_y\end{aligned} \tag{8-44}$$

$$\begin{aligned}\dot{\boldsymbol{x}}_x&=\boldsymbol{A}\boldsymbol{x}_x+\boldsymbol{B}_xM_x+\boldsymbol{d}_x\\ y_x&=\boldsymbol{C}\boldsymbol{x}_x\end{aligned} \tag{8-45}$$

式中，$\boldsymbol{x}_z=\begin{bmatrix}\theta\\ \dot{\theta}\end{bmatrix}$；$\boldsymbol{x}_y=\begin{bmatrix}\psi\\ \dot{\psi}\end{bmatrix}$；$\boldsymbol{x}_x=\begin{bmatrix}\gamma\\ \dot{\gamma}\end{bmatrix}$；$\boldsymbol{A}=\begin{bmatrix}0&1\\0&0\end{bmatrix}$；$\boldsymbol{B}_z=\begin{bmatrix}0\\1/J_z\end{bmatrix}$；$\boldsymbol{B}_y=\begin{bmatrix}0\\1/(J_y\cos\theta)\end{bmatrix}$；$\boldsymbol{B}_x=\begin{bmatrix}0\\1/J_x\end{bmatrix}$；$\boldsymbol{d}_z=\begin{bmatrix}0\\f_z\end{bmatrix}$；$\boldsymbol{d}_z=\begin{bmatrix}0\\f_y\end{bmatrix}$；$\boldsymbol{d}_x=\begin{bmatrix}0\\f_x\end{bmatrix}$；$\boldsymbol{C}=[1\quad 0]$。

可以证明，上述这些子系统式（8-43）~式（8-45）在标称情况下是可观测可控的，这为控制器设计提供了良好的基础。此外，偏航子系统是一个类线性的不确定结构，其他是两个线性时不变的不确定系统。

1. 干扰辨识

比例积分观测器（Proportional-Integral Observer，PIO）是 Luenberger 观测器的扩展，它可以通过对象的输出来估计不可测量的状态。由于 PIO 同时采用当前和过去的信息，因此能增强对不确定性的鲁棒性。在这里，采用参考文献［92］提出的 PIO 估计耦合项 $d_i(i=x,y,z)$。以俯仰子系统式（8-43）为例，其对应的

PIO 为

$$\begin{bmatrix} \dot{\hat{\boldsymbol{x}}}_z \\ \dot{\hat{\boldsymbol{d}}}_z \end{bmatrix} = \begin{bmatrix} \boldsymbol{A} - L_{1z}\boldsymbol{C} & L_{3z} \\ -L_{2z}\boldsymbol{C} & 0 \end{bmatrix} \begin{bmatrix} \hat{\boldsymbol{x}}_z \\ \hat{\boldsymbol{d}}_z \end{bmatrix} + \begin{bmatrix} \boldsymbol{B}_z \\ 0 \end{bmatrix} M_z + \begin{bmatrix} L_{1z} \\ L_{2z} \end{bmatrix} y_z, \tag{8-46}$$

式中，L_{1z}、L_{2z}、L_{3z}是增益矩阵，其可以通过极点配置来确定。类似地，其他两个 PIO 观测器也能确定。需要说明的是，L_{1z}、L_{2z}、L_{3z}、L_{1x}、L_{2x} 和 L_{3x} 能提前计算，而 L_{1y}、L_{2y} 与 L_{3y} 需要在线计算，因为偏航子系统是时变的。

2. 控制器设计

同样以俯仰子系统为例说明控制器的设计。离散化式（8-43）得到预测模型如下：

$$\begin{aligned} \boldsymbol{x}_{mz}(k+1) &= \boldsymbol{A}_{mz}\boldsymbol{x}_{mz}(k) + \boldsymbol{B}_{mz}M_z(k) + N_{mz}\boldsymbol{d}_z(k) \\ y_{mz}(k) &= \boldsymbol{C}_{mz}\boldsymbol{x}_{mz}(k) \end{aligned} \tag{8-47}$$

式中，$\boldsymbol{A}_{mz} = \mathrm{e}^{A_z T_s}$；$\boldsymbol{B}_{mz} = \int_0^{T_s} \mathrm{e}^{A(x)T_s}\boldsymbol{B}_z \mathrm{d}t$；$N_{mz} = \int_0^{T_s} \mathrm{e}^{A(x)T_s}\mathrm{d}t$；$\boldsymbol{C}_{mz} = \boldsymbol{C}$；$T_s$是采样周期。至此，可以采样 4.1 节的预测控制算法进行控制器设计，需要说明的是先不考虑系统的约束，求得解析解，然后采样 4.2 节的启发方式对系统约束进行处理，这样能提高系统的实时性[93]。需要强调的是在控制器执行时，$\boldsymbol{x}_z$ 和 $\boldsymbol{d}_z$ 需用 $\hat{\boldsymbol{x}}_z$，$\hat{\boldsymbol{d}}_z$ 来代替。

8.3.3　仿真结果与分析

飞行器参数为 $J_x = 0.1\mathrm{kg\cdot m^2}$、$J_y = J_z = 1\mathrm{kg\cdot m^2}$，输入控制约束为$-0.5 \leqslant M_n \leqslant 0.5$，$-2 \leqslant \Delta M_n \leqslant 2$，$(n = z, y)$，$-0.3 \leqslant M_x \leqslant 0.3$，$-2 \leqslant \Delta M_x \leqslant 2$（单位 N·m）。预测和控制时域取为：$H_{pn} = 100$，$H_{un} = 30$（$n = z, y$）、$H_{px} = 70$，$H_{ux} = 20$。对应俯仰和偏航子系统，其观测器特征值为$-3$，$-4$，$-5$，对滚转子系统，其观测器特征值为$-1$，$-2$，$-3$。另外，采样周期取 0.01s. 姿态角的初值为 $\theta(0) = 0°$、$\psi(0) = 0°$、$\gamma(0) = 30°$，期望姿态角为 $\theta_r = 60°$、$\psi_r = 30°$、$\gamma_r = 0°$。

仿真结果如图 8-5~图 8-7 所示，可以观察到俯仰角和偏航角快速收敛到预期位置，而滚转角快速收敛到零。在开始阶段，为了获得更快的响应速度控制输入 M_z 和 M_y 到达最大约束处。此外，角速度 ω_z，ω_y 与 ω_x 也最终稳定到零。对于耦合项 f_x、f_y 和 f_z，可以看到在开始阶段，其值还是比较大的，说明子系统之间耦合明显。因此，在控制器设计时不能忽略耦合项的影响否则系统的性能将受到影响，严重时会导致系统不稳定。总之，所提出的控制算法可以很好地补偿子系统之间的耦合作用，从而实现良好的姿态跟踪性能。

为了说明观测器收敛对系统性能的影响，将俯仰子系统的观测器极点均选择为-6.5，而其他观测器的极点保持不变。结果表明俯仰子系统的性能变化很大，如图 8-8 所示，而其他的性能则略有不同。从图 8-8 可以看出，系统跟踪的动态性能得到了改善，即上升时间和建立时间都缩短了。但更好的性能需要更多的控制量，因此控制输入进入饱和状态时间更长。而更大的控制输入使其他两个变量 ω_z 和 f_z 变化更加明显。上述结果表明，系统的设计参数对整个系统的性能有重要影响，因此可以通过对其进行修改来提高系统的性能。

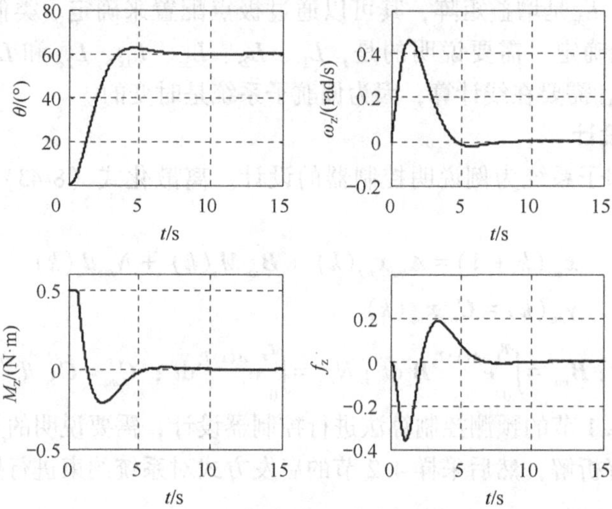

图 8-5　俯仰子系统预测控制系统响应

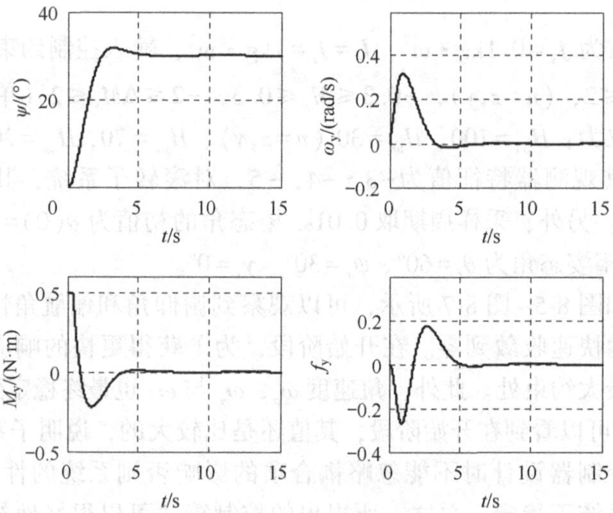

图 8-6　偏航子系统预测控制系统响应

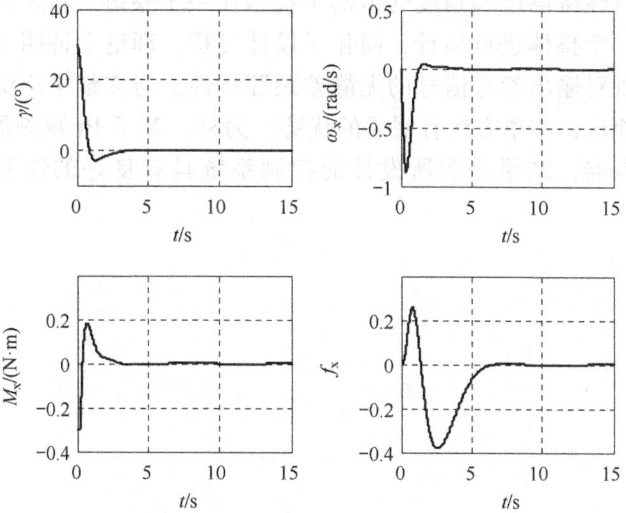

图 8-7 滚转子系统预测控制系统响应

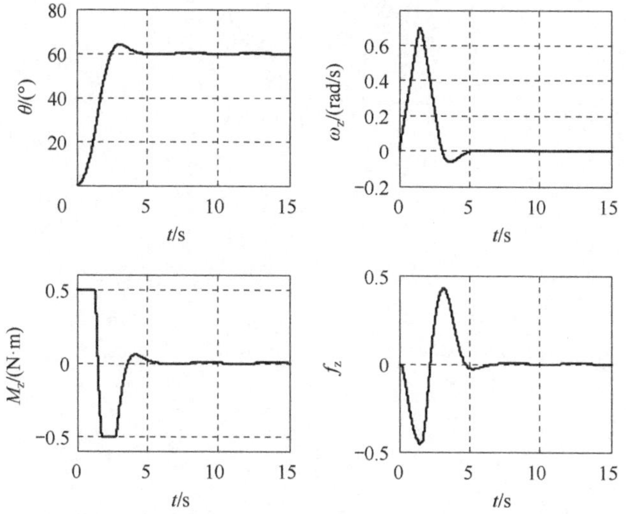

图 8-8 偏航子系统预测控制系统响应（使用收敛速度更快的观测器）

8.4 本章小结

本章研究了高超声速飞行器部分状态可测，同时受到外部干扰和参数不确定情况，结合无静差跟踪预测控制和输出反馈预测控制，建立了一种输出反馈无静差跟踪预测控制方法。该方法将不可测扰动当作一个常值干扰，并根据高超声速飞行器的耦合特性将高度和角度通道的干扰当作一个整体。将未知干扰信号与不可测状态当作一个整体进行估计，简化了设计过程。理论上证明了当闭环系统稳定时，可以实现对输出参考信号的无静差跟踪特性。与文献中广泛应用的滑模自适应控制方法相比，本章方法有明显的优势。另外，基于 PI 观测器，设计飞行器的姿态解耦控制器，结果表明所设计的控制系统具有良好的性能，适用于工程实际。

第9章　高超声速飞行器高效预测控制

预测控制在设计控制器时就考虑控制和状态的约束，是非常有效的处理多变量、受约束系统的控制算法。该算法可以在保证状态和控制约束的同时，保证良好的闭环控制性能。一经提出，在工业和化学领域就获得了大量成功的运用。但是由于预测控制需要在每一个采样周期内求解一个优化问题，所需要的计算时间较长，不适用于高超声速飞行器这样的高动态系统。近年来，针对预测控制的在线计算时间问题，提出了一些离线预测控制方法，把在线优化转化为离线进行，在线时只需要进行插值计算，大大地减小了计算时间，为快时变系统的预测控制方法提供了有效的解决途径。

为此，首先将增益调度预测控制的思想应用于离线鲁棒预测控制，提出调度离线预测控制方法。该方法不仅继承了调度预测控制和离线多模型预测控制的优点，而且能够保证所有的切换点均满足约束条件。与传统的切换控制相比，最大的优势在于：该方法是一种基于稳定域的切换控制方法，在线时根据当前时刻的状态所处的吸引域进行切换，且离线设计的吸引域存在相互重叠的区域保证切换点在吸引域内，保证了控制器的稳定切换。与T-S模糊控制相比，主要优势在于控制规则简单易行，不需要像模糊控制那样需经过模糊化、模糊推理和清晰化转化等繁琐的转换过程。

其次，根据多参数二次规划解的性质（解是关于参量的分段仿射函数），提出适用于高超声速飞行器的基于多参数二次规划的离线双模预测控制方法。首先在平衡点进行小扰动线性化得到用于控制器设计的预测模型，然后离线设计无约束控制增益，根据系统的约束条件和控制增益计算相应的多面体不变集。根据多参数二次规划解的性质将多面体不变集进行分区并计算相应的自由控制变量。在线时，搜索当前时刻状态所处的分区，得到相应的控制自由变量，作用到高超声速飞行器的非线性模型，仿真结果验证了方法的有效性。

9.1　调度鲁棒预测控制及其改进策略

9.1.1　基于多胞型模型的鲁棒预测控制

考虑线性时变不确定系统

$$\begin{cases}\boldsymbol{x}(k+1)=\boldsymbol{A}(k)\boldsymbol{x}(k)+\boldsymbol{B}(k)\boldsymbol{u}(k)\\ \boldsymbol{y}=\boldsymbol{C}\boldsymbol{x}(k)\\ [\boldsymbol{A}(k)\quad \boldsymbol{B}(k)]\in\boldsymbol{\Omega}\end{cases}\tag{9-1}$$

式中，$\boldsymbol{x}\in\boldsymbol{R}^{n_x}$ 为系统状态；$\boldsymbol{u}\in\boldsymbol{R}^{n_u}$ 为控制输入；$\boldsymbol{y}\in\boldsymbol{R}^{n_y}$ 为系统输出。$\boldsymbol{\Omega}$ 定义为如下的“多胞”：

$$\boldsymbol{\Omega}=\mathrm{Co}\{[\boldsymbol{A}_1 \mid \boldsymbol{B}_1],[\boldsymbol{A}_2 \mid \boldsymbol{B}_2],\cdots,[\boldsymbol{A}_L \mid \boldsymbol{B}_L]\},\forall k\geqslant 0\tag{9-2}$$

即存在 L 个非负系数 $\lambda_l(k)$，$l\in\{1,\cdots,L\}$，$\sum\limits_{l=1}^{L}\lambda_l(k)=1$ 使得

$$[\boldsymbol{A}(k)\mid\boldsymbol{B}(k)]=\sum_{l=1}^{L}\lambda_l(k)[\boldsymbol{A}_i\mid\boldsymbol{B}_i]\tag{9-3}$$

式中，$[\boldsymbol{A}_l\mid\boldsymbol{B}_l]$ 为多包描述的顶点，如图 9-1 所示[59]。

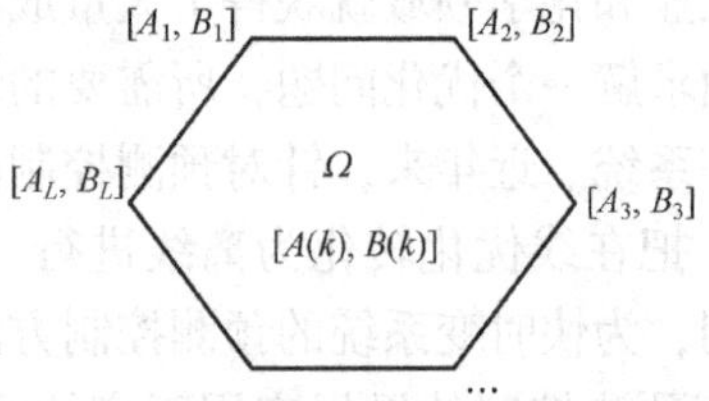

图 9-1　多面体模型

定义性能指标

$$J_\infty(k)=\sum_{i=0}^{\infty}[\|\boldsymbol{x}(k+i\mid k)\|_{\boldsymbol{Q}_1}^2+\|\boldsymbol{u}(k+i\mid k)\|_{\boldsymbol{R}}^2]\tag{9-4}$$

则鲁棒预测控制就是求解如下 min-max 问题[59]：

$$\min_{\boldsymbol{u}(k+i|k)=\boldsymbol{F}(k)\boldsymbol{x}(k+i|k)}\ \max_{[\boldsymbol{A}(k+i),\boldsymbol{B}(k+i)]\in\boldsymbol{\Omega},i\geqslant 0} J_\infty(k)\tag{9-5}$$

假定存在函数 $V(\boldsymbol{x})=\boldsymbol{x}^{\mathrm{T}}\boldsymbol{P}\boldsymbol{x},\boldsymbol{P}>\boldsymbol{0}$，若满足

$$V(k+i+1\mid k)-V(k+i\mid k)\leqslant-[\|\boldsymbol{x}(k+i\mid k)\|_{\boldsymbol{Q}_1}^2+\|\boldsymbol{u}(k+i\mid k)\|_{\boldsymbol{R}}^2]\tag{9-6}$$

为了保证性能指标有界，需满足 $\boldsymbol{x}(\infty/k)=\boldsymbol{0}$，从而可知 $V(\infty/k)=0$。对式 (9-6) 两边从 $i=0$ 到 $i=\infty$ 相加，则有

$$-V(\boldsymbol{x}(k\mid k))\leqslant -J_\infty(k)\tag{9-7}$$

因此有

$$\max_{[\boldsymbol{A}(k+i),\boldsymbol{B}(k+i)]\in\boldsymbol{\Omega},i\geqslant 0} J_\infty(k)\leqslant V(\boldsymbol{x}(k\mid k))\tag{9-8}$$

式中，$V(\boldsymbol{x}(k/k))$ 为 k 时刻的性能指标上界。则 min-max 优化问题转化为最小化性能指标上界 $V(\boldsymbol{x}(k/k))$，即

$$\min_{\boldsymbol{u}(k+i)=\boldsymbol{F}(k)\boldsymbol{x}(k+i),i\geqslant 0} V(\boldsymbol{x}(k\mid k))\tag{9-9}$$

式（9-9）可以转化为 LMI 进行求解。即求解式（9-9）等价于求解如下问题：

$$\min_{\gamma,\boldsymbol{P}}\gamma\ \ \mathrm{s.\,t.}\ \ \boldsymbol{x}(k|k)^{\mathrm{T}}\boldsymbol{P}\boldsymbol{x}(k|k)\leqslant\gamma\tag{9-10}$$

令 $\boldsymbol{Q}=\gamma\boldsymbol{P}^{-1}$，因为 $\boldsymbol{P}>\boldsymbol{0}$，所以 $\boldsymbol{Q}>\boldsymbol{0}$，依据 Schur 补引理进一步可将式（9-10）的约束条件转化为 LMI

$$\begin{bmatrix} \boldsymbol{Q} & \boldsymbol{x}(k\mid k) \\ \boldsymbol{x}(k\mid k)^{\mathrm{T}} & 1 \end{bmatrix} \geqslant \boldsymbol{0} \tag{9-11}$$

假定控制律为状态反馈形式，即

$$\boldsymbol{u}(k+i\mid k)=\boldsymbol{F}(k)\boldsymbol{x}(k+i\mid k) \tag{9-12}$$

将式（9-12）代入式（9-6），则有

$$\begin{aligned} &\boldsymbol{x}(k+i\mid k)^{\mathrm{T}}\{[\boldsymbol{A}(k+i)+\boldsymbol{B}(k+i)\boldsymbol{F}]^{\mathrm{T}}\boldsymbol{P}[\boldsymbol{A}(k+i)+\boldsymbol{B}(k+i)\boldsymbol{F}]- \\ &\boldsymbol{P}+\boldsymbol{F}^{\mathrm{T}}\boldsymbol{R}\boldsymbol{F}+\boldsymbol{Q}_1\}\,\boldsymbol{x}(k+i\mid k)\leqslant \boldsymbol{0} \end{aligned} \tag{9-13}$$

要使上式满足，只要

$$[\boldsymbol{A}(k+i)+\boldsymbol{B}(k+i)\boldsymbol{F}]^{\mathrm{T}}\boldsymbol{P}[\boldsymbol{A}(k+i)+\boldsymbol{B}(k+i)\boldsymbol{F}]-\boldsymbol{P}+\boldsymbol{F}^{\mathrm{T}}\boldsymbol{R}\boldsymbol{F}+\boldsymbol{Q}_1\leqslant \boldsymbol{0} \tag{9-14}$$

即可。

定义 $\boldsymbol{Y}=\boldsymbol{F}\boldsymbol{Q}$，并将 $\boldsymbol{P}=\gamma\boldsymbol{Q}^{-1}$ 代入式（9-14），有

$$\begin{aligned} &\boldsymbol{Q}-[\boldsymbol{A}(k+i)\boldsymbol{Q}+\boldsymbol{B}(k+i)\boldsymbol{Y}]^{\mathrm{T}}\boldsymbol{Q}^{-1}[\boldsymbol{A}(k+i)\boldsymbol{Q}+\boldsymbol{B}(k+i)\boldsymbol{Y}]- \\ &\frac{1}{\gamma}\boldsymbol{Q}\boldsymbol{Q}_1\boldsymbol{Q}-\frac{1}{\gamma}\boldsymbol{Y}^{\mathrm{T}}\boldsymbol{R}\boldsymbol{Y}\geqslant \boldsymbol{0} \end{aligned} \tag{9-15}$$

根据 Schur 补引理，将式（9-15）转化为如下线性矩阵不等式：

$$\begin{bmatrix} \boldsymbol{Q} & \boldsymbol{0} & \boldsymbol{0} & \boldsymbol{A}(k+i)\boldsymbol{Q}+\boldsymbol{B}(k+i)\boldsymbol{Y} \\ \boldsymbol{0} & \gamma\boldsymbol{I} & \boldsymbol{0} & \boldsymbol{Q}_1^{1/2}\boldsymbol{Q} \\ \boldsymbol{0} & \boldsymbol{0} & \gamma\boldsymbol{I} & \boldsymbol{R}^{1/2}\boldsymbol{Y} \\ \boldsymbol{Q}\boldsymbol{A}(k+i)^{\mathrm{T}}+\boldsymbol{Y}^{\mathrm{T}}\boldsymbol{B}(k+i)^{\mathrm{T}} & \boldsymbol{Q}\boldsymbol{Q}_1^{1/2} & \boldsymbol{Y}^{\mathrm{T}}\boldsymbol{R}^{1/2} & \boldsymbol{Q} \end{bmatrix} \geqslant \boldsymbol{0} \tag{9-16}$$

若对集合 $\boldsymbol{\Omega}$ 里的每个 $[\boldsymbol{A}_l\ \ \boldsymbol{B}_l]$ $(l=1,2,\cdots,L)$，式（9-16）都满足，则有

$$\begin{bmatrix} \boldsymbol{Q} & \boldsymbol{0} & \boldsymbol{0} & \boldsymbol{A}_l\boldsymbol{Q}+\boldsymbol{B}_l\boldsymbol{Y} \\ \boldsymbol{0} & \gamma\boldsymbol{I} & \boldsymbol{0} & \boldsymbol{Q}_1^{1/2}\boldsymbol{Q} \\ \boldsymbol{0} & \boldsymbol{0} & \gamma\boldsymbol{I} & \boldsymbol{R}^{1/2}\boldsymbol{Y} \\ \boldsymbol{Q}\boldsymbol{A}_l^{\mathrm{T}}+\boldsymbol{Y}^{\mathrm{T}}\boldsymbol{B}_l^{\mathrm{T}} & \boldsymbol{Q}^{\mathrm{T}}\boldsymbol{Q}_1^{1/2} & \boldsymbol{Y}^{\mathrm{T}}\boldsymbol{R}^{1/2} & \boldsymbol{Q} \end{bmatrix} \geqslant \boldsymbol{0},l=1,2,\cdots,L \tag{9-17}$$

为了对控制和状态约束条件进行转化，引入椭圆不变集的概念。

引理 9.1[59]（椭圆不变集）

对于不确定系统式（9-1）和不确定多包集合式（9-2），如果在采样时刻 k，存在 $\boldsymbol{Q}>\boldsymbol{0}$、$\gamma$、$\boldsymbol{Y}=\boldsymbol{F}\boldsymbol{Q}$ 使得式（9-17）满足，假定控制律为式（9-12），如果满足条件

$$\boldsymbol{x}(k/k)^{\mathrm{T}}\boldsymbol{Q}^{-1}\boldsymbol{x}(k/k)\leqslant 1(\text{或者 }\boldsymbol{x}(k/k)^{\mathrm{T}}\boldsymbol{P}\boldsymbol{x}(k/k)\leqslant\gamma,\ \boldsymbol{P}=\gamma\boldsymbol{Q}^{-1}) \tag{9-18}$$

则有

$$\max_{[A(k+j)B(k+j)]\in\Omega,j\geq 0} \boldsymbol{x}(k+i/k)^{\mathrm{T}}\boldsymbol{Q}^{-1}\boldsymbol{x}(k+i/k)<1,i\geq 1$$
$$\left(\text{或者} \max_{[A(k+j)B(k+j)]\in\Omega,j\geq 0} \boldsymbol{x}(k+i/k)^{\mathrm{T}}\boldsymbol{P}\boldsymbol{x}(k+i/k)<\gamma,i\geq 1\right) \tag{9-19}$$

因此，$\boldsymbol{\varepsilon}=\{z \mid z^{\mathrm{T}}\boldsymbol{Q}^{-1}z\leqslant 1\}=\{z \mid z^{\mathrm{T}}\boldsymbol{P}z\leqslant\gamma\}$是不确定系统式（9-1）预测状态的不变椭圆。

考虑控制约束

$$|u_j(k+i\mid k)|\leqslant u_{j,\max},i\geqslant 0,j=1,2,\cdots,n_u \tag{9-20}$$

由

$$\begin{aligned}\max_{i\geqslant 0}|u_j(k+i\mid k)|^2&=\max_{i\geqslant 0}\left|(\boldsymbol{YQ}^{-1}\boldsymbol{x}(k+i/k))_j\right|^2\\&\leqslant\max_{z\in\boldsymbol{\varepsilon}}\left|(\boldsymbol{YQ}^{-1}z)_j\right|^2\\&\leqslant\|(\boldsymbol{YQ}^{-1/2})_j\|_2^2\end{aligned} \tag{9-21}$$

根据柯西-许瓦茨不等式，有

$$\|(\boldsymbol{YQ}^{-1/2})_j\|_2^2=(\boldsymbol{YQ}^{-1}\boldsymbol{Y}^{\mathrm{T}})_{jj} \tag{9-22}$$

因此，如果存在对称矩阵$\boldsymbol{X}$，满足如下的线性矩阵不等式：

$$\begin{bmatrix}\boldsymbol{X} & \boldsymbol{Y}\\ \boldsymbol{Y}^{\mathrm{T}} & \boldsymbol{Q}\end{bmatrix}\geqslant\boldsymbol{0},X_{jj}\leqslant u_{j,\max}^2,j=1,2,\cdots,n_u \tag{9-23}$$

则可以保证满足控制约束条件式（9-20）。

状态约束

$$|x_j(k+i/k)|\leqslant x_{j,\max},i\geqslant 1,j=1,2,\cdots,n_x \tag{9-24}$$

也可以转化为线性矩阵不等式形式

$$\boldsymbol{Z}-\boldsymbol{Q}\geqslant\boldsymbol{0},Z_{jj}\leqslant x_{j,\max}^2,j=1,2,\cdots,n_x \tag{9-25}$$

这样就把鲁棒预测控制问题转化为线性矩阵不等式（LMI）进行求解。由于LMI优化问题的算法复杂度是在多项式时间内的，因此使得在线滚动实施成为了可能。

引理9.2 系统式（9-1）在控制约束式（9-20）和状态约束式（9-24）条件下，如果对于给定的状态$\boldsymbol{x}(k)$，下面的优化问题存在可行解$\gamma,\boldsymbol{Q},\boldsymbol{X},\boldsymbol{Y},\boldsymbol{Z}$，

$$\min_{\gamma,\boldsymbol{Q},\boldsymbol{X},\boldsymbol{Y},\boldsymbol{Z}}\gamma \text{ s.t. 式(9-11)、式(9-17)、式(9-23)、式(9-25)} \tag{9-26}$$

则鲁棒控制规则为$\boldsymbol{u}(k)=\boldsymbol{F}(k)\boldsymbol{x}(k)$，$\boldsymbol{F}=\boldsymbol{YQ}^{-1}$。并且已经证明[59]，若存在初始可行解，则闭环系统是鲁棒渐近稳定的。

9.1.2 离线鲁棒预测控制

定义9.1[94]（渐近稳定不变椭圆）给定系统$\boldsymbol{x}(k+1)=\boldsymbol{f}(\boldsymbol{x}(k))$，如果对于任意的$\boldsymbol{x}(k_1)\in\boldsymbol{\Psi}$，则对于所有的$k\geqslant k_1$有$\boldsymbol{x}(k)\in\boldsymbol{\Psi}$且当$k\to\infty$时有$\boldsymbol{x}(k)\to 0$，则集合$\boldsymbol{\Psi}=\{\boldsymbol{x}\in\boldsymbol{R}^{n_x}\mid\boldsymbol{x}^{\mathrm{T}}\boldsymbol{Q}^{-1}\boldsymbol{x}\leqslant 1\}$为渐近稳定的不变椭圆。

引理 9.3[94] 离线鲁棒预测控制把在线优化问题转化为离线计算，在线时只需要进行插值计算得到相应的控制增益。具体的算法设计过程分两步进行：

1. 离线设计椭圆不变集和控制增益

给定一系列离散状态点 $\boldsymbol{x}_i, i=1,2,\cdots,N$，用 $\boldsymbol{x}_i, i=1,2,\cdots,N$ 代替式（9-11）中的 $\boldsymbol{x}(k)$，求解式（9-26）得到相应的控制增益 $\boldsymbol{F}_i=\boldsymbol{Y}_i\boldsymbol{Q}_i^{-1}$ 和椭圆不变集 $\boldsymbol{\Psi}_i=\{\boldsymbol{x}\in\boldsymbol{R}^{n_x}\mid \boldsymbol{x}^{\mathrm{T}}\boldsymbol{Q}_i^{-1}\boldsymbol{x}\leqslant 1\}$，把 $\boldsymbol{F}_i$ 和 $\boldsymbol{Q}_i^{-1}$ 存储在表中；$\boldsymbol{x}_i$ 的选择应该满足条件 $\boldsymbol{\Psi}_i\subset\boldsymbol{\Psi}_{i-1}$，$\forall i=2,\cdots,N$，即对于每一个 $\boldsymbol{x}_i$，$i\neq N$，应满足条件：$\boldsymbol{Q}_i^{-1}-(\boldsymbol{A}_l+\boldsymbol{B}_l\boldsymbol{F}_{i+1})^{\mathrm{T}}\boldsymbol{Q}_i^{-1}(\boldsymbol{A}_l+\boldsymbol{B}_l\boldsymbol{F}_{i+1})>\boldsymbol{0}, l=1,2,\cdots,L$。

2. 在线插值得到控制规则

在线时，根据当前时刻的状态 $\boldsymbol{x}(k)$，在表中搜索包含当前时刻状态的最小椭圆 $\boldsymbol{Q}_i^{-1}$，即 $\boldsymbol{Q}_i^{-1}$ 应满足条件 $\|\boldsymbol{x}(k)\|^2_{\boldsymbol{Q}_i^{-1}}\leqslant 1$，$\|\boldsymbol{x}(k)\|^2_{\boldsymbol{Q}_{i+1}^{-1}}>1(i=1,\cdots,N-1)$，或者 $\|\boldsymbol{x}(k)\|^2_{\boldsymbol{Q}_i^{-1}}\leqslant 1(i=N)$，实施控制规则

$$\boldsymbol{u}(k)=\begin{cases}(\alpha_i\boldsymbol{F}_i+(1-\alpha_i)\boldsymbol{F}_{i+1})\boldsymbol{x}(k) & i\neq N\\ \boldsymbol{F}_N\boldsymbol{x}(k) & i=N\end{cases}$$

式中，α_i 应满足条件 $\boldsymbol{x}(k)^{\mathrm{T}}(\alpha_i\boldsymbol{Q}_i^{-1}+(1-\alpha_i)\boldsymbol{Q}_{i+1}^{-1})\boldsymbol{x}(k)=1$。

若初始状态 $\boldsymbol{x}(0)$ 满足条件 $\|\boldsymbol{x}(0)\|^2_{\boldsymbol{Q}_i^{-1}}\leqslant 1$，则闭环系统是鲁棒渐近稳定的。

9.1.3　调度预测控制

引理 9.4[95] 对于系统式（9-1），引理 9.2 的渐近稳定椭圆域为 $\boldsymbol{\varepsilon}=\{\boldsymbol{x}\in\boldsymbol{R}^{n_x}\mid \boldsymbol{x}^{\mathrm{T}}\boldsymbol{W}^{-1}\boldsymbol{x}\leqslant 1\}$，其中 $\boldsymbol{W}$ 为如下优化问题的最优解 $\boldsymbol{Q}$。

$$\max_{\gamma,\boldsymbol{Q},\boldsymbol{X},\boldsymbol{Y},\boldsymbol{Z}} \operatorname{logdet}(\boldsymbol{Q}) \text{ s.t. 式(9-17)、式(9-23)、式(9-25)} \tag{9-27}$$

引理 9.5[95] 系统式（9-1）在控制约束式（9-20）和状态约束式（9-24）条件下，如果对于给定的状态 $\boldsymbol{x}(k)$，下面的优化问题存在可行解 $\gamma,\boldsymbol{Q},\boldsymbol{X},\boldsymbol{Y},\boldsymbol{Z}$

$$\min_{\gamma,\boldsymbol{Q},\boldsymbol{X},\boldsymbol{Y},\boldsymbol{Z}} \gamma \text{ s.t. 式(9-11)、式(9-17)、式(9-23)、式(9-29)} \tag{9-28}$$

$$\boldsymbol{W}-\boldsymbol{Q}>\boldsymbol{0} \tag{9-29}$$

式中，$\boldsymbol{W}$ 是引理 9.4 中的最优解。鲁棒控制规则为 $\boldsymbol{u}(k)=\boldsymbol{F}(k)\boldsymbol{x}(k), \boldsymbol{F}=\boldsymbol{Y}\boldsymbol{Q}^{-1}$。且若存在初始可行解，则闭环系统是鲁棒渐近稳定的。

引理 9.6[95] 对于非线性系统

$$\boldsymbol{x}(k+1)=\boldsymbol{f}(\boldsymbol{x}(k),\ \boldsymbol{u}(k)) \tag{9-30}$$

给定平衡面和期望的平衡点 $(\boldsymbol{x}^{(0)},\boldsymbol{u}^{(0)})$，令 $i=0$。

1）在平衡点 $(\boldsymbol{x}^{(i)},\boldsymbol{u}^{(i)})$ 采用一个小扰动或者其他模型转化方法近似非线性系统式（9-30）。

2）采用引理 9.5 中算法设计第 i 个控制器，其相应的稳定域由引理 9.4 得到：$\boldsymbol{\varepsilon}^{(i)}=\{\boldsymbol{x}\in\boldsymbol{R}^n\mid(\boldsymbol{x}-\boldsymbol{x}^{(i)})^{\mathrm{T}}(\boldsymbol{R}^{(i)})^{-1}(\boldsymbol{x}-\boldsymbol{x}^{(i)})\leqslant 1\}$，把 $(\boldsymbol{x}^{(i)},\boldsymbol{u}^{(i)},(\boldsymbol{R}^{(i)})^{-1})$ 存储在表中。

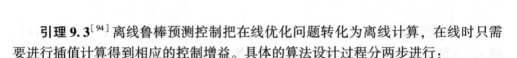

3）在吸引域$\boldsymbol{\varepsilon}^{(i)}$内选择一个平衡点$(\boldsymbol{x}^{(i+1)}, \boldsymbol{u}^{(i+1)})$，即$\boldsymbol{x}^{(i+1)} \in \boldsymbol{\varepsilon}^{(i)}$。令$i=i+1$，转1，直到吸引域$\cup_{i=0}^{M}\boldsymbol{\varepsilon}^{(i)}$，$M=\max i$包含了所有期望的状态。

假设给定的初始状态满足$\boldsymbol{x}(0) \in \cup_{i=0}^{M}\boldsymbol{\varepsilon}_1^{(i)}$，根据当前时刻状态$\boldsymbol{x}(k)$在表中搜索最小的$i$，使得$\boldsymbol{x}(k) \in \boldsymbol{\varepsilon}^{(i)}$，则控制$\boldsymbol{u}(k)=\boldsymbol{F}^{(i)}(k)(\boldsymbol{x}(k)-\boldsymbol{x}^{(i)})+\boldsymbol{u}^{(i)}$。只要初始条件满足$\boldsymbol{x}(0) \in \cup_{i=0}^{M}\boldsymbol{\varepsilon}_1^{(i)}$即可保证非线性系统状态最终收敛到期望的平衡状态$(\boldsymbol{x}^{(0)}, \boldsymbol{u}^{(0)})$。

9.1.4 基于调度策略的离线鲁棒预测控制算法

引理9.6的调度预测控制算法可以保证状态收敛到期望的平衡状态，但是由于在较大的吸引域内只有一个控制增益，这必然带来一定的保守性。参考文献［97］在该算法的基础上，结合离线预测控制方法，在吸引域内设计了多个控制增益，但是在切换点处采用的是与当前时刻状态内部的离散点对应的控制增益，不能保证切换点处的控制满足约束条件。因此，借鉴调度预测控制的思想，将其应用于离线鲁棒预测控制，提出了如下调度离线预测控制算法[96]。

算法9.1（调度离线预测控制算法）

1. 离线计算椭圆不变集及其相应的控制增益

令$j=0$：

1）在平衡点$(\boldsymbol{x}^{(j)}, \boldsymbol{u}^{(j)})$采用一个小扰动或者其他的模型转换方法近似非线性系统式（9-30）。

2）采用引理9.4设计第j个最大椭圆吸引域$\boldsymbol{\varphi}^{(j)}=\{\boldsymbol{x} \in \boldsymbol{R}^{n_x} \mid (\boldsymbol{x}-\boldsymbol{x}^{(j)})^{\mathrm{T}}(\boldsymbol{W}^{(j)})^{-1}(\boldsymbol{x}-\boldsymbol{x}^{(j)}) \leqslant 1\}$。

3）在吸引域$\boldsymbol{\varphi}^{(j)}$内选择一系列的$\boldsymbol{x}_i(i=1,\cdots,N)$，采用引理9.3计算状态相关的椭圆不变集系列和控制增益系列$((\boldsymbol{Q}_i^{(j)})^{-1}, \boldsymbol{F}_i^{(j)}(=\boldsymbol{Y}_i^{(j)}(\boldsymbol{Q}_i^{(j)})^{-1}))(i=1,\cdots,N)$，并存储在表$j$中。在计算时把引理9.3中的约束条件式（9-25）替换为$\boldsymbol{W}^{(j)}-\boldsymbol{Q}>0$，从表$j$中提取出第一个状态$\boldsymbol{x}_1$对应的控制增益和吸引域存储在表$M+1$中，把这个吸引域记为$\boldsymbol{\varepsilon}_1^{(j)}=\{\boldsymbol{x} \in \boldsymbol{R}^{n_x} \mid (\boldsymbol{x}-\boldsymbol{x}^{(j)})^{\mathrm{T}}(\boldsymbol{Q}_i^{(j)})^{-1}(\boldsymbol{x}-\boldsymbol{x}^{(j)}) \leqslant 1\}$。

4）选择平衡点$(\boldsymbol{x}^{(j+1)}, \boldsymbol{u}^{(j+1)})$使其满足$\boldsymbol{x}^{(j+1)} \in \boldsymbol{\varepsilon}_1^{(j)}$。令$j:=j+1$，转①，直到吸引域$\cup_{j=0}^{M}\boldsymbol{\varepsilon}_1^{(j)}$，$M=\max j$包含了所有期望的状态。

2. 在线插值计算

假设给定的初始状态满足$\boldsymbol{x}(0) \in \cup_{j=0}^{M}\boldsymbol{\varepsilon}_1^{(j)}$。根据当前时刻状态$\boldsymbol{x}(k)$在表$M+1$中搜索最小的指标$j$，使得$\boldsymbol{x}(k) \in \boldsymbol{\varepsilon}_1^{(j)}$，然后在表$j$中采用二分搜索算法搜索包含当前状态的最小椭圆，即$\boldsymbol{x}(k)$满足$\|\boldsymbol{x}(k)-\boldsymbol{x}^{(j)}\|^2_{(\boldsymbol{Q}_i^{(j)})^{-1}} \leqslant 1$。则控制为$\boldsymbol{u}(k)=(\alpha_i\boldsymbol{F}_i^{(j)}+(1-\alpha_i)\boldsymbol{F}_{i+1}^{(j)})(\boldsymbol{x}(k)-\boldsymbol{x}^{(j)})+\boldsymbol{u}^{(j)}$。

定理9.1 对于非线性系统式（9-30），由算法4.1得到的吸引域$\cup_{j=0}^{M}\boldsymbol{\varepsilon}_1^{(j)}$为期望

平衡点（$x^{(0)},u^{(0)}$）的稳定域。

证明：稳定性证明分两步进行。

1）首先证明离线控制律的收敛性，即离线控制律保证状态收敛到各个平衡点。采用引理9.3，在离散点 $x_i(i=1,\cdots,N)$ 离线最小化时，椭圆吸引域 $\varepsilon_i=\{x\in R^{n_x}\mid x^{\mathrm{T}}Q_i^{-1}x\leqslant 1\}$ 的约束条件 $\varepsilon_i\subset\varepsilon_{i-1}$，$\forall i=2,\cdots,N$，保证对于固定的点 x，$\|x\|_{Q_i^{-1}}^2$ 关于 i 是单调的，这保证了在线进行二分查找时可以找到唯一的 i。

对于系统式（9-1），若给定的初始状态 $x(0)$ 满足条件 $\|x(0)\|_{Q_{t,1}^{-1}}^2\leqslant 1$，结合在线搜索控制规则，构成闭环系统

$$x(k+1)=\begin{cases}(A(k)+B(k)(\alpha_iF_i+(1-\alpha_i)F_{i+1}))x(k),\text{如果}\|x(k)\|_{Q_i^{-1}}^2\leqslant 1,\\ \|x(k)\|_{Q_{i+1}^{-1}}^2>1,i\neq N\\ (A(k)+B(k)F_N)x(k),\text{如果}\|x(k)\|_{Q_N^{-1}}^2\leqslant 1\end{cases}$$

当 $x(k)$ 满足条件 $\|x(k)\|_{Q_i^{-1}}^2\leqslant 1$，$\|x(k)\|_{Q_{i+1}^{-1}}^2>1$，$i\neq N$ 时，令 $F(\alpha_i)=\alpha_iF_i+(1-\alpha_i)F_{i+1}$，$(Q(\alpha_i))^{-1}=\alpha_iQ_i^{-1}+(1-\alpha_i)Q_{i+1}^{-1}>0$，$X(\alpha_i)=\alpha_iX_i+(1-\alpha_i)X_{i+1}>0$，$Z(\alpha_i)=\alpha_iZ_i+(1-\alpha_i)Z_{i+1}>0$，其中 α_i 满足条件 $x(k)^{\mathrm{T}}(Q(\alpha_i))^{-1}x(k)=1,0\leqslant\alpha_i\leqslant 1$，条件式（9-16）和引理9.3中条件 $Q_i^{-1}-(A_l+B_lF_{i+1})^{\mathrm{T}}Q_i^{-1}(A_l+B_lF_{i+1})>0,l=1,\cdots,L$ 保证满足条件

$$\begin{bmatrix}Q_i^{-1} & (A_l+B_lF(\alpha_i))^{\mathrm{T}}\\ A_l+B_lF(\alpha_i) & Q_i\end{bmatrix}>\mathbf{0},\ l=1,\cdots,L \tag{9-31}$$

即 $x(k+1)^{\mathrm{T}}Q_i^{-1}x(k+1)<x(k)^{\mathrm{T}}Q_i^{-1}x(k)\leqslant 1$，也就是 $V(x(k+1))<V(x(k))$，所以控制规则保证当前时刻状态 $x(k)$ 保持在椭圆吸引域 ε_i 内，且收敛到内部的椭圆吸引域 ε_{i+1}。

x_i、x_{i+1} 满足条件式（9-23）和式（9-25），保证满足条件

$$\begin{bmatrix}X(\alpha_i) & F(\alpha_i)\\ F^{\mathrm{T}}(\alpha_i) & (Q(\alpha_i))^{-1}\end{bmatrix}\geqslant\mathbf{0},X(\alpha_i)_{jj}\leqslant u_{j,\max}^2,j=1,2,\cdots,n_u \tag{9-32}$$

$$Z(\alpha_i)-Q(\alpha_i)\geqslant\mathbf{0},Z(\alpha_i)_{jj}\leqslant x_{j,\max}^2,j=1,2,\cdots,n_x \tag{9-33}$$

即状态和控制满足约束条件。

综上，控制规则保证状态收敛的同时满足给定的控制和状态约束。最后状态收敛到最小椭圆吸引域 ε_N，ε_N 内的控制规则 $u(k)=F_Nx(k)$ 保证状态收敛到给定的平衡点。

2）然后证明各个切换过程的稳定性。假设当前时刻状态在椭圆吸引域 $\varepsilon_1^{(j+1)}$ 内，由1）得到，表 $j+1$ 的控制律保证状态收敛于平衡点 $x^{(j+1)}$，而条件 $x^{(j+1)}\in\varepsilon_1^{(j)}$，$j=0,\cdots,M-1$ 保证 $\varepsilon_1^{(j+1)}\cap\varepsilon_1^{(j)}$ 内存在一个切换点，这个切换点使得控制器在到达

平衡点 $\boldsymbol{x}^{(j+1)}$ 之前切换到表 j 中的控制规则。表 j 中的控制规则保证状态逐渐收敛到平衡点（$\boldsymbol{x}^{(j)},\boldsymbol{u}^{(j)}$）。由条件 $\boldsymbol{x}^{(j)}\in\boldsymbol{\varepsilon}_1^{(j-1)}$ 及切换规则，控制器在到达平衡点 $(\boldsymbol{x}^{(j)},\boldsymbol{u}^{(j)})$ 之前切换到表 $j-1$ 对应的控制规则，这样依次切换，最后，状态到达 $\boldsymbol{\varepsilon}_1^{(0)}$ 内，表 $j=0$ 内的控制器保证状态最终收敛到期望的平衡状态 $\boldsymbol{x}^{(0)}$。

9.2 基于调度离线预测控制的高超声速飞行器控制器设计

在预测控制中，需要建立控制对象的预测模型。为了便于问题求解，采用小扰动线性化模型作为高超声速飞行器的预测模型。

9.2.1 预测模型

选取平衡状态（$V_0=4590.288\text{m/s}$，$h_0=33528\text{m}$，$\gamma=0°$，$q=0\text{rad/s}$，$\alpha=1.7897°$，$\beta=0.1762$，$\delta_e=-0.39°$），把小扰动线性化式（2-27）离散化作为预测模型，记为

$$\begin{cases}\boldsymbol{x}(k+1)=\boldsymbol{A}\boldsymbol{x}(k)+\boldsymbol{B}\boldsymbol{u}(k)\\ \boldsymbol{y}(k)=\boldsymbol{C}\boldsymbol{x}(k)\end{cases}\tag{9-34}$$

式中，$\boldsymbol{x}=[\Delta V,\Delta\gamma,\Delta h,\Delta\alpha,\Delta q]^{\mathrm{T}}$ 为状态向量；$\boldsymbol{u}=[\Delta\beta,\Delta\delta_e]^{\mathrm{T}}$ 为控制向量；$\boldsymbol{y}=[\Delta V,\Delta h]^{\mathrm{T}}$ 为输出向量。

9.2.2 离线控制规则

1. 计算最大椭圆吸引域

求解式（9-27）得到最大椭圆吸引域，把吸引域投影到速度-高度坐标平面，如图 9-2 中的黑色椭圆所示。

2. 计算不同离散状态点处的椭圆吸引域和控制增益

由于控制目标是使速度和高度跟踪给定的参考信号，因此，在设计控制增益时主要考虑速度和高度方向的状态。在得到的最大椭圆吸引域内给定一系列速度和高度的离散状态点：

$$\mathrm{V}=[4420.3,4454.3,4488.3,4522.3,4556.3,4573.3]$$

$$\mathrm{h}=[33228,33288,33348,33408,33468,33498]$$

根据算法 9.1 计算给定离散状态点对应的控制增益和椭圆不变集，将最大的椭圆吸引域和相应的控制增益存储在表 $M+1$ 中，其他较小的椭圆吸引域系列和相应的控制增益系列存储在表 j 中。将椭圆不变集投影到速度-高度坐标平面，如图 9-2 中灰色的椭圆所示。

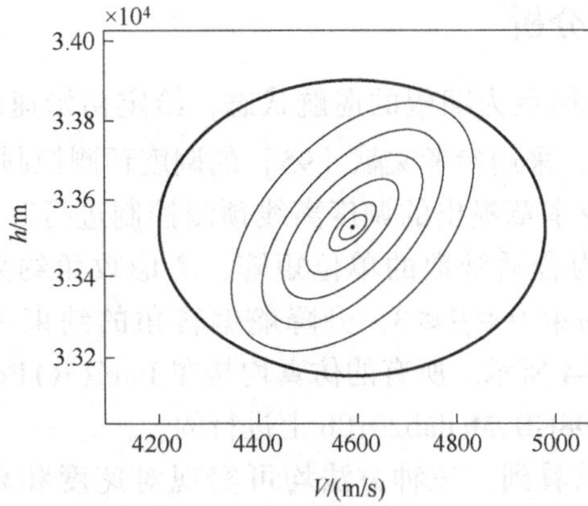

图 9-2　第一个平衡点对应的最大椭圆吸引域及其内部的椭圆不变集系列

3. 设计下一个平衡状态椭圆吸引域和控制增益

在表 $M+1$ 的椭圆吸引域内选取一个平衡点，进行小扰动线性化，然后重复前两步的设计过程。得到相应的最大椭圆吸引域和各个吸引域内的椭圆不变集及其控制增益系列，如图 9-3 所示。图中的#0、#1、#2 表示相应的灰色最大椭圆吸引域在表 $M+1$ 中的顺序，也即局部控制器的设计顺序。

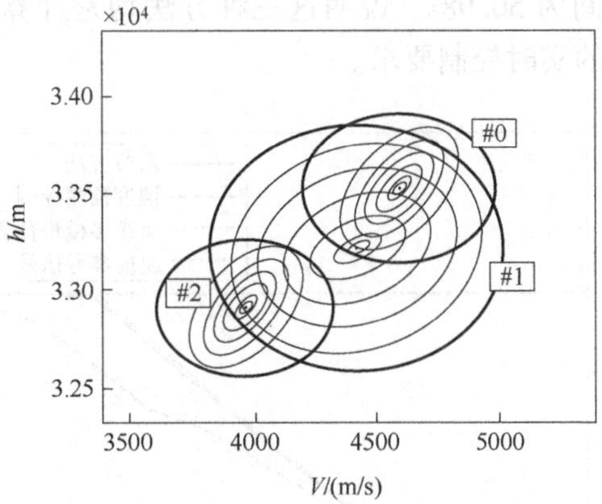

图 9-3　各个平衡点对应的最大椭圆吸引域及其相应的椭圆不变集系列

9.2.3　在线控制

在线时，在表 $M+1$ 采用线性搜索，搜索包含当前状态的最小的 $j(j=0,1,2)$。然后在表 $j(j=0,1,2)$ 中搜索包含当前状态的最小椭圆，实施相应的控制规则。由于我们在设计控制器时是对偏量系统进行设计的，因此，在实施控制规则时，应在控制量中加上相应的平衡点才能施加到原来的非线性系统中。

9.2.4 仿真结果与分析

假设图 9-2 中的平衡点为期望的巡航状态，给定初始速度和高度分别为 $V_0=3810\text{m/s}$，$h_0=32614\text{m}$，采用参考文献［95］的调度预测控制和参考文献［97］的离线多模型预测控制及本章提出的调度离线预测控制进行对比仿真。其中控制和状态的加权参数选取为合适维数的单位矩阵，考虑攻角约束 $-4°/57.3\leqslant\alpha\leqslant8°/57.3$，节流阀设定值约束 $0\leqslant\beta\leqslant3$，升降舵偏转角的约束 $-20°/57.3\leqslant\delta_e\leqslant20°/57.3$，仿真结果如图 9-4 所示。所有的仿真均是在 Intel(R) Pentium(R) Dual E2200 @2.2GHz 2.19GHz、1.98GB，Matlab2010b 上进行的。

从图 9-4a、b 可以看到，三种方法均可实现对速度和高度的准确跟踪，调度预测控制的收敛速度较慢，这是由于在椭圆吸引域内仅采用一个控制增益带来的保守性引起的。从图 9-4 可以看到采用调度预测控制和离线多模型预测控制在切换点处节流阀设定值均超出了给定的约束范围，这是由于在切换点处这两种方法均根据最大椭圆吸引域进行切换，而采用当前时刻状态内部的控制增益引起的。

在所进行的 150s 仿真中，采用本章提出的调度离线预测控制方法仿真运行时间为 66.454s，离线多模型预测控制方法仿真运行时间为 66.858s，调度鲁棒预测控制方法仿真运行时间为 50.98s。说明这三种方法均是计算有效的，能够满足高超声速飞行器快时变的实时控制要求。

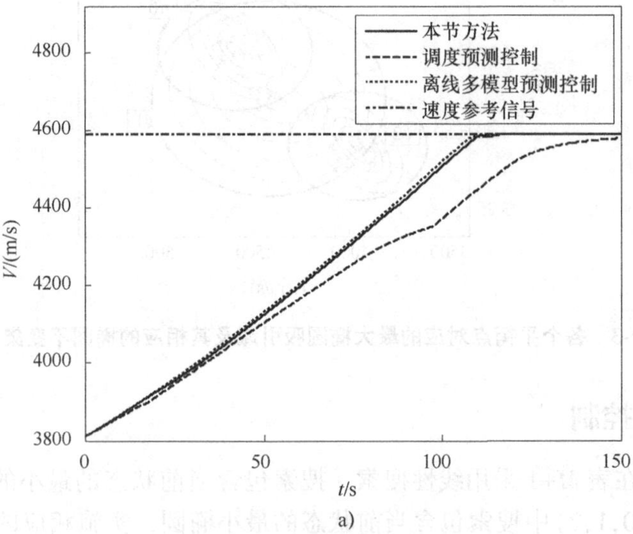

a)

图 9-4 调度离线预测控制系统响应

a）速度跟踪随时间变化情况

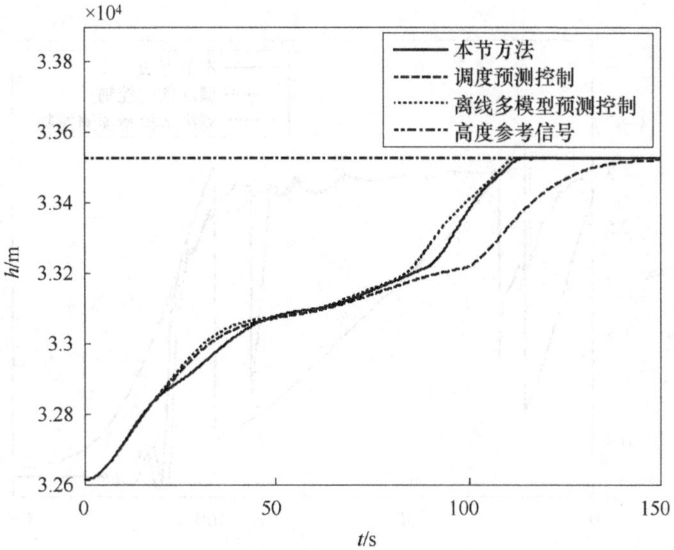

b)

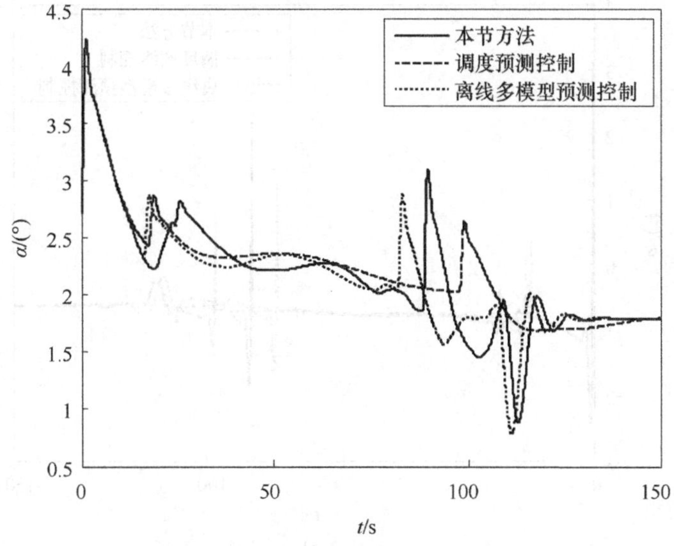

c)

图 9-4 调度离线预测控制系统响应（续）

b）高度跟踪随时间变化情况 c）攻角响应随时间变化情况

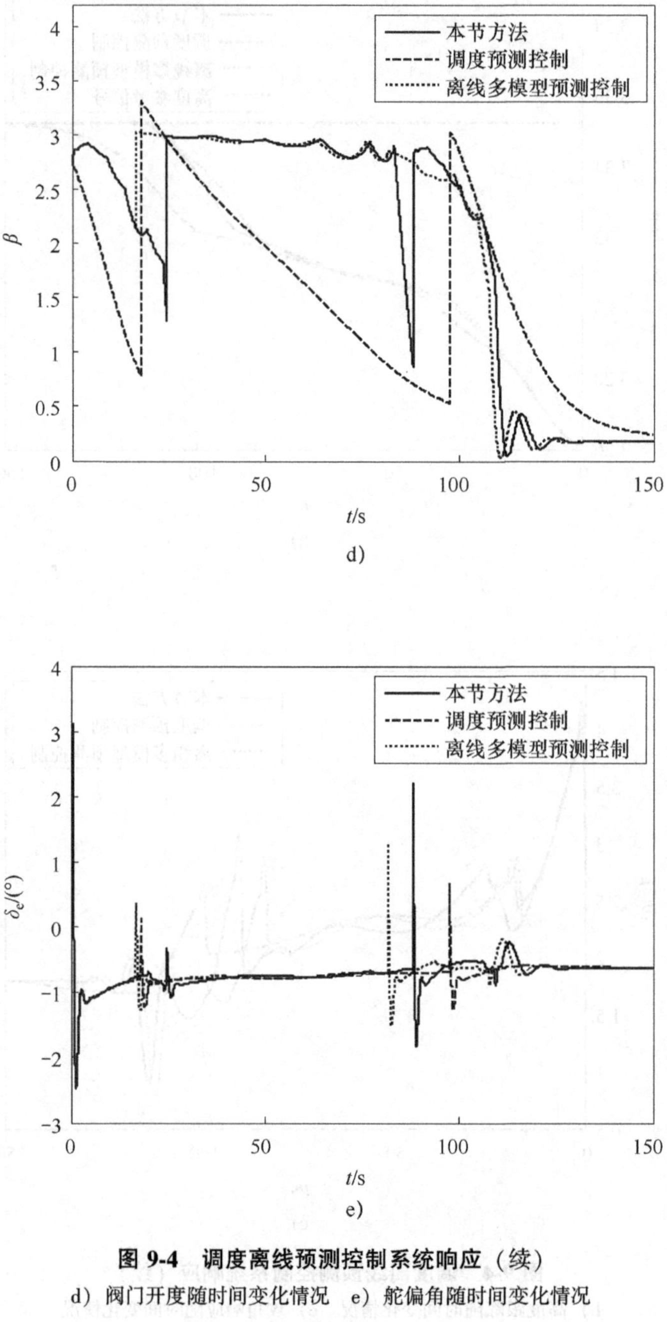

图 9-4 调度离线预测控制系统响应（续）

d）阀门开度随时间变化情况 e）舵偏角随时间变化情况

在线预测控制算法由于在每一个采样时间内需要求解关于线性矩阵不等式约束的优化问题，需要的计算时间较长。为了进一步说明本章提出算法的可行性，采用在线鲁棒预测控制方法（引理 9.2 中的在线算法）进行对比仿真分析。给定初始速度和高度分别为 $V_0=4437.888\text{m/s}$，$h_0=33223.2\text{m}$，所有的约束条件及其仿真参数设置与前面的设置是相同的，仿真结果如图 9-5 所示。

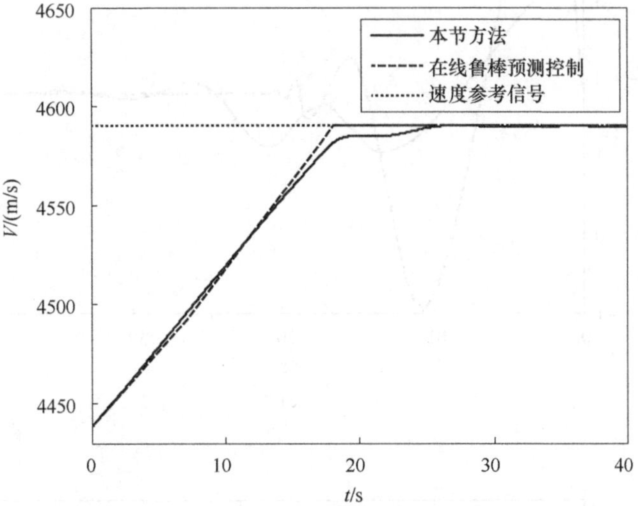

a)

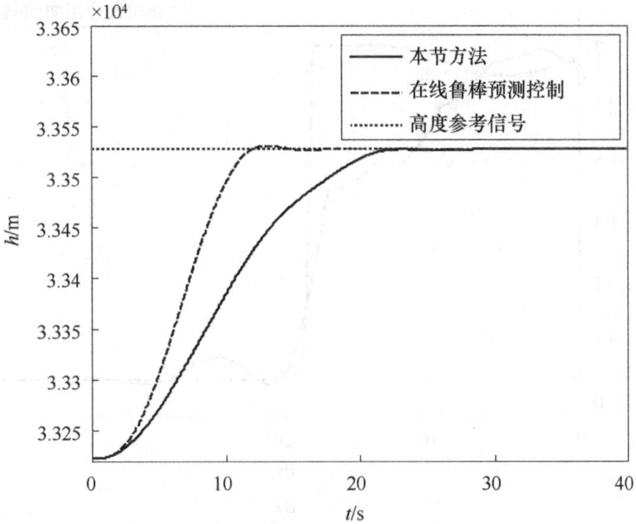

图 9-5　离线与在线预测控制系统响应

a）速度跟踪随时间变化情况　b）高度跟踪随时间变化情况

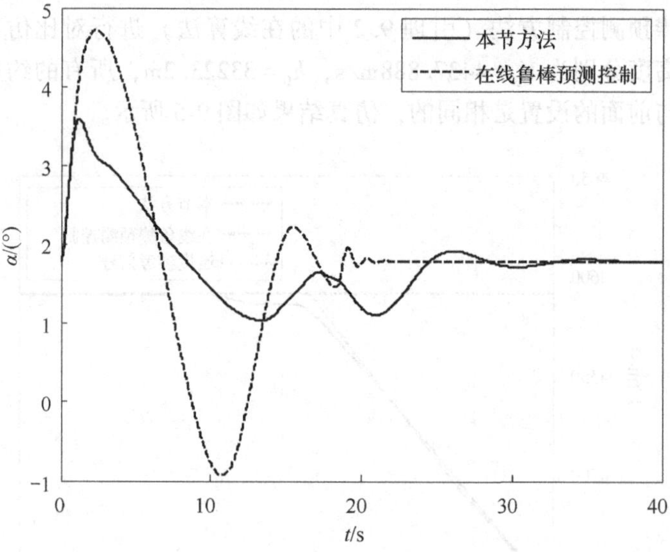

c)

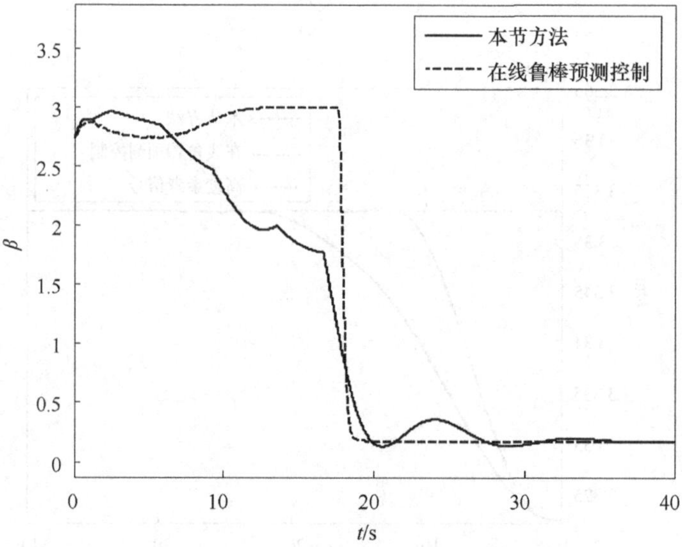

d)

图 9-5　离线与在线预测控制系统响应（续）

c）攻角响应随时间变化情况　d）阀门开度随时间变化情况

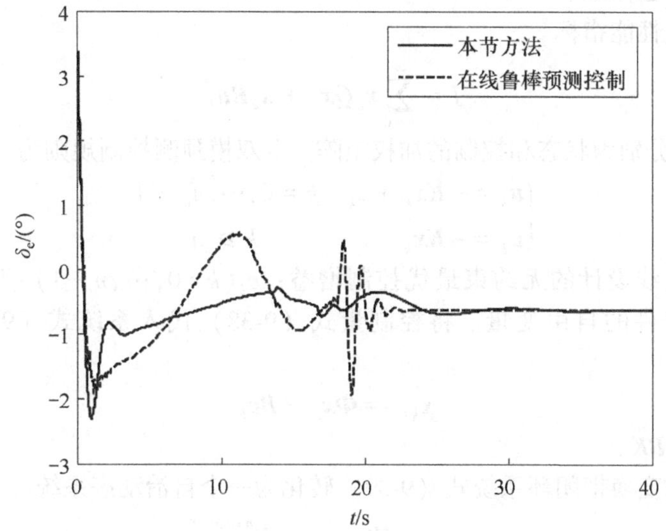

e)

图 9-5　离线与在线预测控制系统响应（续）

e）舵偏角随时间变化情况

在进行的 40s 仿真计算中，采用在线鲁棒预测控制方法仿真运行时间为 126.553s，而采用本章的调度离线预测控制仿真运行时间为 33.877s。说明采用在线鲁棒预测控制不能满足控制器的实时性要求，而采用我们提出的调度离线预测控制大大地减小了在线计算时间，可以满足实时性的要求。但是从图 9-5 的仿真结果可以看到，采用在线鲁棒预测控制算法，速度和高度具有更好的跟踪性能。说明调度离线预测控制方法是以牺牲部分控制性能为代价换取计算时间的，这是因为在调度离线预测控制算法中，控制律是以次优解来代替在线算法中的最优解的。

9.3　双模预测控制理论

9.3.1　基于椭圆不变集的双模预测控制方法

对于线性时不变系统

$$\boldsymbol{x}_{k+1} = \boldsymbol{A}\boldsymbol{x}_k + \boldsymbol{B}\boldsymbol{u}_k \tag{9-35}$$

其中，$\boldsymbol{x} \in \boldsymbol{R}^n$；$\boldsymbol{u} \in \boldsymbol{R}^m$ 分别为系统的控制和状态。假设控制和状态约束条件为

$$\boldsymbol{u}_{\min} \leqslant \boldsymbol{u}_k \leqslant \boldsymbol{u}_{\max}, \ \boldsymbol{x}_{\min} \leqslant \boldsymbol{x}_k \leqslant \boldsymbol{x}_{\max}, \ k = 1, \cdots, \infty \tag{9-36}$$

可以设计双模预测控制规则使系统式（9-35）在满足约束条件式（9-36）的

同时具有稳定性保证。

首先定义性能指标

$$J=\sum_{k=0}^{\infty} \boldsymbol{x}_k^{\mathrm{T}}\boldsymbol{Q}\boldsymbol{x}_k+\boldsymbol{u}_k^{\mathrm{T}}\boldsymbol{R}\boldsymbol{u}_k \tag{9-37}$$

式中，$\boldsymbol{Q}$、$\boldsymbol{R}$ 分别为状态和控制的加权矩阵。令双模预测控制规则为

$$\begin{cases}\boldsymbol{u}_k=-\boldsymbol{K}\boldsymbol{x}_k+\boldsymbol{c}_k & k=0,\cdots,n_c-1\\ \boldsymbol{u}_k=-\boldsymbol{K}\boldsymbol{x}_k & k\geqslant n_c\end{cases} \tag{9-38}$$

式中，$\boldsymbol{K}$ 为离线设计的无约束最优控制增益；$\boldsymbol{c}_k(k=0,\cdots,n_c-1)$ 为待设计的用于处理约束条件的自由变量。将控制量式（9-38）代入系统式（9-35）得到闭环系统

$$\boldsymbol{x}_{k+1}=\boldsymbol{\Phi}\boldsymbol{x}_k+\boldsymbol{B}\boldsymbol{c}_k \tag{9-39}$$

式中，$\boldsymbol{\Phi}=\boldsymbol{A}-\boldsymbol{B}\boldsymbol{K}$。

可以通过变换把闭环系统式（9-39）转化为一个自治动态系统

$$z_{k+1}=\boldsymbol{\Psi}z_k,\ z\in\boldsymbol{R}^{n+mn_c} \tag{9-40}$$

式中，z 为由状态 $\boldsymbol{x}$ 和自由变量 $\boldsymbol{c}$ 组成的扩维状态，即

$$z=\begin{bmatrix}\boldsymbol{x}\\ \boldsymbol{f}\end{bmatrix},\ \boldsymbol{x}=\boldsymbol{T}z,\ \boldsymbol{f}_k=\begin{bmatrix}\boldsymbol{c}_k\\ \boldsymbol{c}_{k+1}\\ \vdots\\ \boldsymbol{c}_{k+n_c+1}\end{bmatrix},\ \boldsymbol{\Psi}=\begin{bmatrix}\boldsymbol{A}-\boldsymbol{B}\boldsymbol{K} & [\boldsymbol{B}\ \ \boldsymbol{0}\ \ \cdots\ \ \boldsymbol{0}]\\ \boldsymbol{0} & \boldsymbol{M}\end{bmatrix},$$

$$\boldsymbol{M}=\begin{bmatrix}\boldsymbol{0}_{n_c} & \boldsymbol{I}_{n_c} & \boldsymbol{0}_{n_c} & \cdots & \boldsymbol{0}_{n_c}\\ \boldsymbol{0}_{n_c} & \boldsymbol{0}_{n_c} & \boldsymbol{I}_{n_c} & \cdots & \boldsymbol{0}_{n_c}\\ \vdots & \vdots & \ddots & \ddots & \vdots\\ \boldsymbol{0}_{n_c} & \cdots & \cdots & \boldsymbol{0}_{n_c} & \boldsymbol{I}_{n_c}\\ \boldsymbol{0}_{n_c} & \boldsymbol{0}_{n_c} & \cdots & \cdots & \boldsymbol{0}_{n_c}\end{bmatrix}。$$

对于自治动态系统式（9-40），可以采用与开环预测控制方法类似的方法建立具有较大椭圆不变集的双模预测控制方法。

引理 9.7[98]（基于椭圆不变集的双模预测控制）

1）离线计算无约束控制增益 $\boldsymbol{K}$。

2）求解如下优化问题得到椭圆不变集：

$$\begin{cases}\min\ \log\ \det(\boldsymbol{T}\boldsymbol{Q}_z\boldsymbol{T}^{\mathrm{T}})^{-1}\\ \text{s.t.}\begin{bmatrix}\boldsymbol{Q}_z & \boldsymbol{Q}_z\boldsymbol{\Psi}^{\mathrm{T}}\\ \boldsymbol{\Psi}\boldsymbol{Q}_z & \boldsymbol{Q}_z\end{bmatrix}\geqslant\boldsymbol{0}\\ d_i^2-[\boldsymbol{K}_i^{\mathrm{T}}\ \boldsymbol{e}_i^{\mathrm{T}}]\boldsymbol{Q}_z[\boldsymbol{K}_i^{\mathrm{T}}\ \ \boldsymbol{e}_i^{\mathrm{T}}]^{\mathrm{T}}\geqslant\boldsymbol{0},\ i=1,\cdots,m\end{cases} \tag{9-41}$$

式中，$d_i = \min\{u_{\min\_i}, u_{\max\_i}\}$。

3）在每个采样时刻，求解优化问题：

$$\begin{cases}\min\limits_{f} \boldsymbol{f}^{\mathrm{T}}\boldsymbol{f} \\ \text{s. t. } z^{\mathrm{T}}\boldsymbol{Q}_z^{-1}z \leqslant 1\end{cases} \tag{9-42}$$

取 $\boldsymbol{f}$ 中第一个向量 $\boldsymbol{c}_k$ 作为式（9-38）中的控制自由变量。如果初始状态在可行域内，则闭环系统是稳定的。

9.3.2　不变集的定义及其计算

为了便于描述基于多面体不变集的双模预测控制方法，定义两个集合：最大允许集合和最大控制允许集合[99]。

定义 9.1（最大允许集合）：最大允许集合指该区域内状态和控制及其预测值均满足约束条件式（9-36），表示为

$$\boldsymbol{S}_0 = \{\boldsymbol{x} : \boldsymbol{M}_0\boldsymbol{x} \leqslant \boldsymbol{b}_0\}。 \tag{9-43}$$

定义 9.2（最大控制允许集合）：最大控制允许集合是指在控制规则式（9-38）的作用下，控制和状态及其未来时刻的预测值均满足约束条件式（9-36）。可表示为

$$\boldsymbol{S}_c = \{\boldsymbol{x} : \exists \boldsymbol{c} \text{ s. t. } \boldsymbol{M}_0\boldsymbol{x} + \boldsymbol{N}_0\boldsymbol{c} \leqslant \boldsymbol{b}_0\} \tag{9-44}$$

考虑离散系统

$$\boldsymbol{x}(t+1) = \boldsymbol{A}\boldsymbol{x}(t),\ \boldsymbol{x}(t) \in \boldsymbol{R}^n,\ \boldsymbol{y}(t) = \boldsymbol{C}\boldsymbol{x}(t) \tag{9-45}$$

对于 $t \in \boldsymbol{N}^+$，$\boldsymbol{N}^+$为非负整数集合，均满足条件

$$\boldsymbol{y}(t) \in \boldsymbol{Y} \tag{9-46}$$

其多面体不变集的计算由如下算法计算得到。

算法 9.2[99]（多面体不变集）

1）令 $t=0$。

2）求解如下优化问题：

$$\begin{cases}\max J_i(\boldsymbol{x}) = f_i(\boldsymbol{C}\boldsymbol{A}^{t+1}\boldsymbol{x}), & i = 1,\cdots,s \\ \text{s. t. } f_j(\boldsymbol{C}\boldsymbol{A}^k\boldsymbol{x}) \leqslant 0 & j = 1,\cdots,s; k = 0,\cdots,t\end{cases} \tag{9-47}$$

采用 J_i^* 表示 $J_i(\boldsymbol{x})$的最大值。若 $J_i^* \leqslant 0, i=1,\cdots,s$，则终止。得到多面体不变集为

$$\boldsymbol{O}_\infty = \{x \in R^n : f_i(CA^t x) \leqslant 0, i \in \{1,\cdots,s\}, t \in \{0,\cdots,t^*\}\} \tag{9-48}$$

否则，继续执行 3）步。

3）采用 $t+1$ 代替 t，返回 2）步。

9.3.3　基于多面体不变集的双模预测控制方法

将式（9-35）、式（9-38）代入式（9-37）中，若 $\boldsymbol{K}$ 为无约束最优控制规

则，则

$$J = \boldsymbol{c}^{\mathrm{T}}\boldsymbol{W}_c\boldsymbol{c} + p \tag{9-49}$$

其中，$\boldsymbol{c}=[\boldsymbol{c}_0^{\mathrm{T}},\cdots,\boldsymbol{c}_{n_c-1}^{\mathrm{T}}]^{\mathrm{T}}$，$\boldsymbol{W}_c=\mathrm{diag}(\boldsymbol{W},\cdots,\boldsymbol{W})$，$\boldsymbol{W}=\boldsymbol{B}^{\mathrm{T}}\boldsymbol{M}\boldsymbol{B}+\boldsymbol{R}$，$\boldsymbol{M}-\boldsymbol{\xi}^{\mathrm{T}}\boldsymbol{M}\boldsymbol{\xi}=\boldsymbol{Q}+\boldsymbol{K}^{\mathrm{T}}\boldsymbol{R}\boldsymbol{K}$，$\boldsymbol{\xi}=\boldsymbol{A}-\boldsymbol{B}\boldsymbol{K}$，由于 p 与自由变量 $\boldsymbol{c}_k, k=0,\cdots,n_c-1$ 无关，可以省略。

引理 9.8[100]（基于多面体不变集的双模预测控制）

1）离线计算无约束控制增益 $\boldsymbol{K}$。

2）引入 n_c 个自由变量，把闭环系统 $\boldsymbol{x}_{k+1}=(\boldsymbol{A}-\boldsymbol{B}\boldsymbol{K})\boldsymbol{x}_k+\boldsymbol{B}\boldsymbol{c}_k$ 表示为一个自治动态系统式（9-40），采用算法 9.1 计算多面体不变集式（9-44）。

3）在每个采样时刻，求解优化问题：

$$\begin{cases}\min\limits_{\boldsymbol{c}} \boldsymbol{c}^{\mathrm{T}}\boldsymbol{W}_c\boldsymbol{c}\\ \text{s.t. } \boldsymbol{M}_0\boldsymbol{x}_k+\boldsymbol{N}_0\boldsymbol{c}\leqslant \boldsymbol{b}_0\end{cases} \tag{9-50}$$

取第一个 $\boldsymbol{c}$ 作为式（9-38）中的控制自由变量。若 $\boldsymbol{x}\in \boldsymbol{S}_0$，则 $\boldsymbol{c}=\boldsymbol{0}$，无需进行优化求解。若初始状态在可行域内，则优化可行并且状态最终收敛到原点。

9.3.4 多参数二次规划解的性质

考虑一个多参数二次规划问题

$$\begin{cases}V_z(\boldsymbol{x})=\min\limits_{z}\dfrac{1}{2}z^{\mathrm{T}}\boldsymbol{H}z\\ \text{s.t. } \boldsymbol{G}z\leqslant \boldsymbol{W}+\boldsymbol{S}\boldsymbol{x}(t)\end{cases} \tag{9-51}$$

参考文献［101］采用 KKT（Karush-Kuhn-Tucker）条件，证明了最优解 z 是关于参量 $\boldsymbol{x}$ 的分段仿射函数，即

$$z=\boldsymbol{k}^i\boldsymbol{x}(t)+\boldsymbol{g}^i, \boldsymbol{x}(t)\in \mathbf{CR}^i, \mathbf{CR}^i=\{\boldsymbol{x}(t)\in \boldsymbol{R}^n \mid \boldsymbol{X}^i\boldsymbol{x}(t)\leqslant \boldsymbol{Y}^i\} \tag{9-52}$$

式中，$\boldsymbol{k}^i$、$\boldsymbol{g}^i$、$\boldsymbol{X}^i$、$\boldsymbol{Y}^i$ 可以通过参考文献［101］中的算法 1 求解得到。

引理 9.9[101]：对于多参数规划式（9-51），若 $\boldsymbol{H}>0$，假设初始状态所处的多面体集合 $\boldsymbol{X}$ 是凸集合，则在参数 $\boldsymbol{x}$ 的可行集合 $\boldsymbol{X}_f$ 内，最优解 z 是连续的且是关于参量 $\boldsymbol{x}$ 的分段仿射函数。采用多参数规划离线求解得到的控制律是最优控制，且在线搜索能得到与在线二次规划完全相同的最优控制律。

9.4 高超声速飞行器离线双模预测控制器设计

在预测控制中，需要建立控制对象的预测模型。为了便于问题求解，我们采用小扰动线性化模型作为高超声速飞行器的预测模型。

9.4.1 预测模型

在高超声速飞行器的平衡状态（$V_0=15060\text{ft/s}$，$h_0=110000\text{ft}$，$\gamma=0°$，$q=$

0rad/s，$\alpha=1.7897°$，$\beta=0.1762$，$\delta_e=-0.39°$）进行小扰动线性化并离散化得到预测模型，记为

$$\begin{cases} \boldsymbol{x}(k+1)=\boldsymbol{A}\boldsymbol{x}(k)+\boldsymbol{B}\boldsymbol{u}(k) \\ \boldsymbol{y}(k)=\boldsymbol{C}\boldsymbol{x}(k) \end{cases} \tag{9-53}$$

式中，$\boldsymbol{x}=[\Delta V,\Delta\gamma,\Delta h,\Delta\alpha,\Delta q]^{\mathrm{T}}$ 为状态向量；$\boldsymbol{u}=[\Delta\beta,\Delta\delta_e]^{\mathrm{T}}$ 为控制向量；$\boldsymbol{y}=[\Delta V,\Delta h]^{\mathrm{T}}$ 为输出向量。

9.4.2　离线设计控制规则

1）计算无约束最优控制增益 $\boldsymbol{K}$。分别选取状态加权矩阵 $\boldsymbol{Q}=\boldsymbol{I}_n$ 和控制加权矩阵 $\boldsymbol{R}=\boldsymbol{I}_m$，采用离散 LQR 方法计算最优控制增益 $\boldsymbol{K}$。

2）计算最大控制允许集合 $\boldsymbol{S}_c$。考虑控制和攻角的约束条件

$$\begin{cases} 0 \leqslant \beta \leqslant 3 \\ -20°/57.3 \leqslant \delta_e \leqslant 20°/57.3 \\ -8°/57.3 \leqslant \alpha \leqslant 8°/57.3 \end{cases}$$

选取自由状态维数 $n_c=2$，根据算法 9.2 计算最大控制允许集合，将其投影到速度–高度平面，如图 9-6 所示。

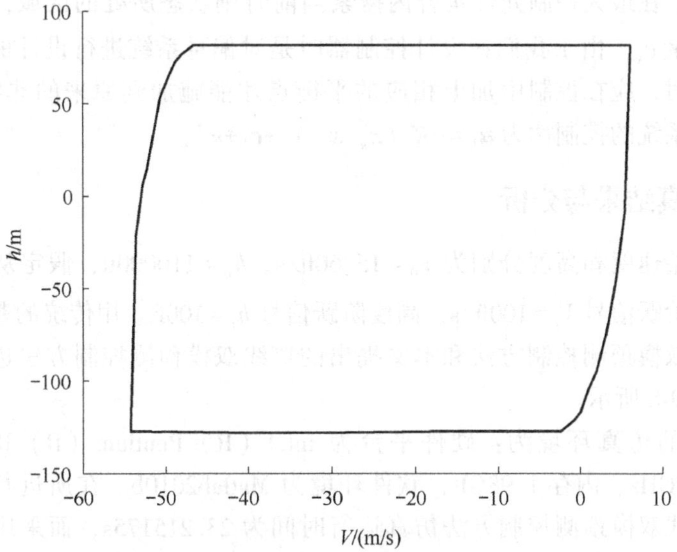

图 9-6　最大控制允许集合在速度–高度平面上的投影

3）采用参考文献［101］中算法 1 将 2）中得到的最大控制允许集合进行划分并计算相应的控制自由变量，其区域划分如图 9-7 所示。

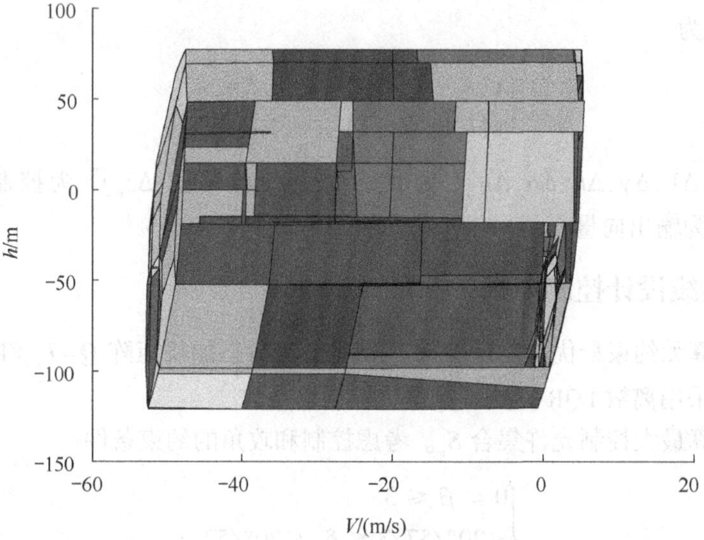

图 9-7　最大控制允许集合的状态分区在速度–高度平面上的投影

9.4.3　在线控制

在线时，在最大控制允许集合内搜索当前时刻状态所处的区域，得到相应的控制自由变量 $\boldsymbol{c}_k$。由于我们在设计控制器时是对偏量系统进行设计的，因此在实施控制规则时，应在控制中加上相应的平衡点才能施加到原来的非线性系统中，即作用到原系统的控制律为 $\boldsymbol{u}_k=-\boldsymbol{K}(\boldsymbol{x}_k-\boldsymbol{x}^*)+\boldsymbol{c}_k+\boldsymbol{u}^*$。

9.4.4　仿真结果与分析

给定初始速度和高度分别为 $V_0=15060\text{ft/s}$，$h_0=110000\text{ft}$，假定从 0 时刻起分别施加速度阶跃信号 $V_r=100\text{ft/s}$，高度阶跃信号 $h_r=100\text{ft}$。用传统的基于多面体不变集的在线双模预测控制方法和本文提出的离线双模预测控制方法进行对比，仿真结果如图 9-8 所示。

所采用的仿真环境为：硬件平台为 Intel（R）Pentium（R）Dual E2200@ 2.2GHz 2.19GHz、内存 1.98GB，软件环境为 Matlab2010b。在所进行的 15s 仿真中，采用在线双模预测控制方法仿真运行时间为 23.215175s，而采用本文提出的离线双模预测控制方法仿真运行时间为 7.446536s。而从图中可以看到，两种方法得到的速度、高度跟踪曲线完全重合在一起，均能实现速度和高度的参考指令信号跟踪。这说明采用离线双模预测控制方法在保持传统双模预测控制方法的控制性能的同时，能实现高超声速飞行器的实时控制。

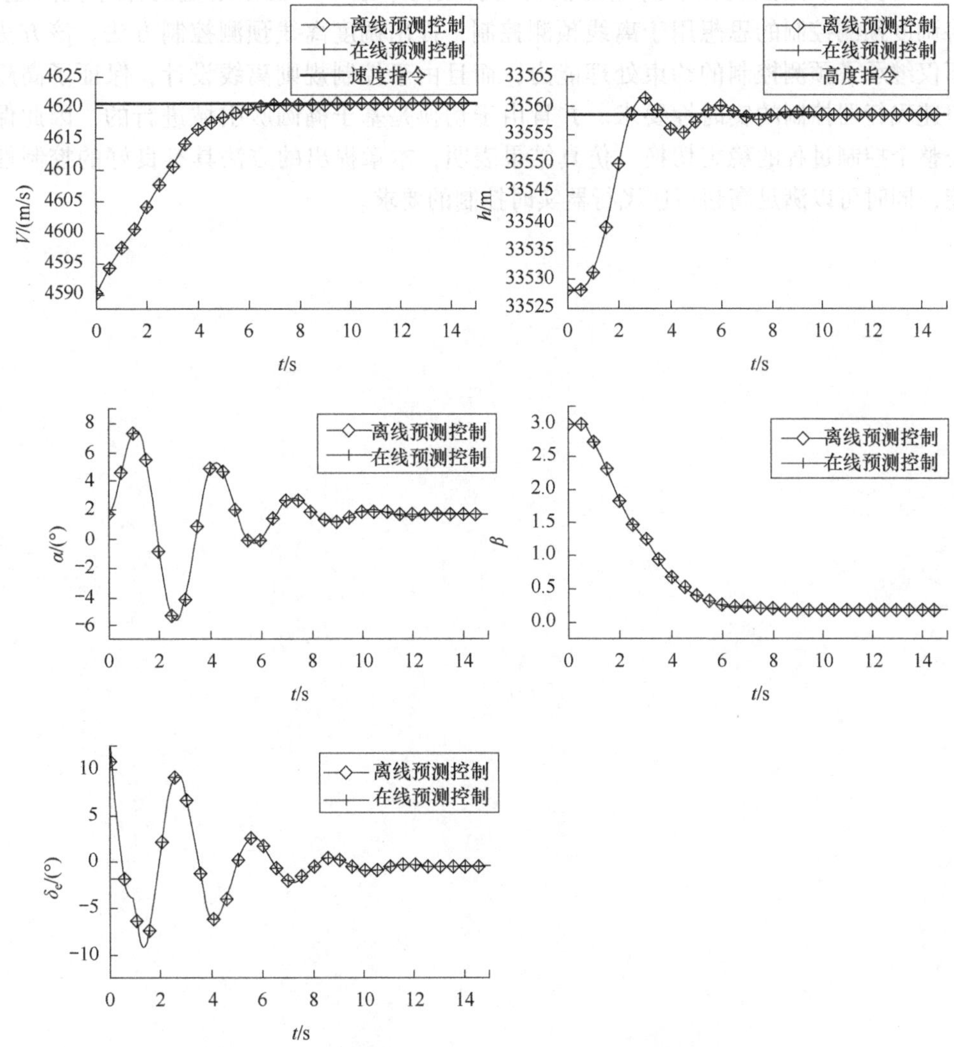

图 9-8　离线预测控制和在线预测控制仿真结果对比

9.5　本章小结

本章针对高超声速飞行器的高动态特性，提出了一种适用于高超声速飞行器的离线双模预测控制方法。该方法将传统双模预测控制的在线优化问题转化成离线计算，在线时仅需要进行简单的搜索，极大地减小了在线运行时间。仿真结果表明，所提出的方法在保持双模预测控制的控制性能的同时，减少了在线运行时间，可以满足高超声速飞行器实时控制的要求。

对调度预测控制在平衡点的较大吸引域内采用单一控制增益的保守性问题，将调度预测控制的思想用于离线预测控制，提出调度离线预测控制方法。该方法不仅继承了预测控制的约束处理能力，而且由于控制规则离线设计，保证了高超声速飞行器控制的实时性要求。并且由于切换是基于椭圆吸引域进行的，因此保证整个控制过程的稳定切换。仿真结果表明，本章提出的方法具有良好的控制性能，同时可以满足高超声速飞行器实时控制的要求。

参考文献

[1] 王振国，梁剑寒，丁猛，等．高超声速飞行器动力系统研究进展［J］．力学进展，2009，39（6）：717-739.

[2] 黄琳，段志生，杨剑影．近空间高超声速飞行器对控制科学的挑战［J］．控制理论与应用，2011，28（10）：1496-1505.

[3] 张强．高超声速飞行器发展综述及飞行试验测控需求［J］．科技视界，2018（21）：9-11+8.

[4] 王常虹，安昊．吸气式高超声速飞行器控制技术综述与展望［J］．飞航导弹，2021（6）：122-126.

[5] 闫杰，于云峰，凡永华，等．吸气式高超声速飞行器控制技术［M］．西安：西北工业大学出版社，2015.

[6] 郭建国，鲁宁波，周军．高超声速飞行器姿态控制研究进展与展望［J］．战术导弹技术，2020（4）：92-99+134.

[7] 赵良玉，雍恩米，王波兰．反临近空间高超声速飞行器若干研究进展［J］．宇航学报，2020，41（10）：1239-1250.

[8] 宗群，田栢苓，董琦，等．高超声速飞行器鲁棒自适应控制［M］．北京：科学出版社，2018.

[9] 梅生伟，申铁龙，刘康志．现代鲁棒控制理论与应用［M］．北京：清华大学出版社，2003.

[10] GREGORY I M，CHOWDHRY R S，MCMINN J D，et al. Hypersonic vehicle model and control law development using h_∞ and μ synthesis［C］. Orlando，FL：International Aerospace Planes Conference，1994.

[11] BUSCHEK H，CALISE A J. Uncertainty modeling and fixed-order controller design for a hypersonic vehicle model［J］. Journal of Guidance，Control，and Dynamics，1997，20（1）：42-48.

[12] MARRISON C I，STENGEL R F. Design of robust control systems for a hypersonic aircraft［J］. Journal of Guidance，Control，and Dynamics，1998，21（1）：58-63.

[13] LOHSOONTHORN P，JONCKHEERE E，DALZELL S. Eigenstructure vs constrained H-infinity design for hypersonic winged cone［J］. Journal of Guidance，Control，and Dynamics，2001，24（4）：648-658.

[14] 尉建利，于云峰，闫杰．高超声速飞行器鲁棒控制方法研究［J］．宇航学报，2008，29（5）：1520-1530.

[15] 孟中杰，符文星，陈凯，等．高超声速飞行器鲁棒控制器设计［J］．弹箭与制导学报，

2009, 29 (2): 12-15.

[16] SHTESSEL Y, MCDUFFIE J. Sliding mode control of the X-33 vehicle in launch and re-entry modes [C]. Boston, MA: Guidance, Navigation, and Control Conference and Exhibit, 1998.

[17] XU H, MIRMIRANI M D, IOANNOU P A. Adaptive sliding mode control design for a hypersonic flight vehicle [J]. Journal of Guidance, Control, and Dynamics, 2004, 27 (5): 829-838.

[18] 尉建利，汤柏涛，闫杰．高超声速飞行器模型参考变结构自动驾驶仪设计 [J]. 计算机测量与控制，2010, 18 (10): 2451-2456.

[19] YANG J, HU J, LV X. Design of sliding mode tracking control for hypersonic reentry vehicles [C]. Zhangjiajie, Hunan: Chinese Control Conference, 2007.

[20] 黄国勇，姜长生，薛雅丽．新型自适应 Terminal 滑模控制及其应用 [J]. 航空动力学报，2008, 23 (1): 157-162.

[21] 李惠峰，孙文冲．基于指数趋近律的高超声速飞行器滑模控制器设计 [J]. 空间控制技术与应用，2009, 35 (4): 39-43.

[22] 高道祥，孙增圻，罗熊，等．基于 Backstepping 的高超声速飞行器模糊自适应控制 [J]. 控制理论与应用，2008, 25 (5): 805-810.

[23] 闫斌斌，鹿存侃，闫杰．高超声速飞行器的模糊 CMAC 神经网络控制器设计 [J]. 计算机测量与控制，2009, 17 (1): 2226-2228.

[24] 朱亮，姜长生，薛雅丽．基于单隐层神经网络的空天飞行器鲁棒自适应轨迹线性化控制 [J]. 兵工学报，2008, 29 (1): 52-56.

[25] CHEN J, WU J H, PAN C P. Dynamic surface backstepping control design for one hypersonic vehicle [C]. Changchun, Jinlin: International Conference on Mechatronics and Automation, 2009.

[26] BUTT W, YAN L, KENDRICK A. Robust adaptive dynamic surface control of a hypersonic flight vehicle [C]. Atlanta, GA: IEEE Conference on Decision and Control, 2010.

[27] CAMACHO E F, ALBA C B. Model predictive control [M]. Berlin: Springer science & business media, 2013.

[28] 方炜，姜长生．基于自适应模糊系统的空天飞行器非线性预测控制 [J]. 航空学报，2008, 29 (4): 988-994.

[29] 方炜，姜长生．空天飞行器再入过程姿态预测控制律设计 [J]. 系统工程与电子技术，2007, 29 (8): 1317-1321.

[30] 程路，姜长生，都延丽，等．一类不确定系统基于滑模干扰补偿的广义预测控制 [J]. 控制理论与应用，2010, 27 (2): 175-180.

[31] VADDI S, SENGUPTA P. Controller design for hypersonic vehicles accommodating nonlinear state and control constraints [C]. Chicago, Illinois: AIAA Guidance, Navigation, and Control Conference, 2009.

[32] 齐乃明，宋志国，秦昌茂．高超声速飞行器自抗扰 PID 姿态控制 [J]. 弹箭与制导学报，2010, 30 (5): 66-68.

[33] 吴森堂，许仁牛，成晓静．高超声速飞行器的非线性随机控制方法 [J]. 航天控制，2002 (1): 1-4.

[34] 鲁波，陆宇平，方习高．高超声速飞行器的神经网络动态逆控制研究 [J]. 计算机测量与

控制，2008，16（7）：966-968.

［35］孟斌，吴宏鑫，林宗利，等．基于特征模型的 X-34 爬升控制研究［J］．中国科学（F 辑：信息科学），2009，39（11）：1202-1209.

［36］GEORGIE J，VALASEK J．Evaluation of longitudinal desired dynamics for dynamic-inversion controlled generic reentry vehicles［J］．Journal of Guidance，Control，and Dynamics，2003，26（5）：811-819.

［37］KUIPERS M，IOANNOU P，FIDAN B，et al．Robust adaptive multiple model controller design for an airbreathing hypersonic vehicle model［C］．Honolulu，Hawaii：AIAA Guidance，Navigation and Control Conference and Exhibit，2008.

［38］CHUANG C H，MORIMOTO H．Periodic optimal cruise for a hypersonic vehicle with constraints［J］．Journal of Spacecraft and Rockets，1997，34（2）：165-171.

［39］AUSTIN K，JACOBOS P．Application of genetic algorithms to hypersonic flight control［C］：Vancouver，British Columbia：IFSA World Congress and 20th NAFIPS International Conference，2001.

［40］JOHN D S，PINCKNEY S Z，JOHN D M．Hypersonic vehicle simulation model：winged-cone configuration［J］．NASA Technical Memorandum，1990：1-142.

［41］BOLENDER M A，DOMAN D B．Nonlinear longitudinal dynamical model of an air-breathing hypersonic vehicle［J］．Journal of Spacecraft and Rockets，2007，44（2）；374-387.

［42］KESHMIRI S，MIRMIRANI M D，COLGREN R．Six-DOF modeling and simulation of a generic hypersonic vehicle for conceptual design studies［C］．Providence，Rhode Island：AIAA Modeling and Simulation Technologies Conference and Exhibit，2004.

［43］李新国，方群．有翼导弹飞行动力学［M］．西安：西北工业大学出版社，2005.

［44］WANG Q，STENGEL R F．Robust nonlinear control of a hypersonic aircraft［J］．Journal of guidance，control，and dynamics，2000，23（4）：577-585.

［45］RICHALET J，RAULT A，TESTUD J L，et al．Model Predictive heuristic control：Applications to industrial Processes［J］．Automatica，1978，14（5）：413-428.

［46］席裕庚．预测控制［M］．北京：国防工业出版社，1991.

［47］杜晓宁，席裕庚．预测控制优化变量的集结策略［J］．控制与决策，2002，17（5）：563-566.

［48］CLARKE D W，MOHTADI C，TUFFS P S．Generalized predictive control—Part I．The basic algorithm［J］．Automatica，1987，23（2）：137-148.

［49］KOTHARE M V，CAMPO P J，MORARI M，et al．A unified framework for the study of anti-windup designs［J］．Automatica，1994，30（12）：1869-1883.

［50］TANG W，LONG W，GAO H．Model predictive control of hypersonic vehicles accommodating constraints［J］．IET Control Theory & Applications，2017，11（15）：2599- 2606.

［51］BELEGUNDU A D，ARORA J S．A recursive quadratic-programming method with active set strategy for optimal-design［J］．International Journal for Numerical Methods in Engineering，1984，20（5）：803-816.

［52］NEJDAWI I M，CLEMENTS K A，DAVIS P W．An efficient interior point method for sequential quadratic programming based optimal power flow [J]. IEEE Transactions on Power Systems, 2000, 15 (4): 1179-1183.

[53] RICHALET J, O'DONOVAN D. Predictive functional control principles and industrial applications [M]. London: Springer-Verlag, 2009.

[54] TANG W Q, CAI Y L. Predictive functional control-based missile autopilot design [J]. Journal of guidance, control, and dynamics, 2012, 35 (5): 1450-1455.

[55] PEARSON J D. A pproximation methods in optimal control [J]. Journal of Electronics and Control, 1962, 13 (2): 453-465.

[56] CLOUTIER J R. State-dependent Riccati equation techniques: an overview [C]. Albuquerque, NM: American Control Conference, 1997.

[57] ÇIMEN T. Systematic and effective design of nonlinear feedback controllers via the state-dependent Riccati equation (SDRE) method [J]. Annual Reviews in Control, 2010, 34 (1): 32-51.

[58] XU B, WANG D, SUN F, et al. Direct neural discrete control of hypersonic flight vehicle [J]. Nonlinear Dynamics, 2012, 70 (1): 269-278.

[59] KOTHARE M V, BALAKRISHNAN V, Morari M. Robust constrained model predictive control using linear matrix inequalities [J]. Automatica, 1996, 32 (10): 1361-1379.

[60] 俞立. 鲁棒控制: 线性矩阵不等式处理方法 [M]. 北京: 清华大学出版社, 2002.

[61] 唐伟强, 龙文堃, 蔡远利, 等. 基于线性分式模型高超声速飞行器鲁棒预测控制 [C]. 甘肃兰州: 中国系统仿真技术及其应用学术年会, 2017.

[62] DONG L, TANG W C. Adaptive backstepping sliding mode control of flexible ball screw drives with time-varying parametric uncertainties and disturbances [J]. ISA Transactions, 2014, 53 (1): 110-116.

[63] XIAO L F, SU H Y, CHU J. Sliding mode prediction tracking control design for uncertain systems [J]. Asian Journal of Control, 2007, 9 (3): 317-325.

[64] 高为炳. 变结构控制理论基础 [M]. 北京: 中国科学技术出版社, 1990.

[65] 宋立忠, 陈少昌, 姚琼荟. 滑模预测离散变结构控制 [J]. 控制理论与应用, 2004, 21 (5): 826-829.

[66] 高海燕, 蔡远利. 高超声速飞行器的滑模预测控制方法 [J]. 西安交通大学学报, 2014, 48 (1): 67-72.

[67] 刘金琨. 滑模变结构控制 MATLAB 仿真 [M]. 北京: 清华大学出版社, 2005.

[68] 高海燕, 蔡远利, 唐伟强. 基于 LMI 的高超声速飞行器滑模预测控制 [J]. 飞行力学, 2016 (5): 49-53.

[69] DING B C, XI Y G, LI S Y. A synthesis approach of on-line constrained robust model predictive control [J]. Automatica, 2004, 40 (1): 163-167.

[70] SONG J, WANG L, CAI G, et al. Nonlinear fractional order proportionintegral-derivative active disturbance rejection control method design for hypersonic vehicle attitude control [J]. Acta Astronautica, 2015, 111: 160-169.

[71] YANG J, LI S H, CHEN W H. Nonlinear disturbance observer-based control for multi-input multi-output nonlinear systems subject to mismatching condition [J]. International Journal of Control,

2012, 85 (8): 1071-1082.

[72] 赵文杰．不确定非线性系统的变结构控制研究［D］．北京：华北电力大学，2004.

[73] CHEN W H. Nonlinear disturbance observer-enhanced dynamic inversion control of missiles [J]. Journal of Guidance, Control, and Dynamics, 2003, 26 (1): 161-166.

[74] YANG J, LI S H, SUN C Y, et al. Nonlinear-disturbance-observer-based robust flight control for airbreathing hypersonic vehicles [J]. IEEE Transactions on Aerospace and Elecectronic Systems, 2013, 49 (2): 1263-1275.

[75] BEMPORAD A, MORARI M, DUA V, et al. The explicit linear quadratic regulator for constrained systems [J]. Automatica, 2002, 30 (1): 3-20.

[76] CHEN W H. Disturbance observer based control for nonlinear systems [J]. IEEE/ASME Transaction on Mechatronics, 2004, 9 (4): 706-710.

[77] GAO H, CAI Y. Nonlinear disturbance observer-based model predictive control for a generic hypersonic vehicle [J]. Proceedings of the Institution of Mechanical Engineers, Part I: Journal of Systems and Control Engineering, 2016, 230 (1): 3-12.

[78] ISIDORI A. Nonlinear control systems [M]. 2nd ed. New York: Springer Press, 1995.

[79] GAO H, ZHANG J, TANG W. Offset-free trajectory tracking control for hypersonic vehicle under external disturbance and parametric uncertainty [J]. Journal of the Franklin Institute, 2018, 355 (3): 997-1017.

[80] 韩京清，自抗扰控制技术［M］．北京：国防工业出版社，2008.

[81] PU Z, TAN X, FAN G, et al. Uncertainty analysis and robust trajectory linearization control of a flexible air-breathing hypersonic vehicle [J]. Acta Astronautica, 2014, 101: 16-32.

[82] TANG W, QI Y, GUO M, et al. Model correction-based multivariable predictive functional control for uncertain nonlinear systems [C]. Rome, Italy: International Nonlinear Dynamics Conference, 2019.

[83] TANG W, LONG W, GAO H. A novel robust flight controller design for an air-breathing hypersonic vehicle [J]. Automatic Control and Computer Science, 2018, 52 (3): 198-207.

[84] YANG J, CHEN W H, LI S. Non-linear disturbance observer-based robust control for systems with mismatched disturbances/uncertainties [J]. IET Control Theory & Applications, 2011, 5 (18): 2053-2062.

[85] ZONG Q, JI Y, ZENG F, et al. Output feedback back-stepping control for a generic hypersonic vehicle via small-gain theorem [J]. Aerospace Science and Technology, 2012, 23 (1): 409-417.

[86] WAN Z, KOTHARE M V. A framework for design of scheduled output feedback model predictive control [J]. Journal of process control, 2008, 18 (3-4): 391-398.

[87] MAEDER U, BORRELLI F, MORARI M. Linear offset-free model predictive control [J]. Automatica, 2009, 45 (10): 2214-2222.

[88] GAO H, CAI Y, CHEN Z, et al. Offset-free output feedback robust model predictive control for a generic hypersonic vehicle [J]. Journal of Aerospace Engineering, 2015, 28 (6): 04014147-1-04014147-9.

[89] TEIXEIRA M C M, ZAK S H. Stabilizing controller design for uncertain nonlinear systems using fuzzy models [J]. IEEE Transactions on Fuzzy systems, 1999, 7 (2): 133-142.

[90] ZHANG T, FENG G, ZENG X J. Output tracking of constrained nonlinear processes with offset-free input-to-state stable fuzzy predictive control [J]. Automatica, 2009, 45 (4): 900-909.

[91] TSIOTRAS P, CORLESS M, LONGUSKI J M. A novel approach to the attitude control of axisymmetric spacecraft [J]. Automatica, 1995, 31 (8): 1099-1112.

[92] SOFFKER D, YU T J, Müller PC. State estimation of dynamical systems with nonlinearities by using proportional-integral observer [J]. International Journal of Systems Science, 1995, 26 (9): 1571-1582.

[93] TANG W. Output feedback model predictive control of spacecrafts based on proportional- integral observer [J]. Systems Science & Control Engineering, 2022, 10 (1): 126-133.

[94] WAN Z, KOTHARE M V. An efficient off-line formulation of robust model predictive control using linear matrix inequalities [J]. Automatica, 2003, 39 (5): 837-846.

[95] WAN Z, KOTHARE M V. Efficient scheduled stabilizing model predictive control for constrained nonlinear systems [J]. International Journal of Robust and Nonlinear Control: IFAC-Affiliated Journal, 2003, 13 (3-4): 331-346.

[96] 高海燕，蔡远利，唐伟强．高超声速飞行器的调度离线预测控制 [J]．控制理论与应用，2015 (2): 224-230.

[97] TAO X, LI N, LI S. Multiple-model off-line predictive control for fast time-varying systems [C]. Chinese Control and Decision Conference, 2013: 732-737.

[98] KOUVARITAKIS B, ROSSITER J A, SCHUURMANS J. Efficient robust predictive control [J]. IEEE Transactions on automatic control, 2000, 45 (8): 1545-1549.

[99] GILBERT E G, TAN K T. Linear systems with state and control constraints: The theory and application of maximal output admissible sets [J]. IEEE Transactions on Automatic control, 1991, 36 (9): 1008-1020.

[100] PLUYMERS B, ROSSITER J A, SUYKENS J A K, et al. A simple algorithm for robust MPC [J]. IFAC Proceedings Volumes, 2005, 38 (1): 257-262.

[101] BEMPORAD A, MORARI M, DUA V, et al. The explicit linear quadratic regulator for constrained systems [J]. Automatica, 2002, 38 (1): 3-20.

附　　录

1ft = 0. 3048m

1lbf = 4. 45N

1slug = 14. 59kg